JN195482

石干見(いしひび)の文化誌

遺産化する伝統漁法

田和正孝 著

昭和堂

写真１　大分県宇佐市長洲海岸に復元された石干見（ヒビ）
長洲海岸にはヒビが1960年代まで残っており、漁も続けられていた。その後、石干見はいずれも放棄され、海岸には散乱した石が残るのみとなっていた。2005年、市民団体「長洲アーバンデザイン会議」および宇佐市経済部商工観光課が中心となり、宇佐市立長洲中学校の生徒の手を借りて石干見の復元が試みられた。写真は復元された宮ヒビである。長洲漁港の近くには魚とりを楽しむための通称「観光ヒビ」とよばれる石干見も造られている。2007年12月撮影。

写真２
長崎県雲仙市吾妻町三室の石干見（スキ）跡
諫早湾に近い島原半島北部に位置する三室の海岸に残るスキの跡。崩壊が進んでいるが、排水口部分の石積みなども確認できる。周辺は直撒きによる貝類養殖場となっている。遠方に諫早湾干拓地の潮受け堤防と水門が見える。2010年３月撮影。

写真３　長崎県五島市富江町の石干見（スケ）
五島列島福江島の五島市富江町にあるさんさん富江キャンプ場に復元されたスケ。地元ではスケに「筌」の文字をあてている。近隣の女亀、土取地区の海岸にはスケが昭和30年代まで残っていた。2001年、キャンプ場への観光客誘致、利用促進を目的に長崎県観光活性化プロジェクトとして復元がなされた。写真は、2009年5月に富江町で開催された「第2回日本すけ漁(石干見)サミット in 富江」にあわせておこなわれた市民による魚すくいの模様。2009年5月撮影。

写真４
長崎県五島市塩水海岸にある石干見（スケアン）
三井楽半島の西端、長崎鼻に近い塩水海岸にある。「スケアン（石干見漁法遺跡）」と題された説明板には、名称について「スケアン、又はスケ網（九州一円ではスキ）」との記載がある。構築年代は明らかではない。海岸にある比較的丸みを帯びた火成岩質の転石によって積まれている。石積みの高さは1～1.5m、長さは約80mである。2009年5月撮影。

写真５
長崎県島原市布津町大崎鼻に造成された石干見（スキ）
布津の大崎地先には1920年代、3基のスキがあった。主としてボラが漁獲され、漁獲物は行商人に卸したり、小売したりすることもあったという。近年、貝類繁殖を目的のひとつとして造成された。スキ内は石積みによって小区画に分けられている。布津地区保全活動組織が管理している。2015年10月撮影。

写真６　鹿児島県奄美市笠利町手花部の魚垣

笠利湾に設けられている。地元では潮垣（シュガキ）とも呼ばれる。個人の所有であったが、40、50 年間放棄されたままとなっていた。2010年に青壮年団、婦人会などが総出で修復工事がおこなわれた。石積みは、不必要な魚群の囲い込みを避けるために、一部を開口した構造に改められた。そこに網をしつらえて魚を獲る形にしたのである。修復を機に、管理は子供会に任された。2016 年 3 月撮影。

写真７　沖縄県西表島の魚垣跡

西表島にはかつて東海岸に沿って多くの魚垣が設けられていた。鳩間島や黒島、竹富島など耕地の乏しい近隣の島の人びとが西表島に水田を開き「通い耕作」をするなか、あわせて魚垣を築いたことも多かった。写真はヨナラ水道沿いの魚垣跡。後方は小浜島である。2012 年 3 月撮影。

写真８　台湾本島北西部、苗栗県後龍鎮外埔里の石滬「新滬仔」の排水口
外埔里の石滬は海岸にある丸い転石を使って積みあげられている。写真は最奥部に設けられた排水口。退潮時、海水の流出路となりこの部分の手前に残った海水だまりには魚群が集まる。これらをたも網やさで網などを使って漁獲する。1989 年 8 月撮影。

写真９　台湾澎湖列島西嶼池東村にある放棄された石滬での固定式建網漁
澎湖列島では 1995 年当時、放棄され、石積みの崩れた石滬が各地にみられた。写真はこのような利用されなくなった石滬内に固定式の建網を敷設し、低潮時、そこに罹網する魚を獲る漁業者。このような漁法を塑膠（プラスチック）滬と呼んでいた。漁業者は旧暦の 2 月から 11 月までこの漁に従事していた。ウエットスーツを着用し、シュノーケルと水中眼鏡を用いて海中を見て回り、網に刺さっている魚を漁獲する。漁獲物は、サヨリ、アイゴ、イカ類であった。漁業者はこれらを村にある食堂に卸していた。1995 年 3 月撮影。

写真 10　台湾澎湖列島西嶼池西村の石滬
池西村には台湾海峡側に面して 50 基近い石滬があった。そのほとんどが半円形の石積みであった。写真は「滬目」と呼ばれる石滬で、池西村で唯一捕魚部（滬房）を有するものである。両袖の石垣を加えた石積みの長さは 300m 以上に達する。2017 年 7 月撮影。

写真 11
石滬に造られた魚溜用の穴「魚井」
石滬には漁獲した魚をいったん留めておくために石積みに深い穴を設けているものがある。これを「魚井」という。写真は澎湖列島西嶼池西村の滬目（口絵写真 10）の魚井。捕魚部と袖にあたる石積みとの接合部分 2 か所に設けられている。2017 年 7 月撮影。

写真 12（右上）フィリピン中部ヴィサヤ地方、ギガンテ諸島北ギガンテ島にある石干見アトブ
ギガンテ諸島の石干見アトブは、伝統的な漁法であるが、ほとんど放置されるままであった。しかし、1970 年代に食料不足が生じた時、いくつかが再び構築され利用されるようになった。筆者が北ギガンテ島西南部のグラナダ集落を訪ねた 2006 年、地先には利用できる 8 基のアトブが残っており小魚やイカ類が漁獲されていた。写真は干出する前のアトブである。2006 年 8 月撮影。

写真 13（右下）　オーストラリア北部トレス海峡諸島スティーヴン島の石干見
トレス海峡諸島のうち東部諸島のメール島、ダワール島、ダーンリィ島、スティーヴン島などに石干見が分布していた。形状は、メール島やダワール島では長方形、ダーンリィ島では半円形であった。スティーヴン島では石干見が島の周囲をとりまくように連続していた。形状は弧状、石積みの高さは 30 ～ 70cm 程度であった。季節によって場所ごとに異なる強さの風の影響を受けた。石干見は、この地域で使用されるミリアム語でサイ（sai）と呼ばれるが、トレス海峡ピジンのピス・トラップ（フィッシュ・トラップのこと）という呼称のほうがよく使用されていたという。写真の提供は瀬川真平氏。1977 年 10 月撮影。

写真 14（左上）　韓国済州島梨湖海岸に復元された石干見ウォンダム
梨湖海岸の石干見ウォンダムは 300 年の伝統をもつといわれている。かつて 5 基のウォンダムがあったが、1950 年代の台風被害で破壊され、また 2000 年代初頭の海岸埋め立て工事に伴って、それらすべてが消滅した。その後、梨湖洞（村）の住民が伝統漁法を後世に伝える目的で 2 基のウォンダムを復元した。2 基は連続していることからサンウォン（双子の意）と名づけられている。夏季には同じように復元された筏船テウを用いた祭りが開催され、ウォンダムでも観光客を招いて魚すくいがおこなわれている。2018 年 7 月撮影。

写真 14　フランス西部レ島の石干見

レ島にはかつて140基の石干見があったといわれている。現在は10数基が残るのみである。写真は、島の西端にあるバレイン灯台から眺めたムフェット（écluse de la Moufette）と呼ばれる石干見。整備がゆきとどいており、干潮時には訪れた観光客が石積みの上を散策したり、石干見内の潮だまりに入って生物を観察したりする。2009年8月撮影。

写真 15

レ島の石干見についての説明板

ムフェット（口絵写真14）のある海岸べりに設置された石干見の説明板。イラストとともに、レ島の石干見に関する総論的な説明が掲げられている。左下には英語およびドイツ語による解説がある。石干見は国家の貴重な遺産として、保存と活用が進められている。この活動を担うのはl'Association de la Défense des Écluses à Poissons de l'Île de Ré（ADFPIR）、すなわちレ島石干見保全協会である。こうした活動が、EUおよびレ島が属するシャラント＝マリティーム県総務局、島内町村協議会から助成金を得ておこなわれてきた。2009年8月撮影。

はじめに――石干見を知る

この書物を手にとった多くの皆さんが、石干見という文字を何と読み、さらには、これは何のことかと疑問を抱かれるにちがいない。一般にはほとんど知られていないものであるから、致し方のないところである。したがって、これまで石干見について発信する際、何度も繰り返してきたことであるが、冒頭は石干見の説明から始めなければならない。

石干見は「イシヒビ」あるいは「イシヒミ」と読む。私は、それなりの根拠もあって、イシヒビという読み方を使用している。沿岸部に岩塊やサンゴ石灰岩を馬蹄形や半円形、方形に積んで構築した大型の定置漁具のことである。図0-1は、干出した半円形の石干見の見取り図である。大きさは一定しないが、海岸側で幅約一五〇～二〇〇メートル、沖に向かって一〇〇メートル以上のびる規模のものもある。石積みの高さは、沿岸部の潮位差を勘案し、満潮時には海面下に没し、干潮時には干あがるように設計されている。沖側の最も高く積まれたところでは、三メートル近くに達する場合がある。また、石積みの最上部は水平になるように積まれている。

上げ潮流とともに接岸した魚群の一部は、満潮時、海面下に隠れた石積みを越えて石干見の中に入り、遊泳したり摂餌したりする。海水は、退潮時になると石干見内から沖へと返す。魚群はこの潮の動きに応じて沖へと出てゆくが、なかには石積みの最上面が干出してしまったために出遅れ、石積み内に封じこめられてしまうものがいる。海水は石積みの間からもどんどんと流れ出てゆく。やがて石干見内の海水はほとんど引ききってしまう。その結果、わずかな水たまりとともに残された魚が、さで網やたも網、突き具を用いて、あるいは手づかみによって漁獲されることになる（写真０‐１）。潮位の変化を利用したきわめてシンプルな漁法である。補助漁具もそれほど必要としない。こうした点からみれば、石干見は人類が獲得したきわめて古い漁具・漁法であるといえるかもしれない。

石干見は、世界中の干潟地帯やサンゴ礁地帯に分布している。日本では山口県の瀬戸内海側、北・西九州一円から鹿児島県の離島部、さらには南西諸島に分布した。しかし現在はほとんどみられない。開発に伴う沿岸域の転用や干潟の消失に伴って、石干見漁場が失われていったからである。魚が入るのを待つ、生産力としては決して大きくはない「レシーブ型」のこの漁法に取って代わって、魚群を追う「アタック型」の漁船漁業が隆盛となったことも石干見漁が衰退した大きな理由である。このように消えゆく石干見について、今のうちにできるだけ多くの記録を残しておきたい。これが本書を編む第一の目的である。

しかしながら石干見は消滅してゆくだけではない。最近、その保全と復元が九州各地で始まっている。二〇〇八年からは、そうした活動に努力する市民団体や有志が集い、情報を交換しあう「石干見サミット」が始まった。第一回は大分県宇佐市長洲において開催され、その後、第二回（二〇〇九年）が長崎県五島市富江、そして二〇一〇年の第三回は沖縄県石垣市白保で開催された世界サミット、第四回（二〇一三年）は鹿児島県奄美市、第五回（二〇一五年）は長崎県島原市での開催へと引き継がれた。石干見にゆかりのある主要な地域を一巡した現在、宇佐市長洲があらためて第六回のサミットを計画中である。

石干見は環境教育のツール、また生物多様性を育むシンボルとしても脚光を浴びはじめている。人間と環境との関係を考えることが学校教育でも重要視され、小・中学校の課外活動のなかに石干見を復元することを採り入れたところもある。また人工的な石積みが小型魚の隠れ家となったり、海藻が石積みの間で成長したりすることによって、より大型の魚類に対する蝟集効果も高まるという。石干見は魚と人と海の関係について多くのことを学べる「海

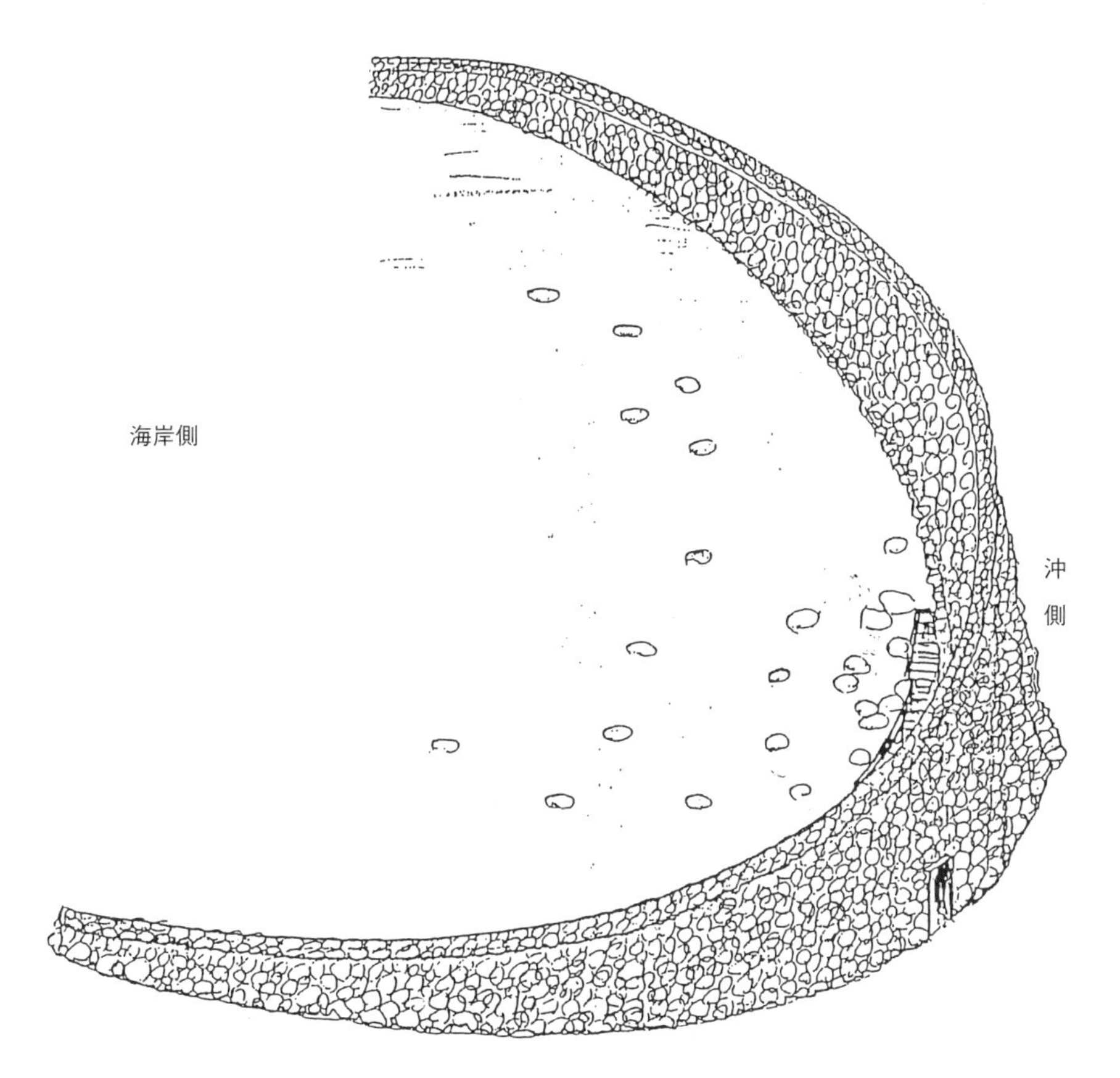

図0-1　石干見の見取り図：かつて長崎県北高来郡東目の主として湯江、小長井においてみられた石干見（中島安伊氏提供の資料を一部改変）

写真0-1　石干見での漁業活動
（長崎県諫早市水ノ浦に残る石干見）
干潮時、海水が排水口近くだけに浅く溜まった状態になり、そこに魚が集まる。それらをたも網ですくう。2005年6月撮影。

の文化景観」なのである。

海外に目を向けると、台湾や韓国、フランスやスペインでも石干見の保全が進んでいる。オーストラリアやカナダ、南アフリカでは先住民の漁撈文化として注目され、石干見のデータベース化が進められている。生活に密着した伝統的な道具の重要性が見直され、これらを歴史的・文化的遺産として保護する、また水中から見え隠れする遺物を考古学の研究対象に組み入れるという世界的な動きが、石干見にも影響しているとみてよい。世界の石干見が同時代的に文化遺産あるいは文化資源として研究と保存の対象になってきている現象にも興味がわく。

二〇一六年一〇月、台湾の澎湖県政府が毎年実施している「澎湖研究」の第一六回国際学術研討会が、国立澎湖科技大学が主担し県政府文化局・農漁局の共催のもと、馬公(まこう)市内の科技大学キャンパスにおいて開催された。テーマは、「在地全地球化――世界遺産潜力点在澎湖」すなわち澎湖が有する玄武岩地形および玄武岩を用いて構築された石干見(台湾では石滬という文字をあてる)の世界遺産化推進を考えるシンポジウムであった。私も「日本の石干見、台湾の石滬――漁具・漁法研究から文化遺産としての理解へ」と題して報告する機会をいただいた。研討会の中心を担ったのは、澎湖科技大学観光休閒系の李明儒教授であった。李さんは台湾における石滬研究をリードする学者である。澎湖列島の石滬に関する多くの研究書や論文を執筆するとともに、県政府が刊行する石滬に関するガイドブックや観光パンフレットの編集にも尽力されている。すでに崩壊した遺物も含めて六〇〇基におよぶ澎湖列島の石滬のデータベースが李さんらの手によって完成している。しかし、石滬漁業の歴史的研究や所有形態に関わる研究、地域が石滬の保全や活用のために議論すべき課題の究明など、いまだ手つかずのものも多い。今後、このような石滬の基礎的研究を蓄積していかなければならないとする考えは、李さんも私も一致するところである。以上のような現状をふまえながら、石干見・石滬の漁業文化や歴史に関する研究を問うことが本書の第二の目的となる。

ところで私は、大学院生の時から沿岸域の漁場利用に関心を持ち続けてきた。石干見のことも一九七〇年代には書物を通じて知っていた。しかし実物を目にしたのはかなり遅く、一九八九年の夏、台湾の沿岸漁業の調査に出かけた際、本島の北西海岸、苗栗県後龍鎮外埔里の海岸で見たのが初めてであった。堤防から台湾海峡を臨んだ時、ゆるやかに弧を描く石滬が眼前に広がった。近づけば、丸みを帯びた転石を積んだ壁は、高いところでは二メートルを優に超えていた。潮の満ち引きに応じて見え隠れする、単調ではあるが実に美しい石積みに魅了された。それ以来、機会あるごとに石干見が残る地域を訪ね歩いてきた。すでに三〇年近くが経過したことになる。

遅々として進まぬ研究ではあるが、これまで石干見漁業活動の生態学的理解、石干見の漁業史的展開、分布域の特定などについて考えてきた。また、石干見に関する諸研究を回顧し、展望する作業も進めてきた。詳細は本編にゆずるが、石干見研究の今後の方向性として、①石干見の漁業史的展開と系譜論に関する研究、②石干見データベースの作成、③石干見漁業活動の調査研究、④石干見の保存・再生・活用をめぐる研究、の四課題、あるいは①の史的展開と系譜論とを二つに分けて合計五つの課題を考えるにいたった。

私が特に関心を抱き続けてきたのは石干見の漁業活動に関する調査と研究である。とはいえ、この研究は停滞したままである。たとえば潮の動きと漁業活動との関係を理解するためには、少なくとも潮汐の一連のサイクルがみてとれる半月以上を調査期間に充てなければならない。毎日の漁獲量は漁業活動を理解するうえで重要なメルクマールになるから、そうした定量的データも収集してみたい。しかしいまだに満足な調査をしたことがない。自らの無精な性格もあるが、石干見漁業が現在でも恒常的に続けられている調査地を選ぶこと自体がきわめて難しいのも理由のひとつである。このような点からみても、本書がすべての課題に応えるものではないことをあらかじめ申し添えておかなければならない。

さて、私がこれまで訪ねた、石干見が存在する（かつて存在した）地域は、日本では大分県の豊前海、長崎県の諫早湾、有明海周辺、島原半島、五島列島、鹿児島県の奄美大島、沖縄県の沖縄本島、宮古列島、八重山列島、海外では台湾の本島北西海岸、澎湖列島、韓国の慶尚南道、済州島、フィリピン中部のパナイ島、ギガンテ島、インドネシアのスラウェシ島、ミクロネシア連邦のヤップ島、フランス西部のレ島、オレロン島などである。世界中の分布域を俯瞰したならば、私の旅など、道半ばまでも到達していない。しかしここいらで一息ついて、これまで学んできた知見に基づいて「石干見の文化誌」を伝える作業にしばし立ち向かってみたい。

最後に本書の構成について記しておこう。本書は三部構成とした。石干見研究の進展を意識しつつ、地域を限定しながら話を深めたいからである。石干見は世界中に分布することから各地に少なからぬ研究成果が蓄積されている。ローカルな報告書や記事・記録も数多く存在しているはずである。しかし、私はそれらすべてに通じているわけではない。したがって、そのなかで、研究史をある程度理解でき、これまでに前述した各種のテーマに沿うような研究を試みたことがある地域に限定して考えることにする。また、できるだけ近年の研究成果を中心に取り上げたい。

第Ⅰ部は日本の石干見をめぐる五つの章からなる。第一章では日本の石干見研究を回顧し、続く第二章で近年の石干見研究の課題について考える。第三章は石干見の系譜論的な意味を問いながらその呼称について考察してみたい。第四章は島原半島の石干見漁業史を整理し、諫早市に現存する石干見の利用形態について考察する。第五章には日本における開口型の石干見についてまとめたデータベース的な論文を配した。

第Ⅱ部は台湾の石滬（チューホーあるいはスーフーと呼ぶ）に関する三つの章である。第六章では第Ⅰ部と同様に、台湾の石滬研究について回顧することから始める。続く二つの章では、日本が統治した時代に台湾総督府が保存していた漁業権免許申請資料を用いて、当時の石滬の所有と利用について分析した。第七章は台湾本島北部および北西部における石滬の利用に関する分析、第八章は澎湖列島北部の石滬の所有形態を主として集落ごとに検討したものである。

「新たな石干見研究に向けて」と題した第Ⅲ部には二章を配したにすぎないが、今後の調査研究へとつなげるための部分であり、まとめの部分でもある。第九章では、欧米における石干見の文化遺産化や水中考古学的研究の位置づけを考えてみる。私にとってはまさに新たな石干見研究の方向性との出会いである。近年のこのような研究動向を理解するきっかけとなったフランス西部のオレロン島における石干見調査の記録もあわせて紹介したい。第十章では、研究の可能性についてさらに考えてみることに主眼をおいた。石干見研究には特に定まった研究の方向性があるわけではない。そこで第Ⅰ部の第二章で議論した近年の石干見研究の課題をふまえたうえで、より具体的な研究事例を提示しながら今後の議論の可能性を探ることによって「まとめ」にかえたいと思う。

なお本書で引用する第二次世界大戦前の文献、文書資料およびそれらからの引用文中で使用されている漢字（旧字体）については、可能な範囲において、現在広く通用している字体に改めたことを断っておく。

本書が読者の皆さんにとって、「石干見を知る」機会となっていただければ幸いである。

石干見の文化誌——遺産化する伝統漁法　目次

第四章　島原半島の石干見（スクイ）漁業……054

第五章　開口型の石干見――その技術と漁業活動……076

第Ⅱ部 台湾の石滬

第Ⅰ部　日本の石干見

長崎県諫早市水ノ浦（2005年6月）

第一章　石干見研究の系譜

はじめに

石干見の復元と活用が、近年、九州各地で始まっている。地域の人々の生活や生業に関わる身近な風景を文化財として評価する文化的景観の考え方が定着しつつあるなか、石干見をめぐる動きも、このような動きと関係が深いと考えられる。たとえば、大分県宇佐市の長洲海岸にはかつて大小七基の石干見（イシヒビ）が存在した。イシヒビ漁は昭和三〇年代までおこなわれていたという。その後、海岸はノリ養殖漁場へと転換し、イシヒビは利用されず荒れるにまかされ、石積みの跡がわずかに残るにすぎなかった。そこへ二〇〇六年一〇月、宇佐市豊の海観光協議会のもとにイシヒビの修築と管理をおこなう目的で設けられた「ひび部会」が中心となり、財団法人地域活性化センター事業の補助を得てイシヒビの復元が始まった。これを地元の長洲中学校での環境教育や魚とりを楽しむ体験型観光に活用しようとしたのである。長洲漁港に近い海岸にもイシヒビが復元された（写真1-1）。これは観光ヒビと呼ばれ、実際に観光客を招き入れ、魚とりもおこなわれている。一連の活動を推進したのは、「長洲の町のこれから」を創造する目的で結成された長洲アーバンデザイン会議であった。地域の住民を主体とするこの団体とともに、宇佐市役所経済部商工観光課ツーリズム推進係が外部との調整役を担っている。

長崎県島原市では、長浜海岸に一九六五年当時まで残っていた石干見（スクイ）を復元するために「みんなでスクイを造ろう会」という市民団体が結成され、二〇〇六年には実際に復元がなった（写真1‐2）。現在も会のメンバーによるスクイの補修と掃除および「スクイまつり」と称して市民を招き入れる魚とりのイベントが、毎年おこなわれている（写真1‐3）。二〇一七年七月には第七回スクイまつりが開催され、多くの市民が魚とりを楽しんだ。

写真1‐1　大分県宇佐市長洲に復元されたイシヒビ。地元では観光ヒビと呼ばれている。2007年12月撮影。

写真1‐2　長崎県島原市長浜海岸の新田町地先に復元されたスクイ。2011年4月撮影。

写真1‐3　スクイまつり（長崎県島原市長浜海岸の新田町地先）。2014年4月撮影。

このように、石干見が地域貢献やツーリズムのための装置として、今、脚光を浴びはじめている。

海洋人類学や人文地理学、民俗学において、一九七〇年代でいったん終息していた石干見に関する研究が、あたかも前述した動きと連動するかのごとく一九九〇年代から再び繰り広げられるようになった。このような石干見をめぐる地域の動きや学界の動向をみるとき、いったい、石干見に関する研究はこれまでどのように進められてきたのか、なぜ今、石干見が注目されるのか、今後いかなる石干見研究が可能かなどを検討することが必要と考える。本章では、以上のことをふまえたうえで、石干見研究の系譜について回顧する。

一　石干見研究における西村朝日太郎の貢献

日本における石干見漁法の研究については、第二次世界大戦前の喜舎場永珣（きしゃばえいじゅん）（一九三四）による沖縄八重山の伝統漁法に関する研究において取り上げられたものを先駆けとし、島袋源七（一九七一）による古代琉球漁業の研究における漁垣への注目[1]、吉田敬市（一九四八）による有明海漁業に関する地理学的研究における石干見への言及がある。しかし、本格的な研究の確立は、海洋民族学者の西村朝日太郎が調査に着手しはじめた一九五〇年代以降になってからである。

早稲田大学にいた西村は、一九五〇年代から七〇年代にかけて、大学院生や学部学生をともなって、九州各地、奄美群島、南西諸島において石干見の調査・研究を活発におこなった[2]。西村自身は、一九五七年に小川博とともに有明海の干潟漁撈文化の調査を開始し、そこで初めて、潟板と石干見の重要性に着目した[3]。一九五八年にも小川とともに有明海から熊本県宇土半島へ石干見調査に赴いている。その後、「五九年には沖縄、主として先島の漁法を調査したが、一九六八年には石干見を沖縄本土、先島について求心的に調査」（西村　一九七九）した[4]。小川も、一九五八年と一九六〇年に熊本県三角（みすみ）町戸馳島（とばせじま）のスッキイ、一九六〇年、一九六二年に豊前海のイシヒビをそれぞれ調査している。一九六八年には水野紀一が西村とともに奄美諸島において（水野 一九八〇）、木山英明と安倍与志雄が五島列島においてそれぞれ現地調査を実施した。また、高桑守史は、同年、韓国南部の石干見を調査している。(5)

西村らによる一連の石干見研究の過程で、一九七二年には早稲田大学海洋民族学センターに集う大学院生が沖縄に派遣され、石干見の集約的・組織的な調査研究がおこなわれた。高桑と矢野敬生の二人が宮古列島（宮古島と伊良部島）、中村敬と山崎正矩が八重山列島小浜島にて調査した。高桑と矢野は宮古調査が終了した後、小浜島調査班に合流している（矢野・中村・山崎 二〇〇二）。

西村らが中心にすえた研究課題は、南太平洋に広く分布する干瀬というエコシステムが有する漁撈文化の解明であった。そのなかで、砂浜や泥地、礫浜、岩礁性海岸など干潟の漁場利用についても議論された。石干見はこのような漁撈文化におけるメルクマール、西村自身の言葉を借りれば、礁文化の主導的徴表（西村 一九七七）として注目され、その構造や利用方法、所有形態などが分析の対象となったのである。特に、高桑・矢野の現地調査データをもとにまとめられた宮古列島における石干見の研究（西村 一九七九）は、「おもろさうし」に記述された石干見に関する島袋（一九七二）の所説を再検討した文献学的研究に続き、石干見の名称と分布、形態と構造、機能（漁期、漁法、漁獲対象とその分配方法）、法的関係性などについて詳述している。石干見の構造については石積みの長さと高さ、幅、部位ごとの大きさの計測などにもおよんでいる。筆者は、この研究によって石干見に関する具体的な調査方法論が初めて提示されたと考えている。

以上のように西村と一〇名近い西村の「門下生」が、約一五年間にわたって石干見の調査を続けた。調査の組織化と資料の蓄積量からいえば、この時期に石干見研究はピークを迎えたといえるであろう。さらに西村の研究姿勢として高く評価しなければならないことは、自身が一九六一年の太平洋学術会議を皮切りに国際人類学民族学会議など複数の国際会議において、また英語での論文発表を通じて、石干見の伝統的漁具としての位置づけや所有関係を世界に向けて発信したことである（Nisimura 1964, 1968, 1971, 1975）。

西村の「門下生」による石干見調査は、その後も継続された。水野は、一九七九年に奄美群島全域の調査を終え、一九八二年には長崎県五島列島の小値賀島、一九八五年には奄美大島瀬戸内町および五島列島福江島の石干見をそれぞれ調査している（水野 二〇〇七）。西村らの調査によって学界に発表された成果はかなりの数にのぼったが、依然として「日の目をみることなく眠っていた南西諸島や九州における「石干見」漁撈に関する研究成果」（水野 二〇〇二）も残されているのである。

西村は、石干見を、人間が沿岸部に居住しはじめた初期に潮だまりに取り残される生物を見て考案した、きわめて古い構築物であると考え、この漁法を「生ける漁具の化石」あるいは「生きている漁具の化石」（the living fossils of oldest fishing gear）と呼んだ。構築技術から考えると、西村の命名は示唆的である。石干見に対するこの別称は、それ以降、学界において広く認知された。とはいえ、石干見の石積みは、風波によって破損しては積みなおすことが繰り返されたし、崩れたのち再び築かれずそのまま放棄される場合もあった。したがって、このような石積みの構築年代を特定することはきわめて難しい。しかも、海岸に残される石材群から考古学的究明ができるわけではない。以上のことからすれば、西村のいう「石干見の太古性」を証明することは実際には困難であることを付言しておきたい。

ところで、同じころ地理学者の藪内芳彦（一九七八b）は、イギリスの民族誌学者ジェームズ・ホーネルの漁撈文化人類学的研究（Hornell 1950）を受けて、石干見の世界的な分布域を描いている（図1‐1）。ただし、藪内は分布域を特定するために用いた文献資料を明記していない。おそらく二〇世紀前・中期にかけて発表された

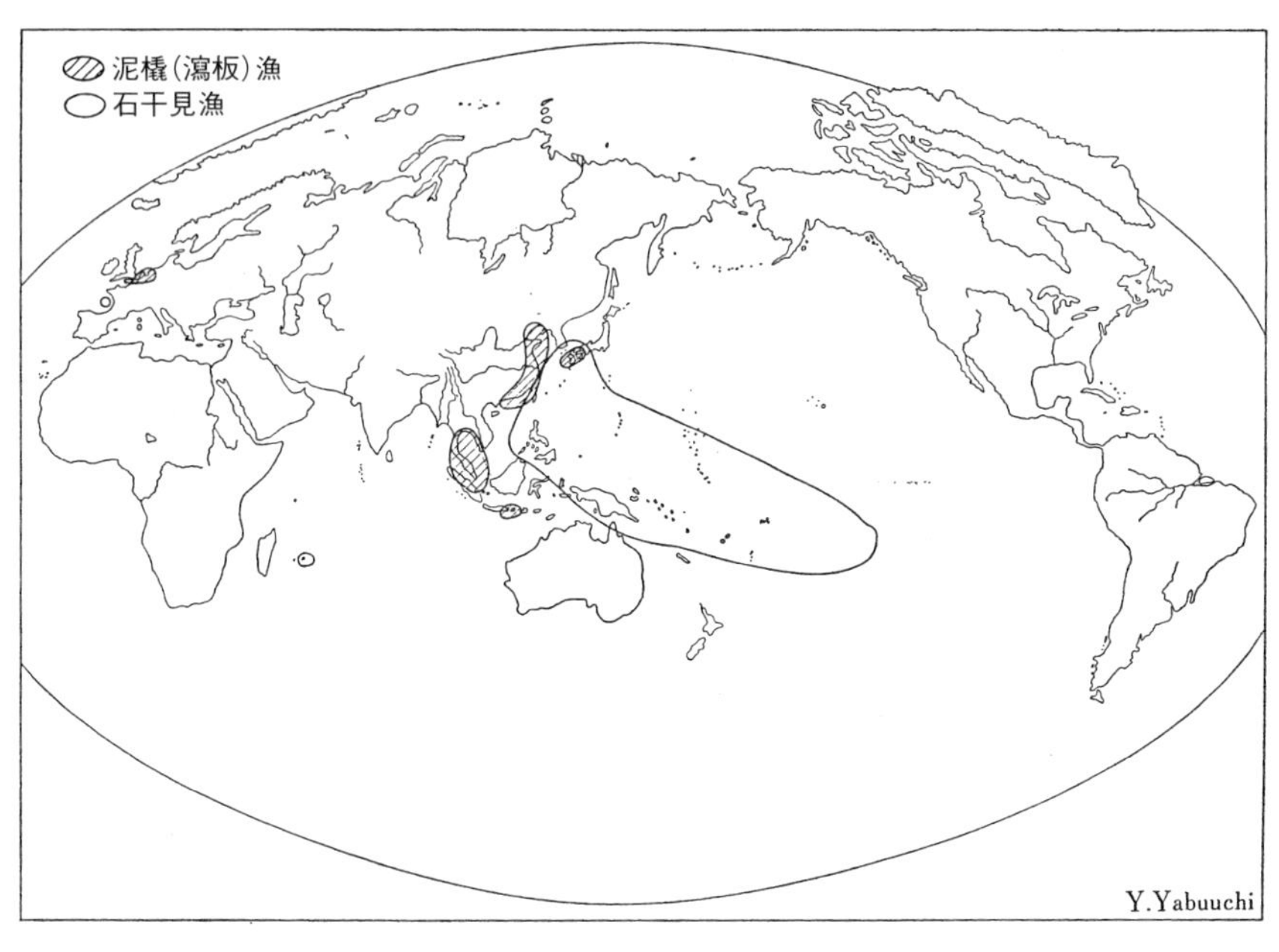

図1-1　石干見の分布（藪内 1978b）。原図のタイトルは、「石干見漁と泥橇（瀉板）漁の分布図」であった。図中の「瀉」は「潟」の誤用である。

アジア・太平洋各地の民族誌の記述などを丹念に集め、一部については研究者からの情報を得て、分布域を確定したものと考えられる（田和一九九八、二〇〇七a）。しかし、このこと以上に重要なのは、藪内自身が、分布圏は大ざっぱな外枠を示したものにすぎないこと、さらに、過去においても現在においても世界のすべての国ぐにのどの部分で用いられていたか、あるいは用いられているかを知らなければ、正しく線引きできないこと（石毛ほか 一九七七）、すなわち分布論的検討の限界性を十分に認識していたことである。

一九八〇年以前に発表された石干見研究は、以上のように西村を中心におこなわれ、有明海沿岸、奄美群島、沖縄の宮古島・伊良部島などの石干見について詳しい情報が提示された。これら以外に奄美大島北部の笠利湾周辺および南部の瀬戸内町における石干見の状況が小野（一九七三）によって報告されている。小野は、旧暦五月節句の石干見漁（地元ではカキオコシ）の様子を見て、生活の中に石干見を残す意義、すなわちこの古い有形民俗資料を文化財として保存することの重要性を早くもこの時期に指摘している。

二　石干見研究の停滞

石干見に関する研究は、一九八〇年代以降、停滞気味となる。筆者は、その最大の理由として、一九六〇年代から七〇年代にかけて石干見が日本の沿岸域から急速に減少し、これに応じて学界での注目度が低下したことをあげたい。合わせて西村らによる研究がすでにひとつの到達点にいたったことも、石干見研究への関心度の低下と関係していたと考えている（田和 二〇〇二）。

石干見の数が減少した理由としては、漁場の放棄と漁場の消滅の二つが考えられる。漁場放棄の原因は、石干見がいわゆるレシーブ型の漁法（待ちの漁）であるがゆえに漁獲効率が悪く、資源の枯渇もあいまって漁獲量が減少したことである。漁具自体の規模が大きく、維持管理には多くの労働量を投下する必要があったことや、石積みの崩れが生じると漁獲能力が著しく低下するため日常的に維持管理する必要があったことも、所有者にとって大きな負担となった。所有者の高齢化が進むなか、漁業権自体が放棄されたところもあった。漁場の消滅は、沿岸部の埋め立て、ノリ養殖漁場への転換などによって引き起こされた。石干見の石材は道路工事や建築用材としても使われた。沖縄では積み石の多くがサンゴ石灰岩であったことから漆喰製造用の原料として持ち去られ（多辺田 一九八六）、海岸から姿を消していった。

一九八〇年代の石干見研究の成果をみると、コモンズを意識した研究が唯一の成果といえよう。多辺田（一九八六）は、自身が新石垣空港建設の反対運動に関わったことから、空港候補地の白保において石干見と出会った。当時、共有財産論（コモンズ論）が学界において注目されていた。多辺田はイノー（サンゴ礁湖）の利用実態を調査し、農民による地先の海の利用慣行とコモンズ論との関係性を考えたのである。その結果、「海の畑」たるイノーでの農民的漁法として一九七〇年ごろまで続いていた石干見漁の重要性、そして地区住民の生存権とかかわるイノーの入会権が漁業権の一部放棄によって侵害されたことの問題性を指摘した。

新石垣空港の計画の先例をなすものとして、新奄美空港の建設に伴う自然環境、生活環境への影響の問題があった。奄美大島でも地先海面には石干見（カキ）が数多く存在したことは前述の小野の報告でも明らかである。佐々木・小川（一九九〇）は、カキの利用慣行をひとつの拠り所として、奄美の地先に入会権のような慣行が存在しているのか、奄美空港建設における補償がこうした権利と関係していかになされたのかを考察している。

多辺田（一九九五）は、海と陸という両義性を有するイノーや海浜（干潟・なぎさ）空間に関心をもち、その後も「農民の漁法」として存在し続けた各地の石干見を調査した。調査域は、西表島、宮古島、周防灘沿岸、宇土半島沿岸、島原半島沿岸におよんだ[6]。多辺田は、石干見の利用・管理形態は、陸の空間である農地の所有関係（地主・小作制の展開）や農作業の共同性（結や模合の強弱）を反映していたことを見出し、これらを地域住民の共同のもとでコモンズとしての永続性を持って生かすべきであると主張した。農山漁村地域の全体に目を向けていけば、入会林野や山林原野、「おかず」を自給的に供給する場である河川、入会地としての海などの重要さに気づかされるというのである。

おわりに——新たな石干見研究に向けて

最後に一九八〇年代後半〜二〇〇〇年代の石干見研究の状況について回顧し、新たな石干見研究の可能性についても検討しておきたい。

一九八〇年代後半から一九九〇年代にかけて、石干見に関する民俗学的報告がいくつかなされた。鹿児島県出水、阿久根の石干見（小野 一九八八）や宇土半島周辺の石干見（富樫 一九九一、一九九二）に関する報告がそれらである。また、矢野・中村・山崎（二〇〇二）、矢野・中村（二〇〇七）による八重山列島小浜島の石干見および水野（二〇〇二、二〇〇七）による奄美群島・五島列島の石干見に関する海洋人類学的研究が発表されている。矢野・中村・山崎は、前述したように一九六〇年代から七〇年代にかけて西村とともに石干見研究を進めた研究者たちであり、論文で用いられたデータのほとんどが当時の調査で収集されたものである。矢野らが試みた各石干見の大きさの計測や聞き取りによる情報量などからは、当時の研究の水準の高さと精緻さを改めて知らされる。今後の研究でも用いられるべき重要な調査方法の提示としてみる必要がある。

世界の石干見分布域を再検討する作業もおこなわれた。あわせて各地の石干見の技術（たとえば潮差と石材の材質との関係、立地環境や潮差と石干見の形態との関係）も議論の対象となった。また、田和（二〇〇七b）は、昭和初期における有明海の石干見（スクイ）の利用形態を当時の漁業権資料を用いて分析した。この分析結果については第四章で取り上げることにする。

これらに加えて、石干見が文化財として保護対象となっている状況についても議論が始まっている（田和二〇〇六、二〇〇八：田和編 二〇〇七）。石垣島白保では石干見（インカチィ）が復元された（写真1－4）。上村（二〇〇七）は、この事業を進めようとする主体と関係諸機関との間でどのような調整が行われたか、復元のプロセスにおいてどのような制度的・技術的な課題が見出されたかを検討した。さらに石干見という文化資源を活用するにはどのような課題があるのか議論している。上村によって石干見研究における新たな可能性が示されたといえる。

筆者も、石干見が分布した（する）地域の精緻な情報を収集する必要性を指摘するとともに、石干見の構築の技術、

写真1-4　石垣市白保の竿原に復元されたインカチィ
2010年3月撮影。

魚とりの技術と漁業者の環境知との関係および石干見の所有と利用の状況、漁獲物の分配方法を理解する必要性、さらには石干見を保存、復元したり、それらを活用したりする方法について議論を始めている（Tawa 2010）。また、二〇一〇年三月には、神奈川大学国際常民文化研究機構第一回国際シンポジウム「海民・海域史からみた人類文化」において、「伝統漁法石干見の保存と利用」と題する報告をおこなった（田和 二〇一〇）。

こうした近年の石干見研究の特徴として、①石干見の漁業史的考察、②石干見の分布と現況についてあらためて問う研究、③石干見の利用形態を生態学的視点から考察しようとする共時的研究、④文化資源・文化財としての石干見をめぐる議論、の四点をあげることができよう。とくに、伝統的な漁業文化の見直しや、沿岸域・河口域の環境保全や環境教育が注目されるなかで、さらなる石干見研究の可能性と課題が見出せる。そこで、次章では、これらの諸特徴をふまえ、具体的な事例を交えながら、①石干見研究の史的展開、②石干見の名称をめぐる問題、③石干見データベースづくり、④石干見漁業活動の調査、⑤石干見の保存・再生・活用をめぐる議論、の五点にわけて今後の研究課題についてより詳しく検討しよう。

注

(1)この論文は島袋の遺稿であり、「沖縄古代の生活――狩猟・漁撈・農耕」というタイトルは、谷川編(一九七一)に掲載するにあたって谷川自身が付したものである。原稿は第二次世界大戦時中に書き下ろされた。

(2)西村(一九六九)は、「わたくし達のセンタア[早稲田大学九号館のThe Centre of Marine Ethnology:早稲田大学海洋民族学センターのこと](〔 〕内は筆者注)で研究中の小川博講師、木山英明修士、大学院学生安倍与志雄、中村敬、文学部学生、高桑守史、水野紀一は、朝鮮南部、済州島、五島列島、九州の各地、奄美大島などを調査して石干見に関する資料を収集した」と述べている。

(3)矢野・中村・山崎(二〇〇二)によると、西村は「一九五六年有明海沿岸の調査中に潟板と石干見を発見」したとしている。西村自身は、「私が沖縄の石干見の研究を始めたのは一九五七―八年で、(以下略)」と記述している(西村 一九七九)。しかし、後年、「私が石干見に関心を有つに至ったのは一九五五、六年頃のことである。当時早稲田大学の学生であった小川博を伴って九州の有明湾(ママ)を調査した際に二つの大きな発見」をし、また、「私が五七、八年に沖縄全土に亘って石干見を含む漁具を調査」したことを述懐している(西村 一九八七)。調査年には微妙なずれが生じているが、ここでは小川(一九八〇)に依拠した。

(4)小川(一九八〇)によると、西村の沖縄調査は一九五九年ではなく一九五八年である。

(5)高桑による韓国調査の実施年については明らかでない。小川(一九八〇)によると、一九六八年九月二一日、早稲田大学にて石干見研究会が開催され、その中で高桑は「南朝鮮の石干見」調査について報告している。

(6)多辺田は、ミクロネシア連邦ヤップ島においても石干見を調査し、魚とりの共同性と漁獲物分配の公平性について考察した(多辺田 一九九〇)。なお、沖縄、九州、ミクロネシアの一連の石干見調査は、一九八六~八八年の三年間におこなわれた(多辺田 一九九五)。

第二章　石干見研究の問題群
——研究の可能性

はじめに

本章では前章で示した石干見研究の回顧をふまえて、石干見に関してどのような研究課題があるか、またこれまで明らかにされてこなかった論点を見出すことによって今後どのような研究の可能性が開けるのか考察する。ここではこれらを「石干見研究の問題群」と呼ぼう。問題群を、①石干見漁業の歴史に関する研究、②石干見の名称をめぐる研究、③石干見資料のデータベース作成、④石干見の漁業活動に関する研究、⑤石干見の保存・再生・活用に関わる研究、の五つに分けて考えてみたい。

一　石干見漁業の歴史に関する研究

石干見漁業の歴史について地域を限定して考察した研究、すなわち石干見の漁業史的研究はこれまでほとんどおこなわれてこなかった。断片的な記録が、西村（一九六九）や各地の自治体史（誌）に見られる程度である。石干見が地域の主要な漁業種類・漁法として位置づけられることは決して多いとはいえず、これ自体を記録した資料がほとんど残されていないからである。

その中にあって、近年、近代期の石干見漁業権などに関わる文書資料が各地で確認され、これらを分析することによって当時の石干見漁業の姿が次第に明らかになってきた。地域の漁業における石干見の位置づけや漁業形態がより明確になりつつある。

そのひとつとして、長崎県の有明海および島原半島沿岸における近代期の石干見漁業に関する資料の整理と分析をあげることができる。長崎県には明治期と昭和期の区画漁業権や定置漁場に関する行政文書が保存されている。そのひとつが、長崎歴史文化博物館が所蔵する長崎県勧業課編「漁場採藻区画貸渡根帳　明治十六年更正　南高来郡」（写真2‐1）、同課編「漁場採藻区画貸渡根帳　明治十六年更正　北高来郡」、長崎県農商課編「漁業採藻場区画根帳　明治二十七年四月更正」という綴り、および長崎県立長崎図書館が所蔵する長崎県庶務課編「昭和四年調査　第三種定置漁場魞簗其他　第十一　共十七冊」である。

長崎歴史文化博物館所蔵の三つの文書は、区画漁業権が設定された各種の漁場の譲渡内容が記された台帳である。有明海沿岸では石干見のことを「スクイ」と称するが、各種の漁場の中には「スクイ漁場」または「須杭」という文字を充てた漁場が含まれている（写真2‐2）。根帳には規定の用紙が使用されており、そこには免許年月日、貸渡年限、場所、竪横間数、坪数、稼人氏名、字名などを記載する欄が設けられている。瑞穂町編（一九八八）はこ

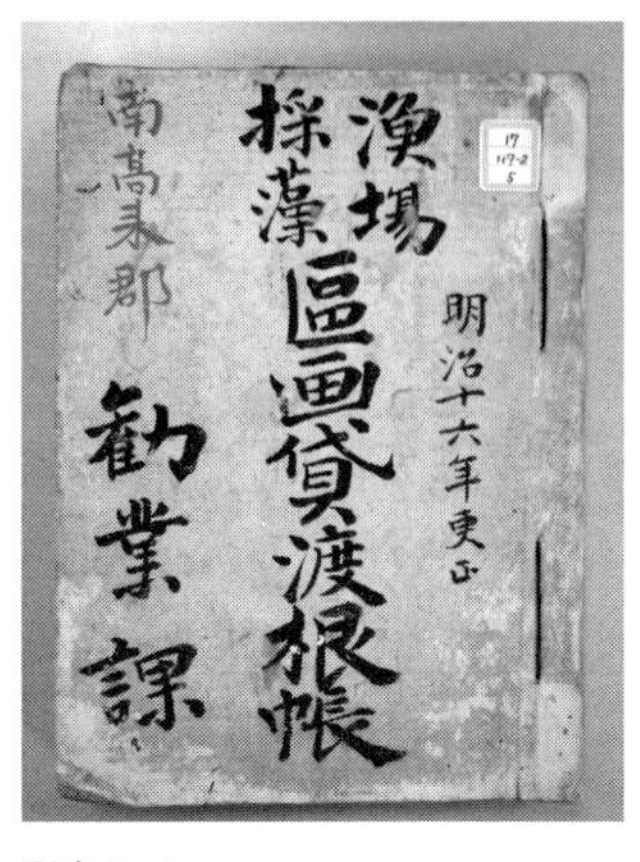

写真2-1
長崎県勧業課編「漁場採藻区画貸渡根帳　明治十六年更正 南高来郡」の表紙
長崎歴史文化博物館所蔵。2012年3月撮影。

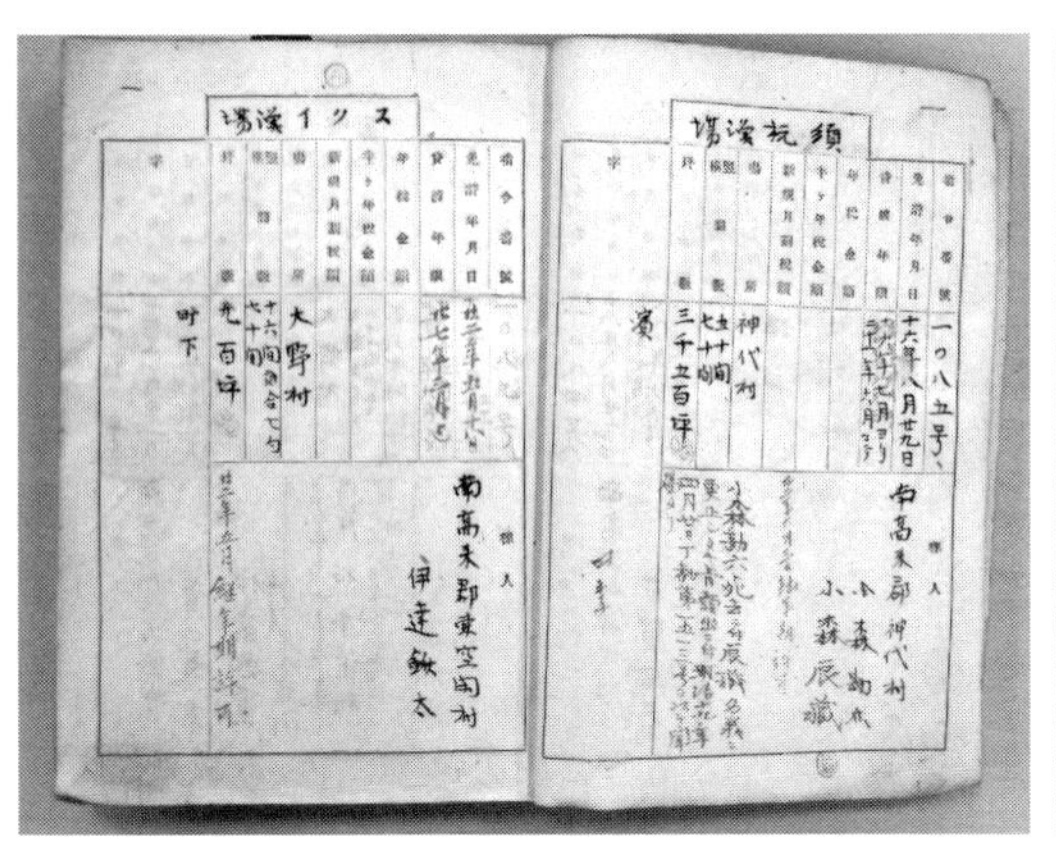

写真2-2　長崎県勧業課編「漁場採藻区画貸渡根帳 明治十六年更正 南高来郡」に見られるスクイ漁場および須杭の文字
長崎歴史文化博物館所蔵。2012年3月撮影。

れらの資料を用いて、当時の石干見所有者と石干見の数などを検討している。

長崎県立長崎図書館所蔵の「昭和四年調査　第三種定置漁場魞簗其他　第十一　共十七冊」は、長崎県庶務課が一九二九（昭和四）年に調査した定置漁場に関する文書の綴りである。この文書資料の内容とこれを用いた分析は第四章で取り上げるので、ここでは島原半島沿岸・有明海周辺における昭和初期の石干見漁業の実像が記載内容からより鮮明になったことだけを掲げておきたい。

今後も近代期の石干見の漁業権資料の発掘や、地域漁業に関する報告書を渉猟しながら、当時の石干見漁業の状況について理解する必要がある。大分県宇佐市長洲では、かつて石干見を所有していた旧家から明治・大正・昭和期の漁業免許状や石干見漁場図が発見されている（高橋 二〇〇六）。国文学研究資料館が所蔵する『熊本県水産誌 巻之六』には石干見と思われる漁具を使った漁撈活動図が残されている[1]。このような史料や漁業絵図、漁撈活動の生業図を組み合わせること（橋村 二〇〇九）も当時の石干見の状況を知るうえで欠かせない研究方法である。ただし、八〇～一〇〇年前の状況と現在の状況とを結びつけるためには資料収集が十分でない点をいかにして補えばよいのか、すなわち歴史的な研究方法の議論、さらには歴史資料と現代の石干見から得られる情報との関係性を探ることも同時に視野に入れておかなければならない。

二　石干見の名称をめぐる研究

筆者は、「石干見」という名称の由来も石干見研究の対象になると考えている。

地理学者の吉田敬市（一九四八）は、「石干見の語源については明らかではないが恐らく石干見の中に残った魚を抄い獲るの義であり、石干見の漢字を充てたのは石垣の中の魚を干潮毎に行って見て獲る事から因んだ名称であろう」と述べている。石干見という文字が最初に用いられた文献としては、管見によれば、岸上（きしのうえ）鎌吉の『水産原論』（一九〇五）である。岸上は、漁撈の解説において「かへぼり」（かいぼり）について説明している。これは水面の一部を土石などを用いて区画し、区画内を排水して残った魚をとるもので、漁具を別途必要としなかったという。続けて「此方法ニ似テ殊ニ水ヲ除クニ干潮ヲ利用スルモノハ所謂建干及ヒ九州ニ行ハルヽ羽瀬、石ひゞ（み）ノ類ナリ」と述べている。また、原始陥穽類の説明箇所において「立干、石干見、羽瀬、八重篊、いか曲立網等挙ナ此類ニ属ス」として、「石干見」という漢字表記を用いているのである。

小川（一九八四）は、ヒビを干見と漢字であてて、石干見という用語が豊前海地方から始まったと思われる、と指摘する。筆者は、石干見は「石でできた篊（ヒビ）」であろうと現在のところ推論している。ローカルな呼称としてイシヒビが用いられる地域は、小川が指摘するように福岡、大分両県の豊前海沿岸地方である。また、篊は古語では「ヒミ」とも発音したという。すると石干見をイシヒビとともにイシヒミと呼ぶことも可能となる。

石干見の表記は、明治期の農商務省による行政文書およびこれに関係して作成された漁業権資料に用いられている。明治漁業法が、一九一〇（明治四三）年四月に公布された。これに合わせて同年一一月に農商務省令第二五号漁業法施行規則が発令された。この規則の第一二条は定置漁業の種類について規定しており、それらは七種類に分類される。これらのうちのひとつに魞簗（えりやな）類がある。翌一九一一（明治四四）年三月には農商務省告示第一四八号として、この漁業法施行規則に該当する漁業にはどのようなものがあるのかが提示された。定置漁業のうちの魞簗類のひとつとして石干見がある。国家の法令等に石干見という用語が登場したのは、管見の限りこれが最初である。

以上のような情報をもとに、石干見を仮に行政用語（行政による漢字表記）とするならば、いつ頃これが定着したのかについてもあわせて追究しなければならない。石干見の名称に関する検討は第三章に譲りたい。

三　石干見資料のデータベース作成

各地の石干見漁業の現状を明らかにする作業は石干見に関する基礎研究のひとつである。たとえば、台湾の澎湖列島では地元在住者の協力によって石滬の悉皆調査がおこなわれ、その報告書が刊行された（洪 一九九九）。本報告書には、調査計画、石滬に関する概説（石滬の命名、漁獲対象魚種、補助漁具、石滬漁撈にまつわる習俗など）に続いて、石滬の数や名称、大きさや形態などが集落ごとに示されている。このような石干見に関するデータベース作りは、地域における石干見の分布状況を考え、呼称や漁具としての構造、利用形態、所有形態などを比較検討するために不可欠である。[2] 以下では沖縄を事例として石干見のデータベース作成について考えてみよう。

沖縄列島および八重山列島の海岸部にはかつて多数の石干見が設けられていた。これらは、地元では魚垣（ウオガキ・ナガキ）や海垣（インカチィ）、あるいはカキやカチ、さらにはそれらが転訛した名称で呼ばれていた。しか

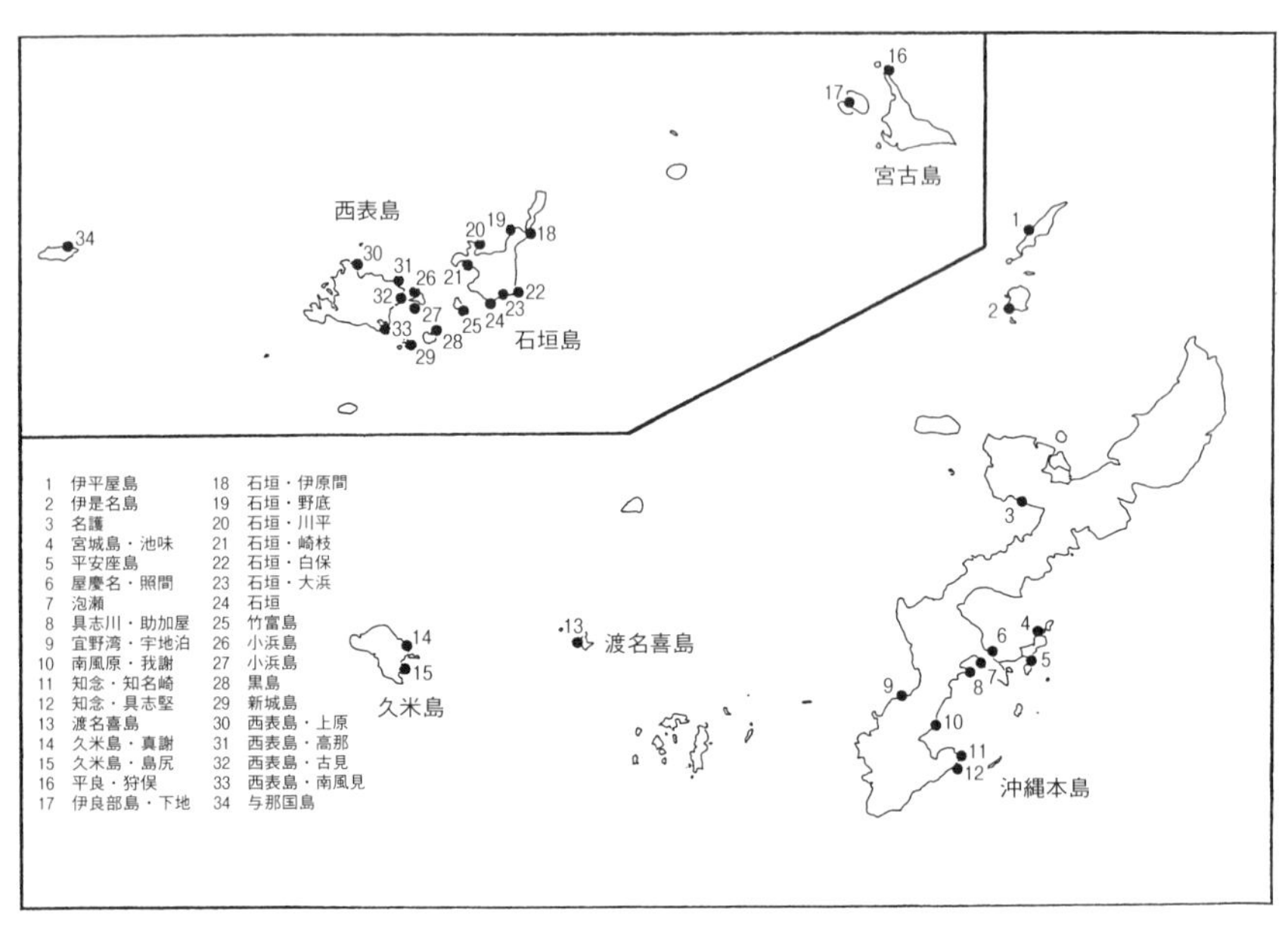

図2-1　沖縄県における石干見の分布
武田（1994）を一部改変。なお、武田による図のタイトルは、「沖縄県におけるカチ（魚垣）の所在地」である。

しこれらの正確な数や分布状況は十分には明らかにされていない。沖縄全体の石干見を俯瞰するような研究が依然としてほとんどおこなわれていないからである。そのなかで武田（一九九四）が沖縄におけるカチ（魚垣）の分布図（図2-1）を描いているのは唯一の成果といえる。分布図を描くにあたって使用したデータの出所は明記されていないが、武田によると、自治体史（誌）類を渉猟して石干見に関する記述を抽出した結果、作成にいたったものであるという[3]。石干見は、沖縄本島では太平洋側の金武湾沿岸部、中城湾沿岸部および東シナ海側では名護と宜野湾に分布した。離島部では、沖縄本島に近い伊平屋島、伊是名島、渡名喜島、久米島、さらには宮古列島、八重山列島、与那国島に分布していた。

　しかし、第二次世界大戦後、アメリカ軍の上陸用舟艇（LST）による演習、護岸工事などによって石干見の損壊が進んだ。一部の海岸が戦後アメリカ軍に接収されたため、そういった場所への住民の立ち入りが一時期、制限されたことも損壊を早めた原因であろう。木綿網やナイロン網を用いた漁法が普及したことも石干見の利用を疎遠にしてしまった。他方、石干見に関する情報が残りにくかった理由としては、これが日々の「おかずとり」のための装置、あるいは「あそびの空間」として利用され、漁獲量などの情報はほとんど記録される対象でなかったこと、定置漁具としての漁業権申請の手続きがなされなかったことが考えられる。なお、武田は、一九九〇年代前半において、利用されているカチ(魚垣)が八重山列島の小浜島、西表島、宮古列島の伊良部島だけに限られていたことを記している。[4] 武田が描いた石干見の分布図はきわめて精緻であるが、筆者のその後の文献調査や沖縄での聞き取り調査によると、沖縄本島では北谷町沿岸部、八重山列島では石垣島宮良、波照間島にも石干見が存在したことが確認された。

沖縄の石干見に関連する研究書や報告書を渉猟したり、各地の自治体史(誌)類に所収されている記述をまとめたりするとともに、現地にて聞き取り調査をすすめる作業がまだ残されている。そのうえで、たとえば石干見の分布域と礁池(イノー)の面積との関係性や漁具の構造および構築技術の違い、所有関係、利用形態、損壊の時期およびその理由などを整理しデータベース化する必要がある。

四　石干見の漁業活動に関する研究

石干見が生計維持にいかに関わっているかを考察するとき、漁業活動の時間的利用や漁獲量、漁獲物の分配などを理解することがきわめて重要である。漁業活動は干潮時刻に応じてなされる。限られた時間帯のみに漁獲をすればよいわけで、この点からいえば石干見漁は、農業者による日周期的な意味合いでの農間漁業(辻井 一九七七：安室 二〇〇八)として、あるいは日々の「おかずとり」を目的としておこなわれてきた側面が強い。所有者が日誌のような形で毎日の取れ高を記録したことがあったかもしれないが、石干見漁自体が副次的である点から察すると、日々の漁獲の記録を残す必要性はほとんどなかったと考えられる。とはいえ、漁獲量が多い場合には、自給的な利用だけにとどまらず商業的漁業としての利用の一端を担ったであろう。石干見漁が有する以上のような多様な側面を考慮するとき、現在も漁がおこなわれる地域で漁場利用や漁獲に関する調査を是非ともおこなう必要がある。

筆者は一九九〇年代に台湾、澎湖列島吉貝嶼における石干見漁を調査した際、共同で所有され、くじ引きによって年間の使用順が決定される利用慣行に注目したことがある。そこではくじ順と季節性（強い季節風の影響による魚群の接岸の可能性）、くじ順と月周性（潮位の変化による魚群の接岸の可能性）がいかに関わって漁獲量の多寡を生ぜしめるかに関するメカニズムを仮説として提示した（田和 一九九七）。これを石干見の漁場利用に関する生態学的理解と呼んだが、漁業活動に関する自身による調査研究はこれにとどまったままである。

日本国内では漁業活動が続けられている石干見は現在二基に限られており、以上のような調査をおこなえる可能性は低い。そのため、現在でも石干見漁がおこなわれている澎湖列島や南太平洋諸地域などがこのような調査を実施できる数少ないフィールドとなろう（早川 二〇〇四）。漁業活動にともなって、潮汐・潮流現象、魚類の行動、資源の季節性など、石干見の利用に関するさまざまな「ローカルな知識」が蓄積されているはずである。このような一連の調査研究が、ひいては沿岸域の生活文化に占める石干見の役割を明らかにすることになる。

五　石干見の保存・再生・活用に関わる研究

石干見の文化財指定が一九七〇年代から八〇年代にかけて、九州の複数の地域でみられた（表2-1）。漁船漁業の定着、海岸の埋め立て、建設用材としての石の獲得などを理由に、伝統漁法である石干見が海岸部からほとん

表2-1　石干見の文化財指定・選定

名称	所在地	指定・選定内容	指定団体	指定年
有明海のスクイ	長崎県北高来郡高来町（当時）	高来町指定記念物	高来町教育委員会	1987
	長崎県諫早市	農林水産業に関連する文化的景観	文化庁	2003
		未来に残したい漁業漁村の歴史文化財百選	水産庁	2006
守山のスクイ	長崎県南高来郡吾妻町（当時）	吾妻町有形民俗文化財	吾妻町	1986
龍郷町の垣漁	鹿児島県大島郡龍郷町	農林水産業に関連する文化的景観（重要地域）	文化庁	2003
小浜島の海垣	沖縄県八重山郡竹富町	竹富町史跡	竹富町教育委員会	1972
		農林水産業に関連する文化的景観（重要地域）	文化庁	2003
佐和田浜のカツ	沖縄県宮古郡伊良部町（当時）	伊良部町有形文化財	伊良部町	1979
	沖縄県宮古島市	未来に残したい漁業漁村の歴史文化財百選	水産庁	2006

ど消滅しかけている状況を鑑み、各市町村の教育委員会などが中心になってその保存に努めた結果である。近年ではこのようないわばローカルな文化財の保護・保存だけではなく、石干見を再生させ、活用しようとする動きがみられるようになった。かつて存在した干潟海岸の自然や生産力を再考する環境教育のシンボルとしてその文化財的価値が見出され、たも網や手づかみによる「魚とり」という行為の面白さ、さらにはそれがもつ「あそびの空間」を見直し、ひいては観光資源として利用しようとすることなども再生と活用の背景にあると考えられる。このような動きに付随して、石干見に関するいくつもの新しい研究課題が浮かびあがる。

長崎県諫早市高来町にあるスクイは、有明海に残る数少ない石干見である。一九八七年には北高来郡高来町の文化財に指定された。これは個人が所有していたものであり、かつての所有者が現在でも魚とりを続けている（写真2-3）。前節で指摘した日本国内で漁業活動が続けられている二基のうちの一基である。二〇〇六年には、沖縄県宮古島市伊良部島に残る、地元でカツと呼ばれる石干見

写真2-3　長崎県諫早市高来町水ノ浦の石干見（スクイ）
2013年10月撮影。

写真2-4　沖縄県宮古島市伊良部島佐和田の石干見（カツ）
2005年9月撮影。

（写真2・4）とともに、水産庁が選定する「未来に残したい漁業漁村の歴史文化財百選」に選ばれた。スクイ所有者のもとには、全国各地の研究者が視察に訪れるようになり、かつて石干見漁法が見られた地域からは「地元の石干見を復元したい」として見学に来る人々もいるという（竹島二〇〇六）。

二〇〇三年六月には、農林水産業に関連する文化的景観の保存・整備・活用に関する検討委員会によって『農林水産業に関連する文化的景観の保護に関する調査研究報告書』が提出された。そのなかの「漁場景観・漁港景観・海浜景観」の重要地域として、鹿児島県大島郡龍郷町の垣漁（写真2・5）、沖縄県八重山郡竹富町小浜島の海垣（写真2・6）、重要地域以外の二次調査対象地域として長崎県諫早市のスクイ漁場が指定されている（文化庁文化財部記念物課監修 二〇〇五）。石干見に対するローカルな認知は、文化財への新たな意味づけによってナショナルな認知へと変化しはじめているのである。大分県宇佐市の長洲海岸では、かつて存在した石干見を地元中学校での環境教育や体験型観光に活用する目的で、復元が始まっていることもすでに指摘したとおりである。長洲漁港のわきには「観光ひび」が復元され、体験漁業観光に利用されている。石干見をめぐる近年の保存・再生・活用の動きに関しては、漁業、観光（ツーリズム）、文化遺産の三つの要素がさまざまに関与していることが明らかである。

写真2-5　鹿児島県大島郡龍郷町の石干見（カキ）跡
2016年3月撮影。

写真2-6　沖縄県八重山郡竹富町（小浜島）の石干見（海垣・カキ）跡
2004年6月撮影。

沖縄県石垣市白保では二〇〇六年に、石干見（海垣、インカチィ）が復元された。以下ではこの復元の経緯について考察した上村（二〇〇七）に依拠しながら、石干見の復元・再生の問題についてさらにくわしく考えてみよう。

白保では二〇〇五年九月に白保魚湧く海保全協議会が発足した。この組織はサンゴ礁を保全するとともに持続的に利用し、地域振興につなげることを目指して、地元の有志によって設立されたものである。同協議会は、発足と同時に「海とともにある持続的なシンボルづくりとして、自然とともに生きて来た文化遺産である「海垣」を復元し、体験型・文化施設として活用する」ことを決定した。かつて地元ではインカチィから多くの食料を得ていた。地域に住まう人々がそれを記憶し、生活に関わっていたインカチィを白保の文化として次世代に残したいという強い気持ちの表れである。

沿岸部にインカチィを構築するに際しては、まず沖縄県漁業調整規則に沿って関係諸機関と調整しなければならなかった。とくに漁業権を設定している八重山漁業協同組合との協議が復元の可否を左右するもっとも重要な事項と考えられた。しかし、復元が観光漁業の導入を目的としたものではなく、また漁場の岩礁破砕等の許可も不要であったことから、国有財産使用の許可に基づいて復元することに落ち着いた。礁池（イノー）内の生態系や漁業資源への影響を回避するための方策も検討された。かつて構築されていた場所を古老とともに確認した結果、復元場所を竿原地区に決定した。工法は、環境への影響を軽減することと、復元過程を広く知ってもらい教育にも資することを考慮して、機械使用を極力抑え、人力によるものとした。インカチィの形態は古老の知識に従いつつも、環境への影響や無秩序な利用を回避するという理由から、捕魚部分が完全に遮断された、もとあったタイプとはせず、「開口型」とした。インカチィは、白保魚湧く海保全協議会会員、地元小・中学生、PTA、地域の関係者などが協力して、二〇〇六年六月に完成した。

上村は一連の復元事業を取り巻く制度的・技術的な問題点と復元されたインカチィ活用の必要性と可能性について、①海域利用の権利調整の必要性、②沿岸域利用に関する情報共有と関係主体の連携の必要性、③伝統的な知識の記録と科学的な分析の必要性、④インカチィの復元、利用をきっかけとした内発的な地域活性化の可能性、⑤沿岸域の持続的な利用による保全の可能性、の五点をあげている。いずれもきわめて示唆に富む議論であり、各地で今後石干見を復元、再生、活用するにあたって考慮すべき指針が提示されたといえる。

おわりに

石干見への関心は、近年、学界のみならず行政や地域コミュニティーからも高まっている。それに応じるように、二〇〇八年三月、大分県宇佐市において、「第一回日本石干見サミット」が開催された。そこでは、漁具としての石干見の過去と現在の状況が話し合われ、宇佐市長洲のイシヒビをめぐって繰り広げられる地域おこしとツーリズムへの期待、沖縄県石垣市白保の石干見（インカチィ）の復元と再生事業、長崎県五島市富江の石干見（スケアミ）を利用した体験型観光漁業の取り組みなどが報告された。また、海の文化的景観としての石干見の重要性、石干見の維持管理と動態保存の可能性なども議論された。

二〇〇九年五月には、五島市富江において「第二回すけ漁（石干見）サミット」が開催された。筆者もこれに参加し、地域の人々が石干見をいかに守り、学び、考え、持続的に利用すればよいかについて意見を交換した（図2-2）。再生、活用のモデルを考えるにあたって、漁業としての石干見、文化財としての石干見、観光（ツーリズム）の中での石干見という三つの要素も設定した（図2-3）。これらに加えて、新たな視点として、石干見と里海に関する考え方が提示された。里海とは、「人手が加わることによって、生産性と生物多様性が高くなった海」と定義される（柳 二〇〇六）。生物の多様性は、適度な撹乱がある場合にもっとも高くなるといわれている。石干見を構築することで、石積みに海藻類が繁茂し、さらに多種多様な生物がそこに蝟集する可能性があるというのである。石干見自体の再生・活用という領域から、生物や環境保全の装置としての意義、さらには海の再生・活用にかかわる石干見の価値づけがなされはじめたのである。なお、里海（satoumi）については、二〇一〇年一〇月に愛知県において開催された生物多様性条約第一〇回締約国会議（COP10）でも里山とともに大いに議論がなされた。

第三回の石干見サミットは、二〇一〇年一〇月に「世界海垣サミット」として、石垣市白保において開催され、石干見が現存する世界七カ国（韓国、台湾、フィリピン、ミクロネシア連邦ヤップ州、フランス、スペイン、日本）、一二地域の代表が集まって情報を交換した。石干見が人と海が共存して生きてゆくシンボルであることをサミット参加者の間で確認した。加えて、沿岸域の生物多様性の保全につなげようとする里海の考え方を参加者間で共有し、「世界海垣サミットSATOUMI共同宣言」を採択した。筆者も「世界の石干見」

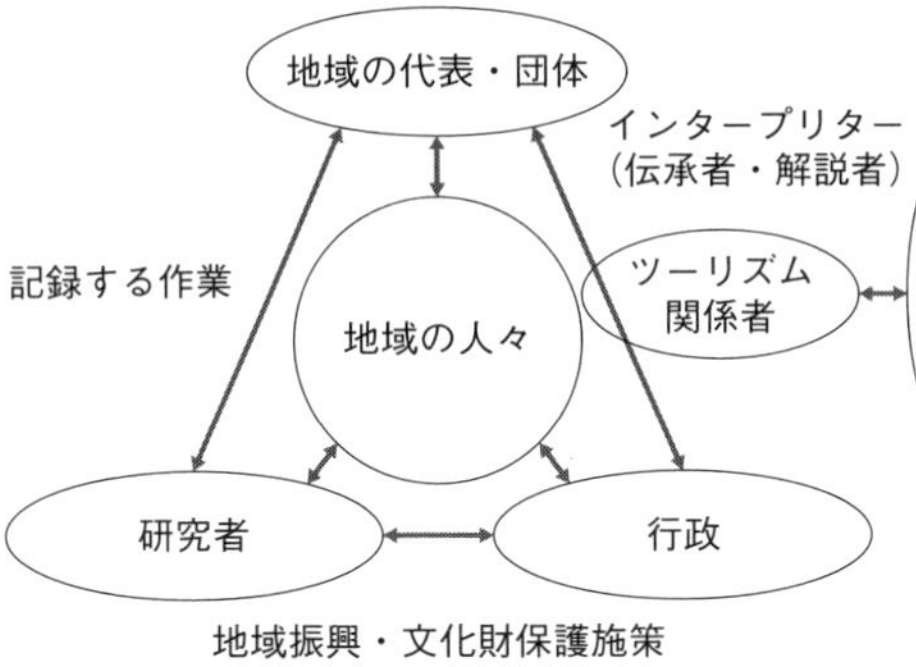

地域の代表・団体
インタープリター
（伝承者・解説者）
記録する作業
地域の人々
ツーリズム
関係者
観光客
研究者
行政
地域振興・文化財保護施策

図2-2　石干見研究における人的ネットワーク

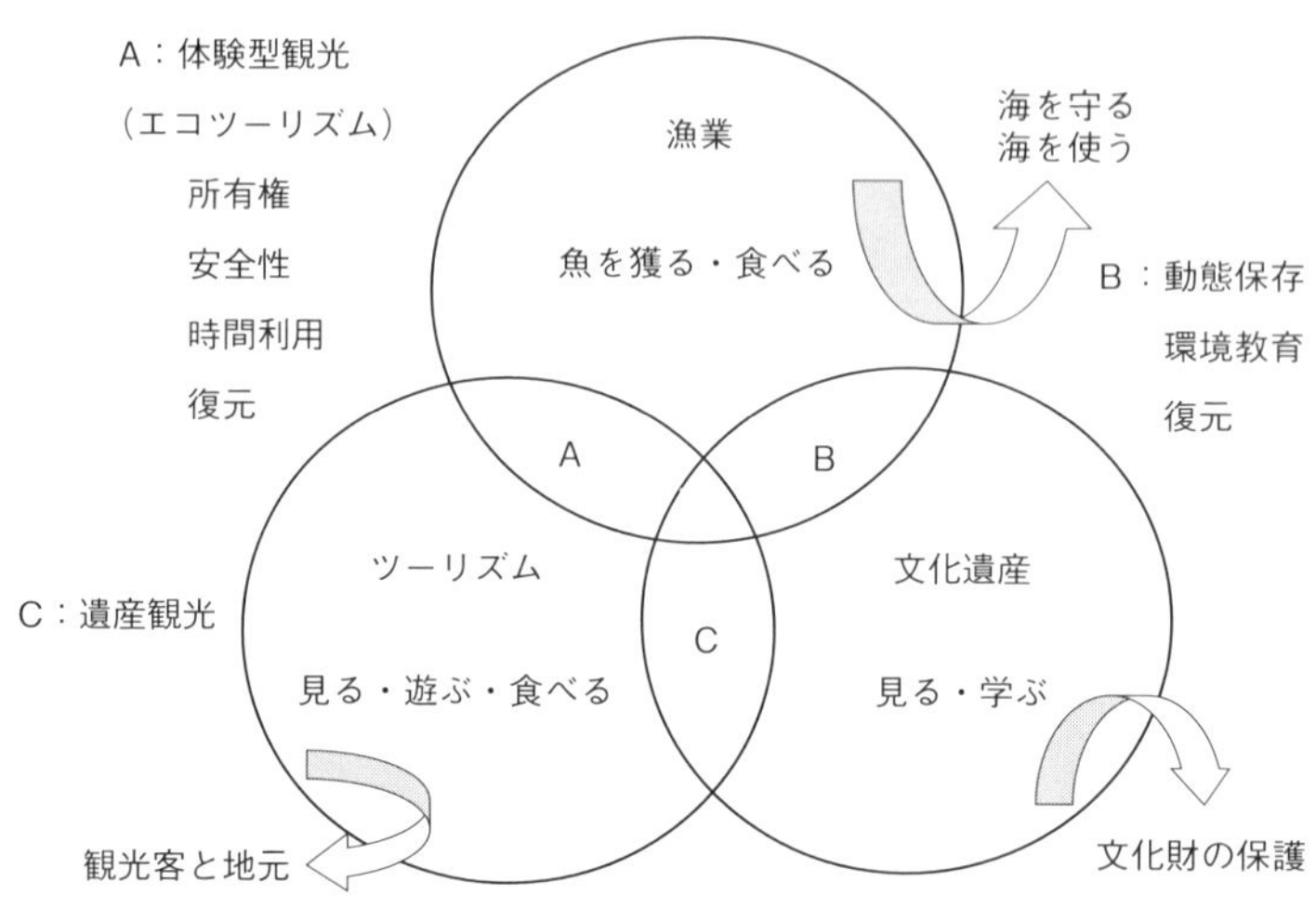

図2-3　石干見をめぐる保存・再生・活用の関係

と題して情報を提供し、漁業の枠組みと関係したものとして資源管理や里海の概念をあげた（ＷＷＦサンゴ礁保護研究センター「しらほサンゴ村」・白保魚湧く海保全協議会編 二〇一二）。しかし、里海は、文化財と観光（ツーリズム）の枠組みとも関係が深いわけで、あえていうならば図２‐３に示した全体に関与している概念としてこれを認識すべきであろう。

石干見サミットはその後、第四回が二〇一三年に鹿児島県奄美市、第五回が二〇一五年に長崎県島原市で開催された（楠 二〇一七）。これによって、日本で石干見が存在する（存在した）主要な地域が開催地として一巡したことになる。石干見の保全や活用がいかにおこなわれてきたか、各地がどのような知識を蓄えてきたかを情報交換する場として、このサミットを一過性のものではなく、今後も継続してゆきたいとする意見が参加地域の間では強いことを付言しておく（上村 二〇一七）。

沿岸の豊かさを利用しながら石干見を保全しようとする同じ思想が世界各地に存在する。そうした中で、筆者が専門とする人文地理学の立場からどのような石干見研究が発信できるのか考えてゆく必要がある。研究者が、石干見を有する地域の人々のように、長きにわたってそれらを修築したり保全したりすることはできないのは当然のことであるし、石干見をとりまく環境変化をモニタリングするようなこともできない。自然科学者や生態学者のように環境を評価したり、生物の生息状況を観察・測定したりする能力も方法も持ち合わせてはいない。しかしそれらを支援する研究と教育は可能である。地理学者ができることは、本書で展開するように、この伝統的な漁具・漁法の利用方法について地域の人々が有する環境知や地域知を聞き取ったり、歴史的資料の分析から所有関係や利用関係を分析したり、石干見を守る人々の運動や組織づくりをコーディネイトし解釈したりするような作業ではないだろうか。

注

(1)『熊本県水産誌』は、一八八三（明治一六）年の第一回水産博覧会へ熊本県が出品した同名書の写本である。この漁具は「丁渕」と書かれている。石垣をサークル状に積み上げたものである（写真3－4参照）。

(2)小野（一九七三）は、奄美大島の各地区にあった石干見の形態について丹念に記述している。貴重なデータベースである。なお、フランスのビスケー湾にあるレ島やオレロン島、スペイン南部カディス湾に近いチピオナの海岸線にも石干見が存在するが、これらの石干見についても詳細なデータベースが作成されている（Boucard 1984: Melero 2003）。

(3)武田からの私信（二〇〇九年二月二四日）による。

(4)小浜島の石干見は細崎（くばざき）にある通称スマンダー垣（竹富町教育委員会編　一九九八）、西表島のものは古見在住の田房敬助氏が所有していた通称ヌスク垣（八重山毎日新聞、一九九〇年一月一日）、伊良部島のものは字長浜在住の長浜義一氏が所有していた佐和田浜のカツ（仲間　二〇〇〇）と考えて間違いない。

第三章　石干見の呼称に関する考察

はじめに

石干見は、日本に古くから存在する特徴的な漁法といわれながら、漁業史の中に定位されず、十分な説明もなされてはこなかった。たとえば、一八九五（明治二八）年に完成した『日本水産捕採誌』（農商務省水産局編一九一〇）にある簄罧（えりふしつけ）類の項目や、第二次世界大戦前に企画され戦後に出版された『明治前日本漁業技術史』（日本学士院・日本科学史刊行会編 一九五九）には石干見に関する記載がない。民俗学や民具学における石干見の記述も決して多いとはいえない。また、「潮位差が顕著な海岸部に岩塊や転石、サンゴ石灰岩などを馬蹄形や方形に積んで構築した大型の定置漁具で、石積みは、満潮時には海面下に没し、干潮時には一部または全部が干あがるように築かれ、上げ潮流とともに接岸する魚群のうち、下げ潮流時に沖へ出遅れて石積み内に封じこめられてしまうものを漁獲する装置」という特徴を有するこの漁具の一般名称として、学界で「石干見」がなぜ使用されるようになったのかも、特に議論されたことはない[1]。辞書的には、たとえば、『大辞典』(平凡社編 一九三五)に、イシヒミ(石干見)が掲げられており、「原始的な漁法で、内湾の干潟に石を積んで垣網の如き装置にし、中央に魚溜りを作って水族を集め潮の干満を利用して獲るもの」との説明がある。しかし、石干見を『大辞典』の通りイシヒミと読んだのか、あるいは学界で定着した名称といってもよいイシヒビと読んだのかさえも現在まで明確になっていない。民具学においては、民具のデータベース化の前提として標準名を整えることが課題となっており、またデータベース化が民具の広域比較を可能にするとも指摘されている(河野 二〇一一)。石干見の名称についてたどる作業が求められる根拠がこのような議論のなかにも存在している。

本章では、文献資料や現地調査で得た聞き取り結果などに基づきながら、日本における石干見の地方名とその分布、行政用語としての石干見の定着などについて考えてみたい。なお石干見という用語の使用については、以下の通りとする。漢字表記の石干見は基本的には学術用語ないしは一般名として用いている。読みは「イシヒビ」とする。地方名を表す場合にはカタカナを用いる。文献を引用する場合には、原文に従うため、ひらがな、カタカナ、漢字、ローマ字表記が混じるが、誤解を避けるため必要に応じて補足説明を加えたい。

一 石干見の分布と地方名

日本における石干見の分布域については、これまで繰り返し指摘したように、詳しく考察されたり、地図化されたりすることがほとんどなかった(田和 一九九八、二〇〇七a)。石干見研究の第一人者であった西村朝日太郎(一九六九)も、分布域を、「日本では沖縄、奄美大島、九州、五島列島、山口、和歌山など」と大枠でとらえているだけである。九州、沖縄では、分布域を現況から十分確認できるが、はたして山口県や和歌山県にも石干見が存

表3-1　魞簗類漁業の県別統計

	1907年末（明治40）	1916年末（大正5）	1924年末（大正13）	1930年3月末（昭和5）	1936年12月末（昭和11）
和歌山県	—	—	2	2	—
山口県	34	—	23	22	21
福岡県	100	62	73	76	49
佐賀県	—	—	5	4	4
長崎県	103	117	185	145	115
熊本県	2	3	6	2	1
大分県	65	71	66	70	69
沖縄県	—	—	—	—	14
総数	304	253	360	321	273

小川（1984）より作成。
注）総数について若干の補正をほどこした。
小川（1984）からは、この統計資料を日本定置漁業研究会（1939）『定置漁業権調』（水産庁水産資料館蔵）の「魞簗類漁業」から得たことが推察できる。

在したのであろうか。この根拠となる資料を、西村とともに各地の石干見を調査した小川（一九八四）が残している。これは日本定置漁業研究会による『定置漁業権調』（一九三九年三月）の一部で、魞簗類漁業に含まれる石干見の漁具数を、一九〇七（明治四〇）年末から一九三六（昭和一一）年末にいたる約三〇年を五期に分けて掲げた県別統計表である（表3-1）。この表によると、石干見が存在したところは、和歌山、山口、福岡、佐賀、長崎、熊本、大分、沖縄の各県であった。ただし、表には石干見がかつて数多く存在した奄美大島（小野 一九七三：水野 一九八〇、二〇〇七）を含む鹿児島県は掲載されていない。筆者自身は、小川が用いた統計表以外で和歌山県に石干見があったことを裏付ける資料をいまだ確認できていない。

石干見は、各地でさまざまな名称で呼ばれていた。西村（一九六九）は、「名称は大体、沖縄、奄美のkaki（垣）系統と、九州一円で用いられているsukki（掬い）系統に大別できるようだ」と述べている。小川（一九八四）は「九州の有明海の諫早湾（泉水海）・島原半島・宇土半島付近に見られるものはスッキイといわれ、周防灘の福岡県・山口県沿岸にみられるものはイシヒビといわれる」と記している。筆者も石干見の地方名に関心をいだき、文献調査および現地での聞き取り調査を続けてきた。以下では、石干見の地方名について九州地方と奄美・沖縄地方とに分けて考察しよう。

(1) 九州地方における石干見の名称

奄美・沖縄地方を除く九州各地では、福岡県、大分県の周防灘(福岡・大分両県側では旧国名を用いて豊前海とも呼ぶ)沿岸にみられるものはヒビ、あるいはイシヒビ、諫早湾(泉水海)、島原半島、宇土半島付近にみられるものはスクイ、スキ、スッキイ、スッキー、長崎県五島列島上五島ではスクゥィ、下五島福江島ではスケ、スケアン、スケアミ、熊本県、鹿児島県の出水あたりではスキ、スクィなどと呼ばれることがわかった(柳田・倉田 一九三八:田和 二〇〇二)。ただし、長崎県諫早市北高来町から約三〇キロメートル隔てた佐賀県鹿島市嘉瀬浦にあった石干見はイシアバ(佐賀県教育庁社会教育課、一九六二)あるいは単にアバと呼ばれていた。地元での聞き取りによれば、有明海・諫早湾で一般的なスクイという呼称はまったく用いられていなかった。鹿児島県阿久根の石干見はハト(波止)とも呼ばれた(小野 一九八八)ことも付け加えておきたい。なお、イシヒミという呼称は、研究書(小川 一九八四:大島編 一九七七)に使われているが、地方名としては福岡県築上郡三毛門浦の漁法として昭和初期の文献に掲げられているもの(福岡県水産試験場編 一九一七)のほかは確認できていない。また、現在までのところ、各地のフィールド調査でもこの呼称を確認したことがない。

イシヒビの語源は、石で造られた篊すなわち石篊であろう。篊は、浅海に竹を立てたり竹などで編んだ簀を建てたりしてつくった陥穽漁具を示す。ノリやカキを養殖するために海中に立てた柵状の構築物も篊と呼ぶ。篊は古くから知られており、『玉塵抄』(一五六三年成立)には「江ヤ浦ニシバヤサ、ノ葉ヲシカト立テ、ヨコニ水ヲセイテ魚ヲトルヲソレヲヒビト云ソ」(中田編 一九七〇)とある。

一九六〇年代まで石干見が残っていた大分県宇佐市長洲ではイシヒビあるいは単にヒビと呼んでいた。同市の文化財調査員を務めていた入学正敏（一九七五）が「篊（ヒビ）」というエッセイを残している。「ひゞ」には石ひび、竹ひび、木ひびなどがあること、長洲の東浜海岸には当時四基のひびが補修もされず放置されたままになっていたこと、ひびにはもともと所有者があり、それぞれ名前が付けられていて、東から「角兵ひゞ」「長ひゞ」「宮ひゞ」「兵作ひゞ」となっていたことなどを記している。福岡県豊前市松江浦の海岸には現在も石干見の跡が残っているが、これはヒビと呼ばれていた。このように、イシヒビとは呼ばず、単にヒビと呼んでいた地域も多かった。総称としてイシヒビを使用するよりも、ヒビの前に固有名詞や普通名詞をつけて敷設場所や所有者を特定する呼称の方が一般的であったと考えられる。

それでは、石干見はイシヒビと読むのか、イシヒミなのか。ここであらためて考えておきたい。漁具としての篊は、古くは「ヒミ」とも発音した。すると石干見はイシヒビでもイシヒミでもよいことになる。音声学的にいえば、m音とb音とが揺らぎ、それぞれに母音iがついた結果、イシヒミとイシヒビが併存するようになったと考えるのが適当である。[2] 石干見という漢字は、後年になってこれらの呼称に対して充てられたものであろう。

スクイやスッキイなどは、「魚をすくう（抄う・掬う）」という漁業活動の内容からつけられた名称で、語源は同じであると考えられる。すなわち、石干見では潮がよく引いた時には、たも網やさで網を使って魚をすくいとることができる。潮がもっと引くと、手ですくうことも可能である。そうした行為を反映する表現、あるいは石干見全体があたかもひとつのたも網のごとく魚をすくいとってしまうような状況を表現するものとして、この漁具名称が与えられたのではないだろうか。他方、小野（一九八八）は、かつてスキがあった鹿児島県阿久根市三笠町の大漉と小漉という地名の語源を考え、これらの「漉」は「水をこす」のこすであり、「紙をすく」のすくであると述べる。これらはいずれも水の中にまざった個体を、器を使って通し流し、個体を止める行為である。スキでは入ってきた海水と魚とがまざったもののうち、海水だけを通して、魚を残しとどめる。したがって、「漉」という漢字はスキを表現するのに最も適切な文字といえる、と小野は考えた。大漉・小漉にあったスキのなかには、自然にできている小さな入江を完全に遮断するようなかたちで石を積む形態のものがあった。湾をたてきった漁具から海水が抜け出てゆく状況に注目するならば、小野が指摘するように、スキは「漉き」を意味していることもうなずける。しかし、漢字で表わせば、「漉き」は「抄き」と同義語である。五島列島での呼称スケアン、スケアミは、「抄う・掬う」ないしは「漉ける」と「網」(アミないしはその転訛としてのアン)が合わさってできたものと考えてよい。

長崎、熊本、鹿児島で呼ばれるスキを「漉き」に由来するものとするか、あるいは「抄い・掬い」から転訛したものか、結論を出すにはさらに検討が求められるが、現時点において、ここでは、スクイとスキを同じ語に由来するものとして、ひとまとめにしておきたい(図3-1)。

佐賀県鹿島市嘉瀬浦のイシアバ、あるいはアバという呼称について考えてみよう。アバには「網場」という文字を充てることができる。網場は漁場を意味する場合に用いられる。石を積んだ漁場ということで、イシアバと称したものであろう。イシアバは干潟の泥土があまり深くない七浦海岸の地形を利用して構築されたものであった(写真3-1)。直径二〇~三〇センチメートルの自然石を高さ一メートルあまり半円形に積み重ねたもので、中央部には内側に向けて水路状になるように別に石を積み、そこは常に開口しているかたちとした。退潮時、この水路の外側部分にサデアミと呼ぶ長い袋網をすえておき、魚類やアミエビを漁獲した。イシアバは佐賀県教育庁社会教育課(一九六二)によれば、イシホシミとも呼ばれていたという。このような呼称については、後にあらためて検討したい。

ところで、熊本県宇土半島の赤瀬、小田良にはスキンカキという名称が残っていたことを、このあたりの石干見を調査した多辺田(一九九五)が報告している。多辺田は、スキンカキとは「スキのカキ」であるとし、スキが次に取りあげる奄美・沖縄地方での石干見の一般名称であるカキと結びついていることを「興味深い」と述べている。

（2）奄美・沖縄地方における石干見の名称

奄美群島、沖縄諸島では、石干見は一般にカキあるいはカキイ、カキの古語であるカチなどと呼ばれた。そのほか、奄美大島ではカツィあるいはカクィ、徳之島ではイシガキゴモイ、与論島ではカキチミ、宮古列島ではカツ、竹富島ではカシ、西表島でカシイ、石垣島の白保でカチィあるいはインカチィ、新城島ではハイシ、与那国島ではクミなどとも呼ばれた（柳田・倉田 一九三八）。ほとんどがカチかカキから転訛した名称である[3]。

カキの語源は、しきりや囲いを意味する垣に由来すると考えて間違いない。徳之島のゴモイとはコモイすなわち囲いの意味である（松山 二〇〇四）。与論島のカキチミは垣積みからきた名称であろうと推察されている（与論町誌編集委員会編 一九八八）。クミは、魚を封じ「込める」というところからきた名称であるといわれている（喜舎場一九三四）。「魚」という文字を垣の前につけて、ウオガキやナガキ、ユウカチ、イッカチ、あるいは「海」を前につけてウミガキや上述したインカチィなどと称した地域もあった（図3-2）。

島袋（一九七一）は、第二次世界大戦中に執筆した論文中で、「漁垣」という字をあてたナカチあるいはナガキについてふれている。ナは魚のことで、魚が獲れる場所が魚場（ナバ）である。魚場（ナバ）は漁場（ナバ）の読みと一致する。島袋は、別の論文（島袋 一九五〇）では、魚垣（ナガチ）と魚場（ナバ）という表記を使用している。魚垣（ナガチ）の別名として、ヒヤ、ヒャク、ヤク、ヤキ、ヤッカなどがあった。語源は判然としないが、これらには石室の意味があったという。沖縄における魚垣の名称もカキで統一されるかのように感じられるが、元来、各集落によって異なった名称で呼ばれていたことも島袋は指摘している。

沖縄諸島、宮古列島、八重山列島の海岸部に存在した石干見の正確な数や、魚とりがおこなわれていた当時の状況は十分にわかってはいない。そのなかで、前章でみたように武田（一九九四）が石干見（カチ（カキ））の分布図

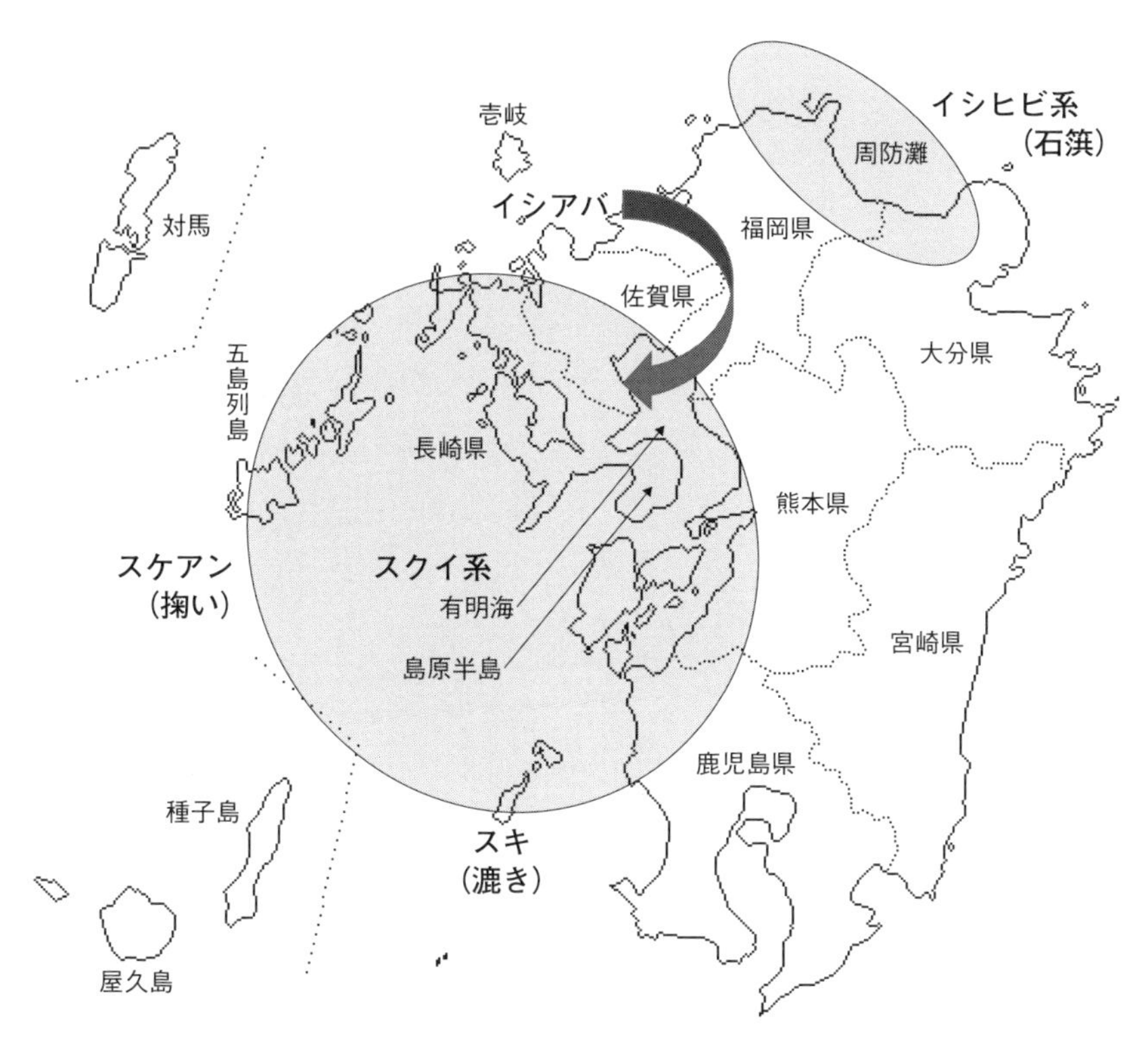

図3-1　九州地方における石干見の地方名
自治体史や地域情報誌の記述および聞き取りにより作成。

写真3-1　佐賀県鹿島市嘉瀬浦の石干見（イシアバ）
地理学者の藪内芳彦によって、1960年代の後半に撮影されたもの。藪内成泰氏提供。

を描いているのは貴重な成果である（前掲図2-1）。本図によれば、カチ（カキ）は、沖縄本島では太平洋側の金武湾沿岸部（屋慶名、照間、宮城島、平安座島）、中城湾沿岸部（泡瀬、南風原、知念）および東シナ海側では名護と宜野湾に分布した。離島部では、沖縄本島に近い伊平屋島、伊是名島、渡名喜島、久米島と宮古列島宮古島、伊良部島、八重山列島石垣島、竹富島、小浜島、黒島、新城島、西表島、さらには与那国島に分布していた。

那覇市にある沖縄県立博物館・美術館にはカキの小型模型が展示されている（写真3-2）。名称として魚垣（ながき）が掲げられ、以下のように説明されている。[4]

イノーに仕掛けるワナのひとつに魚垣があります。琉球諸島ではカチやカツなどと呼ばれています。海の浅いところに石積みの垣根をつくり、潮の満ち干を利用して魚を捕ります。石垣の切れ目に網を仕掛けて捕る原始的な漁法といえます。

石垣を築くときは、潮の流れや海底の地形、魚の習性を考えて位置や大きさ、形を決めます。

宮古列島の伊良部島佐和田浜には隣接する下地島の空港滑走路と向き合うように石干見が一基残っている。一九七九年に旧伊良部町の有形文化財（現在は宮古島市指定有形民俗文化財）に指定された。地元の人はこれをカツと呼んでいる。海岸脇の道路沿いに設置された二枚の説明板には「魚垣（カツ）」と記載されている（写真3-3）。また、このカツの所有者は、二〇〇五年に文化財の維持管理と普及啓発に尽力したことにより、沖縄地区史跡整備市町村協議会から表彰されているが、賞状に記載された文化財の名称は魚垣であった。二〇〇九年一月、カツの所有者に聞き取りをした際、ローカルな名称がいつの間にか魚垣（ウオガキないしはナガキ）という沖縄地方の一般名に取り込まれつつあることを、所有者自身が指摘した。地方名と一般名との間に新たな関係性が発生しているので

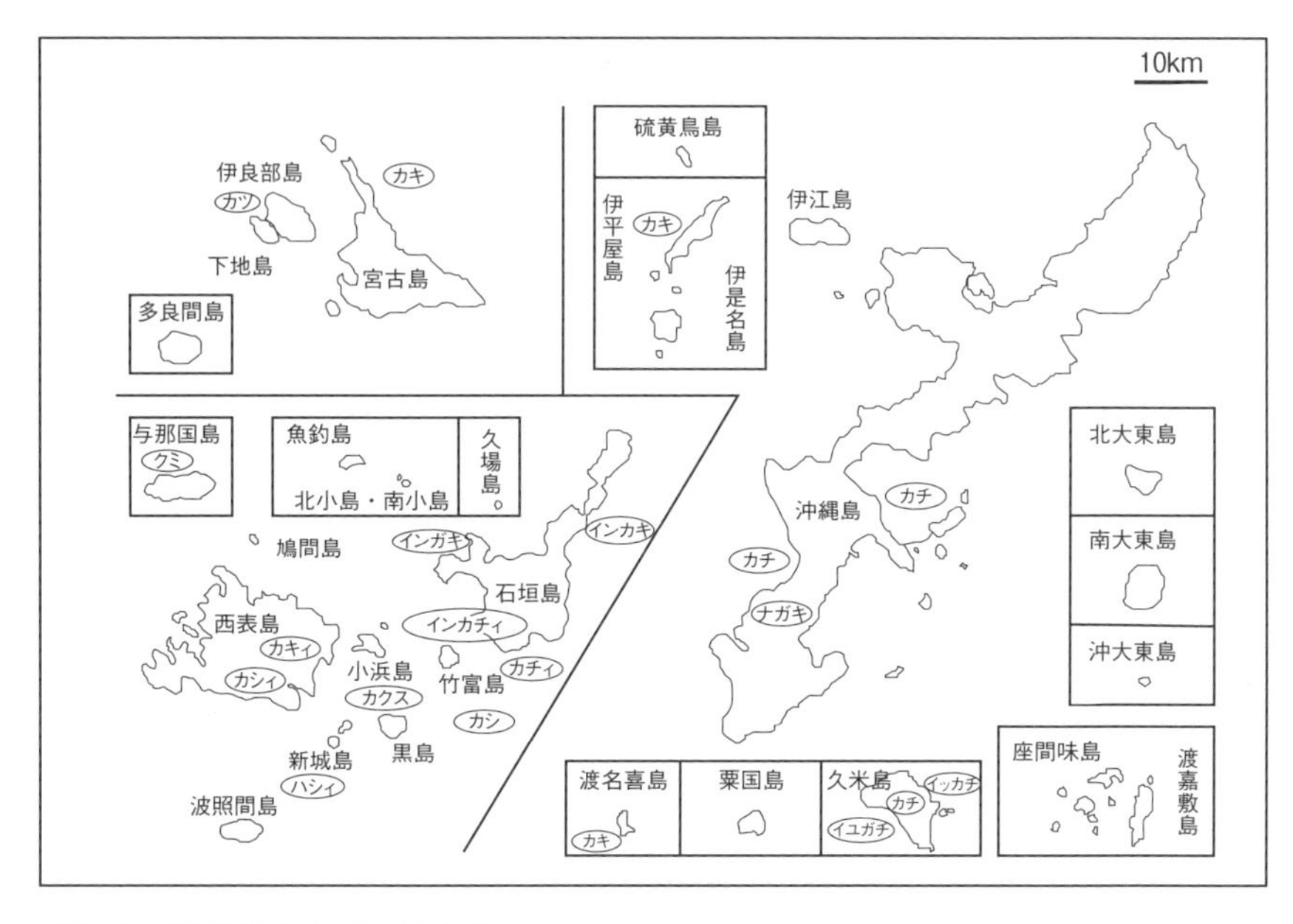

図3-2　沖縄における石干見の名称
自治体史や地域情報誌の記述および聞き取りにより作成。

写真3-3　宮古島市（伊良部島）佐和田の魚垣（カツ）の説明板
カツは、宮古島市指定有形民俗文化財である。
2010年12月撮影。

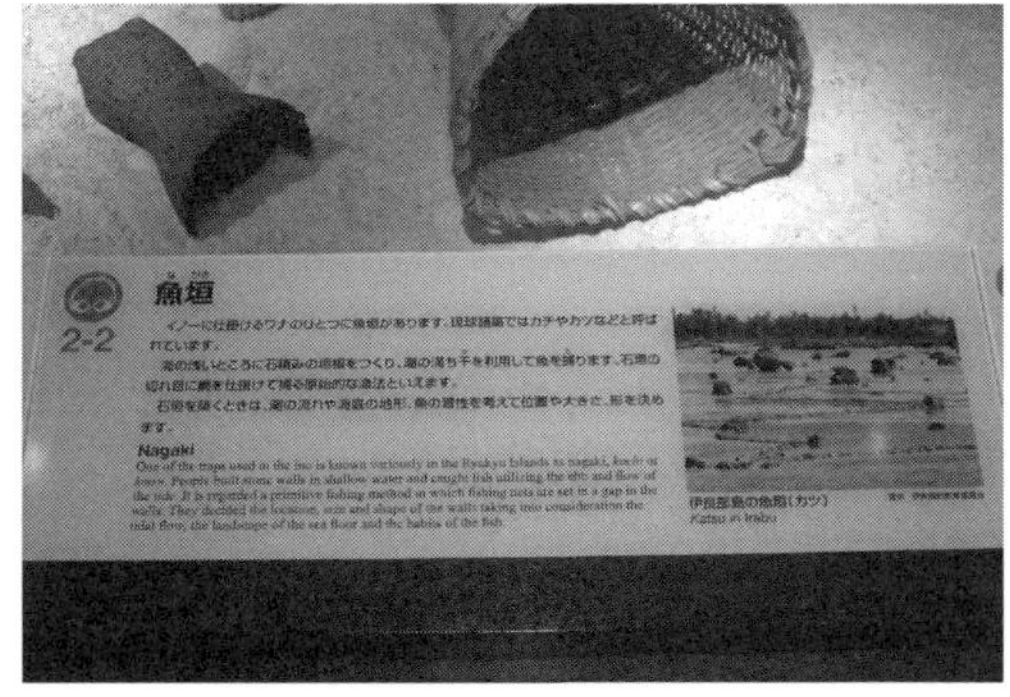

写真3-2　沖縄県立博物館・美術館におけるカキの展示
魚垣という説明板に「ながき」と振り仮名が付されている。「琉球諸島ではカチやカツなどと呼ばれている」、という説明も記されている。説明板の中にある写真は宮古島市教育委員会から提供された魚垣の写真である。
2009年3月撮影。

ある。沖縄におけるこのような事例は、学界で一般名としてすでに定着している石干見を使用するにあたっても、地方名に対する十分な理解を前提としなければならないという注意をあらためて喚起させる。

二　石干見の記録をめぐって

前節では石干見の呼称を主として空間的な広がりの中で把握した。それによって石干見の地方名とその分布域を可視化することができた。それではこのような呼称がいつごろ出現し、記録として残されるようになったのか。イシヒビ、スクイ、カキの三系統の呼称ごとにこの課題について検討しよう。

(1) 石干見とイシヒビの記録

石干見の語源について、前章で掲げた吉田敬市(一九四八)の説明にもう一度注目してみよう。吉田は、「明らかではないが恐らく石干見の中に残った魚を抄い獲るの義であり、石干見の漢字を充てたのは石垣の中の魚を干潮毎に行って見て獲る事から因んだ名称であろう」という。この説明の前半部にある「抄い獲るの義」から判断すると、吉田は、石干見をイシヒビあるいはイシヒミとは読まず、スクイと読んでいると判断できる。すでにふれたように、スクイは有明海周辺で使用される地方名である。吉田は長崎県南高来郡国見町(現在は雲仙市国見町)土黒(ひじくろ)の出身であった。土黒の沿岸には明治時代中期に二〇基近くのスクイがあったことがわかっている。したがって吉田がスクイという呼称に早くから親しんでいたとも考えられる。そのためスクイを説明するにあたって、当時すでに定着していたこの漁法の標準的な漢字表記を使ったのであろう。石干見の意味に関する吉田の説明は語呂合わせのようでもあるが、漁業活動を考えると、「干」と「見」が充てられたのもあながち無理な解釈ではないように思われる。

石干見という文字が用いられた資料のうち、筆者が確認できたなかでもっとも古いものは、一八八〇（明治一三）年に施行された福岡県の漁業税規則である。本規則の第一条には「漁業税ハ八等ニ分チ各村各種ノ税額ヲ定メ之レヲ課ス其目左ノ如シ 但網漁ハ網数ニ長縄漁ハ縄数ニ羽瀬石干見漁ハ箇所ニ拠リ課税ス」とある。条文に続いて漁業税目表が掲げられている。これを見ると、仲津郡の二地区（稲童、松原）、築上郡の七地区（湊、高塚、東八田、西八田、宇留津、松江、有安）、上毛郡の四地区（八屋、沓川、四郎丸、三毛門）に石干見があったことがわかる。いずれも周防灘に面する地区である。すでにふれたように、石干見はこの地域における地方名から考えてイシヒビと読まれていたと判断して誤りはないであろう。税額は、六等級とされた年一円の三毛門の石干見を除くといずれも最下級の八等にあたる年二〇銭であった。また、上記一三地区中三地区の漁業種類は石干見だけに限られていた（福岡県庁庶務課別室資料編纂所編 一九四九）。

周防灘沿岸の村にあった石干見は、福岡県水産試験場が一九一七（大正六）年に発行した『福岡県漁村調査報告 漁業基本調査第一報』（福岡県水産試験場編 一九一七）にも取り上げられている。この報告書から石干見に関する記述を拾いあげてみよう。石干見は、一九一五（大正四）年二月の調査時、七町村に存在し、合計八九基を数えた（表3-2）。京都郡仲津村稲童は、「旧藩ノ頃ヨリ農業ノ傍ラ石干見ヲ経営セル」漁村であった。築上郡三毛門村のうち漁業を営むものは大字沓川の一集落であった。「約三十年前曽ツテ桝網ヲ経営セシムコトアリシガ現今漁戸十九何レモ農ヲ主トシ僅ニ漁業ヲ行フニ過ギズ建干網、徒歩曳網、石干見等アレドモ微々トシテ」振るわなかった。稲童の記述からは、石干見の存在を藩政期にまで遡れる可能性を見てとることができる。『近代福岡県漁業史』をまとめた三井田恒博も、明治初期における福岡県下各浦の漁業概況を整理する際に『福岡県漁村調査報告 漁業基本調査第一報』の一部を引用し、石干見を藩政期から続く漁法のひとつとして説明している（三井田 二〇〇六）。

なお、菅原道真が生きた時代に石干見が存在した可能性を示唆する挿話が築上郡椎田町の説明にある。すなわち

表3-2　福岡県の周防灘沿岸町村・集落における石干見の数と漁獲高（1915年）

町村・集落名	漁具数（基）	平均漁獲高（円）	総漁獲高（円）
京都郡　仲津村稲童	17	30	410
築上郡　八津田村	10	50	500
〃　椎田町	33	50	1650
〃　西角田村	6	25	150
〃　角田村松江	5	30	150
〃　三毛門村	13	20	260
〃　東吉富村	5	20	100
計	89		3220

注）総漁獲高は平均漁獲高に漁具数を乗じて算出されているものと推察される。したがって仲津村稲童の総漁獲高410円は誤記で正しくは510円であろう。総漁獲高の合計も3320円となる。
福岡県水産試験場編（1917）より作成。

「菅公左遷ノ際御船石干見ニ擱坐セルヲ漁夫等援ケ網ヲ敷キテ海浜ニ憩ハセ進ラセリ」ことがあったという。九〇一（延喜一）年の出来事として興味深いものの、石干見が当時存在したことを証明するような記述ではないと考える。

福岡県が一九二六（大正一五）年に豊前海地方の網漁具、釣漁具、雑漁具について調査した報告書（福岡県水産試験場編　一九二七）には、築上郡三毛門浦の石干見が収録されている。ここでは掲載された漁具名タイトルにある「干見」の文字に対して読みが「ひみ」とふられている。水産行政の用語としてイシヒビではなく、「いしひみ」が使用されていた可能性を示唆する貴重な資料ともいえる。

石干見が学術書に初めて登場したのは、第二章でも指摘したように、管見によれば一九〇五（明治三八）年に出版された岸上鎌吉の『水産原論』（岸上　一九〇五）である。岸上は農商務省勤務を経て、東京大学教授となった水産学者であり動物学者であった。本書の漁撈に関する解説のなかで、筌（うけ）、簗（やな）に続いて「かへぼり」（かいぼり）をとりあげる。かへぼりは水面の一部を、土石などを用いて区画し、区画内を排水して残った魚をとるもので、[5]「未開時代」におこなわれ、漁具も別途必要としなかった。岸上は、「かへぼりニ似テ殊ニ水ヲ除クニ干潮ヲ利用スルモノ」を、「建干（たてぼし）及ヒ九州ニ行ハル丶羽瀬、石ひゞノ類ナリ」とした。さらに、原始陥穽類の漁具を説明する文中で、「立干、石干見、羽瀬、八重篊、いか曲立網等挙（み）ナ此類ニ属ス」と今度は石干見という漢字表記を用いている。なぜ、漢字と仮名まじりの表記と漢字だけによる表記とを併用したのか、今となっては知る由もない。ただし、石ひゞが九州でおこなわれていると特定している点には注目しておきたい。

岸上は『水産原論』の増訂版を一九〇九（明治四二）年に出版している（岸上 一九〇九）。内容は初版本とほとんど変わりがない。しかし、前述した「建干（たてぼし）及ヒ九州ニ行ハル、羽瀬、石ひゞノ類ナリ」の部分は、「建干（たてぼし）及ヒ九州ニ行ハルル羽瀬（ハゼ）、石干見（イシヒミ）ノ類ナリ」と変更され、「立干、石干見、羽瀬、八重篊、いか曲立網等挙（み）ナ此類ニ属ス」の部分は「立干（タテボシ）、石干見（イシヒミ）、羽瀬（ハゼ）、八重篊（ヤエヒビ）、いか曲立網等挙ナ此類ニ属ス」というように石干見にルビを打ち、呼称をイシヒミに統一している。前著のイシヒビという呼び方からなぜイシヒミに変えたのか、改訂と修正の意味がどこにあったのか疑問が残る。

（2）スクイの記録

スクイの記録としては、一七〇〇年代初頭の島原藩の文書が残されている。西村（一九六九）によれば、一七〇七（宝永四）年の検地の際にはスクイが一五八か所存在していた（表3-3）。そのことが、島原藩主松平忠雄の時代に完成した『島原御領村々大概様子書』に残されている。なかには全長三六〇メートル以上に達する大規模なものもあった。旧藩時代、松平家は多くのスクイを構築して、功労のあった臣下に褒賞としてこれらを与えたという。

表3-3　島原藩領のスクイの数（1707年）

村名	数
三会村	10
三之沢村	11
東空閑村	2
大野村	14
湯江村	13
多比良村	10
土黒村	34
西郷村	5
伊古村	3
伊福村	8
三室村	12
守山村	13
山田村	13
北串山村	1
南串山村	3
加津佐村	1
口之津村	5
計	158

『島原御領村々大概様子書』（西村 1969）による。

江戸時代後期、多比良村（現在の雲仙市国見

町内）あたりの漁師の中にはスクイに関係するものもいた。当時の史料ではないが、国見町編（一九八四）は「漁師には本漁の他小船頭子がおりすくひ（スキ）物がある」と記している。すくひ（スキ）物はスクイを利用する漁業者のことを指すのであろう。その業態は判然としない。文中にある「本漁」に対して副業的な意味をもったか、漁獲量が「本漁」に比べると少なかったことが想像される。すくひ（スキ）物についてさらに推論を加えるならば、これは、スクイを専業とした漁業者か、スクイを所有し、これを兼業としていた農業者、あるいは所有者に雇われスクイの維持管理と漁業活動の一部を任された小作人的雇用者のいずれかであろう。漁獲物は自家消費のみに限定されず商業的に取引されていたとみなければならない。

明治期のスクイの記録についてみてみよう。

一八八六（明治一九）年に発行された大日本水産会報第五四号に、東京在住の学芸委員という肩書をもつ水野正連（まさつら）が長崎県南高来郡の漁業概況を執筆している。佐賀県沿岸に続く同郡東北部の海岸は北目筋と呼ばれるが、ここにスクイと称される漁場があった。水野は、「鯔（ぼら）魚、烏賊等を捕ふ此漁場は本郡近傍特有のものにして未た他に此の如き漁場あるを知らず」と述べ、スクイの構造を説明するとともに、一か所の広さは大きいもので一五〇〇～一六〇〇坪、小さいもので二〇〇～三〇〇坪であったことを報告している。また、スクイ漁場が二一八か所あり、これに北高来郡諫早近傍にある三八か所を加えれば、その数は合計二五六か所に達するとした。水野はさらに、これらのスクイの大きさを平均五〇〇坪と換算し、全体では一二万九千坪、一年の漁獲高を一千坪あたり二〇〇円とみなすと、全体で二万五八〇〇円の漁獲があると推計した。スクイは「干潮の際女子の手を以て捕獲し更に壮丁を労せず又船揖網罟を使用するの費なき」ことから、利益が大きかったと分析している（水野 一八八六）。

一八九一（明治二四）年に農商務省農務局が編纂した『水産調査予察報告』は全国の水産事情を調査した報告書であり、各地で漁獲される多くの魚種とその漁獲方法や漁法などが説明されている。第一巻第五冊は「九州西岸

（従筑前至肥後）」の報告である（農商務省農務局編 一八九一）。そのなかの肥筑内海の項にボラについての記述があり、ボラ漁の漁法としてスクイが以下のように取り上げられている。

ぼら
各種アリしゅくち最多シ竹崎方言之ヲまいをト云フ肥前高来郡及藤津郡沿海ニ於テ多ク之ヲ漁ス漁法ハ近岸ノ海中ニ方形ノ石垣ヲ築キ魚ノ満潮ニ乗シテ入リ来ルヲ干汐ヲ待チテ撈取スルナリ方言之ヲ「スクヒ」ト称ス島原ノ近海ニハ其装置ノ大ナルモノアリ一回能ク数千円ノ漁獲ヲ占ム此海ハ潮汐ノ干満ニ非常ノ差アルニヨリ此漁法最便ナリ

右記の説明で注目すべきところが二点ある。ひとつはスクヒの形状を方形としていることである。石垣にあたる波の強さをコントロールしたり、海岸地形に応じて石積みが築かれたりしたと考えた場合、方形になるのはむしろ少なかったのではなかろうか。もうひとつは、スクヒを方言としていることである。[6]それでは標準的な名称は何であったのか。石干見と推定して誤りはないと思うが、それを明らかにする記述をいまだ見出せてはいない。

また、一八九三（明治二六）年発行の『長崎県南高来郡町村要覧』（長崎県南高来郡役所編 一八九三a・b）に、スクイについて以下のような記述がある。

本郡中「スクヒ」ト称スル漁場アリ北目南目ニ多ク西目[7]ハ荒波ナルヲ以テ絶テ無シ其漁場ノ体裁ハ干潮ノ時干潟トナルヘキ地ニ適宜区画ヲ定メ陸地ノ方ヲ除キ三面ニ小石ヲ積ミ牆壁ヲ作ル或ハ円或ハ方、地形ニ依テ一ナラス潮来レハ牆壁深ク没シ遊魚其上ヲ往復ス潮漸ク退ヒ牆壁ニ囲マレ遊魚終ニ出ル能ハス皆雑魚ニシテ漁獲多キ者一年五六十円ニ過キス時ニ或ハ鰡鰯等ノ入ルアリテ巨利ヲ僥倖スル者アリ説明は分布域、構築技術、形態と構造、漁獲高と漁獲物について、簡単ではあるが、きわめて的確に記述されている。なお、スクイは合計二一五基あった[8]（表3 - 4）。

長崎県が編纂した『漁業誌 全』（長崎県編 一八九六）には、「須杭」漁場が掲載されている[9]。これは、「浜海遠干潟ノ地方ニシテ本県管下南北高来ノ両郡ニ於テハ数百ケ所ノ漁場ヲ築造シ鯔鱸鮎等ノ雑魚ヲ捕獲」するものであった。スクイに対してどのような文字が良いかを判断し、「須杭」という漢字を充てたのであろう。須には「待ち受ける」という意味があり、杭は打ちこまれた棒の意味である。音が同じで意味が近しい漢字が充てられている。付図には須杭漁場として海岸に連なる半円形の石干見二基が描かれている（図3 - 3）。

ところで、第二章でもふれたように、国文学研究資料館にある祭魚洞文庫に、『熊本県水産誌』という書物が所蔵されている。熊本県が一八八三（明治一六）年に東京上野で開催された第一回水産博覧会に出品した同名書の写本である。ここには「亍渕」という漁具の絵がある。石垣をサークル状に積み上げたものであり、沖側と思われる部分には二ヵ所の排水口（簀立て）が設けられている。絵の中には活動中の者が三人描かれている。前方に描かれた一人が簀立てを見ている。残りの二人はそれぞれ別の場所で石積みを補修しているように見える（写真3 - 4）。

表3 - 4　長崎県南高来郡における町村別のスクイの数（1893年）

町村名	数（基）
島原町	0
湊町	0
島原村	0
杉谷村	0
三会村	21
大三東村	17
湯江村	11
多比良村	10
土黒村	19
神代村	21
西郷村	22
伊福村	7
古部村	16
守山村	13
山田村	3
千々石村	0
小浜村	0
北串山村	0
南串山村	1
加津佐村	0
口之津村	0
南有馬村	0
西有家村	8
東有家村	15
堂崎村	15
布津村	11
深江村	1
安中村	4
計	215

『長崎縣南高来郡町村要覧 上編・下編』（1893a·b）による。

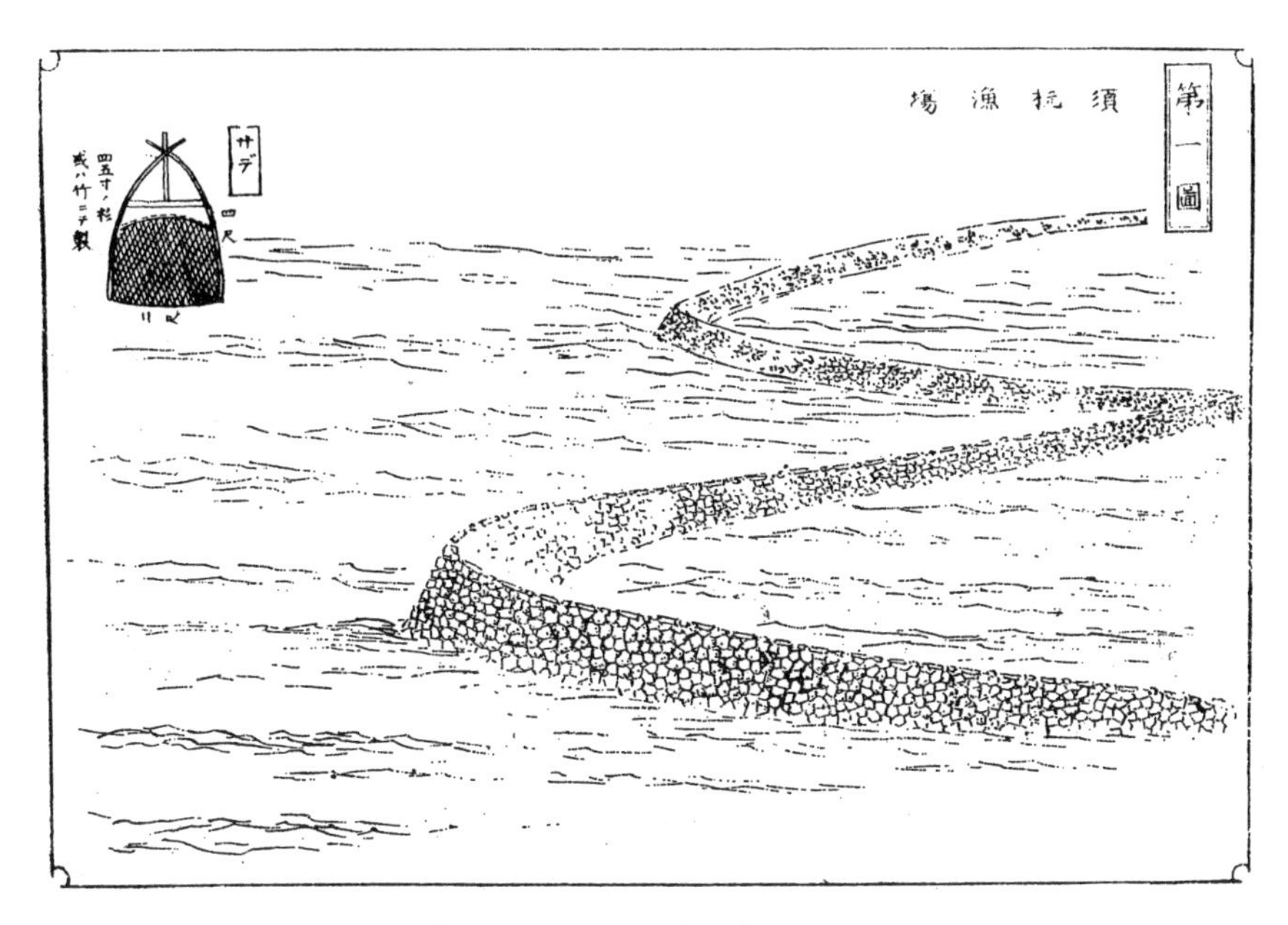

図3-3　有明海の須杭（スクイ）漁場。長崎県編（1896）による。

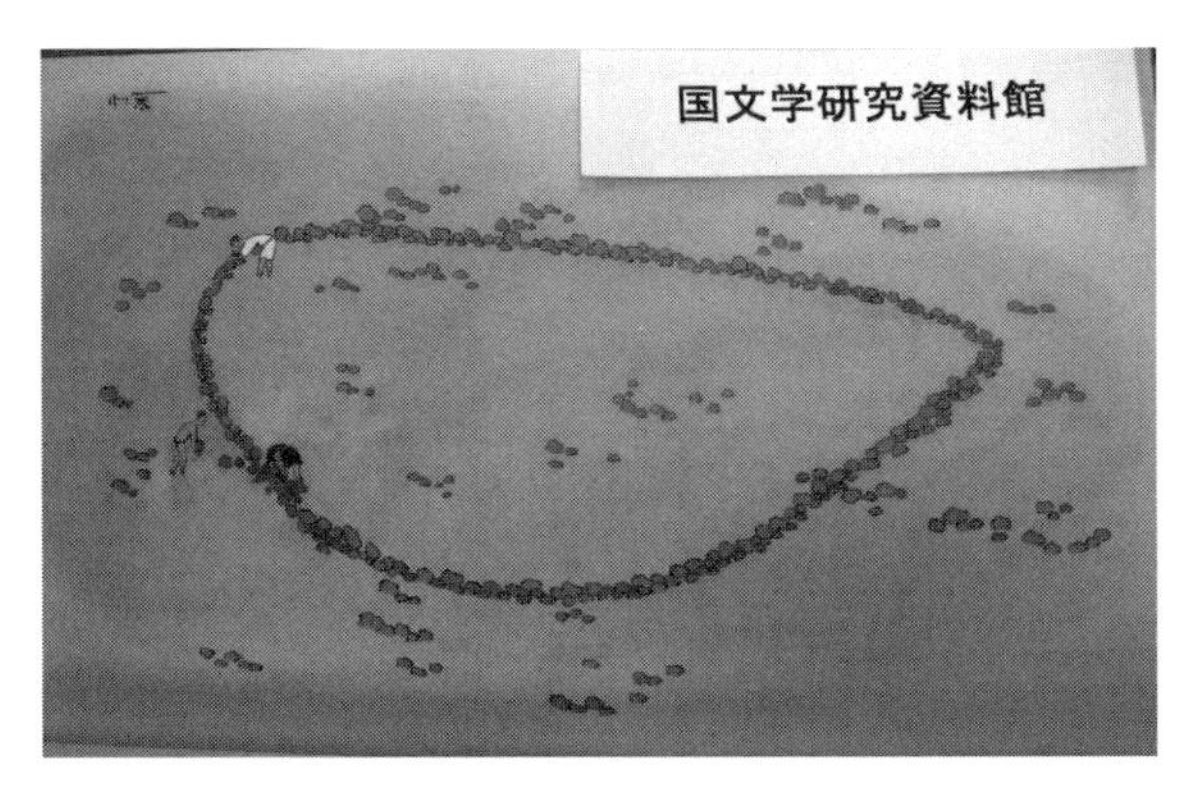

写真3-4　亍渕
『熊本県水産誌』（1883：国文学研究資料館蔵）
による。2006年3月撮影。

絵は、石の干出状況、作業内容からみて、干潮時である。石積みの高さは数十センチメートル程度である。

石干見の一般的な形状は、馬蹄形や半円形、方形である。亍渕のようなサークル状のものは少ないが、決して存在しないわけではない。たとえば、長崎県諫早市高来町の水ノ浦に残るスクイもサークルに近い形状である。規模は亍渕の絵と比べ物にならないくらい大きく、周囲の長さは約三〇〇メートル、石積みの高さも高いところでは三メートルに達する。

亍（チョク）は留まることを意味する。渕は淵の俗字であり、水をたたえている場所を表す。人名に用いた時には「すけ」とも読む。熊本県地方は、石干見の名称でいえば、スクイ、スキ系の地域であると考えられる。亍渕にはどのような読みを充てたのであろうか。これを解明することも今後の課題のひとつである。

（3）カキの記録

カキに関する系譜論的研究はこれまでほとんどなされてこなかった。歴史的な記述も少ない。そこでここではカキを中心に据えて漁業の発展過程をとらえた島袋源七の論文（島袋 一九五〇、一九七一）を引用しながら、カキの系譜についてまとめておきたい。

島袋は、カキが沖縄における統一的な名称であるとしつつも、集落ごとに異なる名称が存在することを十分に理解したうえで、論文中において、古語である漁垣・魚垣（読みはナガキあるいはナカチ）と垣（カキ）をともに使用する。

漁垣は、磯浜において海中の岩石を用いて八の字形に海岸へ向かって築いたものである。八の字、すなわちいわば袖に当たる部分は長さ約二町（約二二〇メートル）、石垣の高さは二尺（六〇センチメートル）程度である。小潮時に使用する垣は海岸近くにあった。これに対して大潮時に用いる漁垣ほど遠ざかったところに造られた。小潮時用の垣を内垣（オキナマス）、大潮時の垣を外垣（ヘタナマス）と呼んだという。集落の中で漁垣を私有する特権をもった者は宗教権のある祝女だけであった。このような垣が祝女垣である。集落が支配者である按司の直領の場合には按司だけが使用できる御料垣が造られ、漁垣守がこれを管理した。

島袋は、古代琉球における漁業に関する数々の例証および「おもろさうし」のなかに歌われる漁業に関する語りを拠り所にして、釣り漁業以外の漁業と網漁業に注目しながら、漁業の歴史を、①漁（イサリ）の時代、②魚垣の時代、③魚垣と漁網との併用時代、④出漁域を拡大した時代の四期に分けて概観した。

第一期にあたる漁の時代は、磯歩きや素手で岩陰に籠る小魚をつかみ取るサグリと称する漁法から始まる太古の時代である。手ですくう方法から発展したものがソウケ掬いと呼ばれるもので、底が浅く口が広い円形の竹製漁具が用いられた。この漁具はさで網や小網の類へと進展した。漁火をかざしておこなう夜漁もこの時代からのものと考えている。これらに銛が加わった。島袋は、これらの漁具がすべて原始的漁法であり、「漁具の必要を認めながら未だその工夫に至らず、人智もまたそれに平行して蒙昧なる時代であったに違いない」と述べている。

第二期は漁垣の時代であるという。この時代は社会組織が確立し、集落の支配者すなわち、氏の長者を中心に漁場を分割所有して大家族的集団生活を営んでいた主漁副農の時代であった。島袋は、この時代を勝連城の按司となった阿麻和利が活躍した頃と設定している。主漁業時代から副漁業時代になって、漁業者の数が減少すると、集落内には漁垣の構築を希望する者がでた。集落の規律に従い構築が許可された漁垣が、当時現存した私有垣であったという。漁垣は、集落の経済に大きく貢献していたと考えられている。慶長期、琉球が薩摩藩の管理下に入った時代から漁垣の売買が始められた。島袋は、大正時代初期に平安座において漁垣が二〇〇円という当時としてはかなりの高額で売買されていたことから、慶長期の売買価格は相当高価であったものと推察している。

第三期は漁垣と漁網との併用時代である。網漁業が漸次併用されることにともなって、漁業自体が一層発展した。網漁業は初期には刺網が主体であった。この時代には、沿岸漁業の域を脱しないながらも、小舟を使用して比較的深いところまで漁場を拡大した。近・現代へと続く漁法の根底が樹立した時代とみられる。漁垣があり、その一方で小舟に乗って漁網が使用され、活気を呈した時代であった。

第四期は出漁域をさらに拡大した時代である。漁垣の形は網の形に利用された。漁垣の捕魚部の構造は袋網に反映され、追込網、地曳網などがつくられ漁業生産はさらに発展をとげた。島袋はとくにふれてはいないが、現代へと続くこの時代には、動力漁船や大型漁網などの導入によって漁獲効率ははるかに上昇した。これに対して魚群の来遊を待つというういわゆるレシーブ型の漁法で漁獲効率が悪く、石積みの補修に常に多くの労力を要する漁垣は、しだいに衰退していったとみるべきであろう。

三　行政用語としての石干見

農商務省による行政文書およびこれに関係して作成された漁業権資料の中には、石干見という漢字表記が用いられている。第二章で述べたように一九一〇（明治四三）年四月、漁業における近代的な法整備として明治漁業法（法律第五八号漁業法）が公布された。これに合わせて同年一一月に農商務省令第二五号漁業法施行規則が発令された。全六五条からなるこの規則の第一二条から第一四条までは、漁業種類について定めた条文である。第一二条は定置漁業の種類について規定しており、それらは、台網類、落網類、枡網類、建網類、出網類、張網類、魞簗（えりやな）類の七種であった。これらのうちの魞簗類については、「一定ノ水面ニ支柱ヲ以テ簀若ハ網ヲ建設シ又ハ竹、木、石堤等ヲ建設シテ陥穽ノ装置若ハ魚堰ヲ設クルモノ」との説明がある。一九一一（明治四四）年三月には農商務省告示第一四八号として、上に示した漁業法施行規則第一二条から第一四条に該当する漁業にはどのようなものがあるかが提示された。魞簗類には三九種が掲げられている。これらのひとつとして石干見が並んでいる。法令等に石干見という用語が登場したのは、おそらくこれが最初である。ただし石干見はイシヒビと読んだのか、あるいはイシヒミと読んだのか、読み仮名は付されていないのである。

告示第一四八号での表記は、「石干見一名すくひ（沖縄県下ノかきヲ含ム）」となっており、農商務省において「すくひ」と「かき」が石干見と同類の漁具としてすでに認識されていた。しかも、石干見がこうした漁具の総称であり、「すくひ」、「かき」が、別名としてそれぞれ地域ごとの呼称のように扱われている。もっとも、石干見がいつ頃からこうした漁具の総称あるいは一般名として定着していったのかは判然としない。

一九一一（明治四四）年三月には農商務省告示第一七九号が出された。これは前述した農商務省令第二五号漁業法施行規則にもとづいて行政官庁へ提出すべき免許漁業に関する願書、申請書、および届出書の書式を定めたものである。このうち定置漁業免許願書は、区画漁業、特別漁業の願書と同様に、「漁場ノ位置及区域」（別紙漁場図ノ通などと記載）、「漁業ノ種類及名称」「漁獲物ノ種類」「漁業時期」「漁業権存続期間」を記載し、願書提出者住所氏名を記入して地方長官あるいは農商務大臣宛に提出する形式とされた。これに基づき同一の書式によって作成された当時の願書が各地に残されており、その内容の一部は自治体史（誌）などに採録されている（有家(ありえ)町郷土誌編纂委員会編 一九八一：吾妻町編 一九八三：諫早湾地域振興基金編 一九九四など）。「漁業ノ種類及名称」はいずれも「魞簗類漁業石干見」となっている。

各地の漁業権に関する記録と資料についてみておこう。

沖縄県における一九二四（大正一三）年の石干見漁業権免許の記録が、沖縄県内務部発行の『沖縄県水産概況』（一九二六）に残されている。魞簗類漁業に入る石干見の漁業権数は組合有の一件のみであった（沖縄県農林水産行政史編集委員会編 一九八三）。

長崎県庶務課が一九二九（昭和四）年に調査した「昭和四年調査 第三種定置漁場魞簗其他 第十一 共十七冊」の

綴りが長崎県立長崎図書館に所蔵されていることは前述した通りである。これは書式の決まった文書である。すなわち地方行政庁が農商務省の漁業法施行規則に定められた書式に基づいて作成した用紙に、現地で調査にあたった調査員が用紙の各欄をうめて独自に作成した書類と考えられる。石干見の場合、漁業種類には「石干見」と明記されているが、備考欄には、スクイという表記も見られる。

佐賀県では、いわゆる新漁業法（昭和二四年一二月一五日法律第二六七号）が公布されたのちの第一次漁業権切替時（一九五一年度）、漁業権に含まれていた石干見漁業権は、江切網、こうで待網、こうで四つ手網などとともに、「漁業管理委員会に於て操業定数定めること」という条件がつけられた。その後、第二次漁業権切替時（一九五六年度）には、石干見漁業は、ばかがい漁業、うばがい漁業とともに「漁業種類から削除するもの」とされた（佐賀県漁業調整委員会史編纂委員会編 一九九八）。このような経緯によって、石干見の名称は、地方の水産行政機構のみならず漁業従事者の記憶から消えてゆくことになったと考えられる。

ところで、石干見に対してイシホミ、イシホシミ、イワホシミなどの読みを充てる文献がある（高来町編 一九八七：諫早湾地域振興基金編 一九九四：有家町郷土誌編纂委員会編 一九八一など）。これらが地方名として、現在でも記憶されているところもあった。たとえば、長崎県島原市大野浜にはかつて多くのスクイが存在した。明治時代、これらのうちの一基を所有した者に松本栄三郎がいた。[10] 二〇一一年三月、栄三郎のひ孫にあたる松本輝夫氏に聞き取りをした際、氏は、スクイをイシホシミとも呼んでいたと指摘した。前述したように佐賀県鹿島市でイシアバの石垣をイシホシミと呼んだとする記録も残っている（佐賀県教育庁社会教育課 一九六二）。こうした呼称は、通常は石干見をこれとは異なる地方名で呼んでいた地域において発生している。明治期以降に漁業権申請のなかで水産行政の用語として定着しはじめた漢字表記の「石干見」をはたしてどう読めばよいのか、特定地域の個人あるいは集団が独自に読み方を考え、それが集団あるいは地域で保持された結果生じたものであると推論して誤りはないであろう。

他方、漢字表記の石干見が定着した結果、漁具に対する名称としてはこの文字を用いるものの、読み方としては旧来の地方名をそのまま用いたと考えられる事例も確認できる（諫早湾干潟研究会編 一九九五）。また、表題に石干見を用いながら、この読み方には触れず、本文中にはひらがな・カタカナ表記で地方名を用いる文献も数多くみられる（柴田 二〇〇〇：布津町編 一九九八）。これらはいずれもスクイを説明している場合に多い。地域の人々や研究者が、石干見が一般名として浸透したなかで、この文字に地方の呼称を充てなければならなかった困難さも読み取ることができるのである。

おわりに

石干見の呼称には、主としてイシヒビ系、スクイ系、カキ系の三系統がある。本章では、このことについて、あらためて整理するとともに、三つの呼称の分布域についても明らかにした。イシヒビ系の呼称が北九州の周防灘沿岸地域、スクイ系の呼称が長崎県から熊本県、鹿児島県など西九州から南九州西部一帯、カキ系の呼称が奄美群島、沖縄諸島、宮古列島、八重山列島へと続く地域に分布している。

スクイ系の呼称は、さらにスクイ系とスキ系とに分類できる可能性もある。また、スクイ系とカキ系が南九州西部の一部地域で重なっている。他方において、スクイ系の分布する地域内に、イシアバやハトのように、スクイ系とは異なる呼称が存在することも明らかとなった。特にイシアバという呼称は、スクイが使用されている地域に隣接して存在する特徴的な分布を示すことがわかった。カキ系の名称についても、カキが転訛した呼称や、カキという語基の上に「魚」や「海」といった限定的な用語を加える呼称があったし、過去には地域によって別の呼称も存在した。

石干見に関する呼称は以上のようにきわめて豊かである。各地域での呼称に関する詳細な調査が今後も必要である。しかし、石干見がすでに消滅しているところも多いことから、石干見の存在を記憶する世代からの聞き取りを急がなければならない。これらの一連の作業は、前章で示した「石干見研究の問題群」のうちの石干見データベース作りと密接に関係するものでもある。

石干見は雑漁具の範疇にはいるが、これがいわば一般的な名称であり、スクイやカキは地方名とされた。福岡県と大分県の周防灘沿岸での呼称が定着し、標準名とされたと推察されるが、石干見という文字が水産行政の用語として法令や漁業権申請書においてなぜ使用されるようになったのか、この用語が明治期、農商務省でいかにして正当性を有するようになったのかについても、依然として確たる解釈にはいたっていない。なお、水産庁漁場保全課(二〇〇二)が発行した広報誌『自然との共存を考えた漁業に向けて――伝統漁法に学ぶ』には、「昔からある自然と共存している漁業」の一例として「石干見(いしひみ)」が紹介されていることを付け加えておく。

石干見の漁具・漁法としての構造と類型化自体にも必ずしも一定の理解が得られていないところもある。こうした未解決の問題にも今後目を向けなければならない。

注

(1) たとえば、福岡県築上郡椎田町を流れる城井(きい)川河口部では、ウナギを漁獲するために河原の石を七〇~八〇センチメートルの円錐状に積み上げたいわゆる石倉(写真3-5)のことを「石干見(いしひみ)」と呼ぶという記述がある(西日本新聞社都市圏情報部編一九九九)。しかし、豊築漁業協同組合椎田支所への聞き取りによると、これをヤナと呼び、かつて海岸に構築された定置漁具をイシヒビと呼んだという。漁具自体の分類にも関わる問題を含むが、現在までのところ筆者は十分な調査を進めていないので、

写真３-５　城井川河口部に設けられた石倉
2011年12月撮影。

写真３-６　ボラの供養塔
1885（明治18）年建立。2015年10月撮影。

ここではこの問題は取り上げない。

（2）淋しいを「さみしい」と言ったり、「さびしい」と言ったりすることが併存すること、また煙を「けむり」と言ったり「けぶり」と言ったりすることなど、「ま行」と「ば行」に見られる音の揺らぎと同じものと考えられる。

（3）各地では、通常、おのおののカチやカキの前に小地名や人名、屋号などを冠して呼んだ。喜舎場（一九三四）は、八重山におけるカチとカキの個別名称を分類して提示している。

（4）二〇〇九年三月一三日確認。

（5）現在でも、農閑期に農業用水用のため池の水を抜いたり汲みだしたりして、水深が浅くなったところで魚をとることを「かいぼり」と呼んでいる。

（6）山口（一九五七）は、江戸期のボラ漁について、当時は網、釣、簀引、スクイ等によって漁獲したことを記している。ここではスクイが一般的な漁具名称と並置されている。

（7）島原藩領の時代、島原城下を除く郡内を北目筋、南目筋、西目筋の三部に区分けした。北目筋は島原村、杉谷村から多比良、土黒、野井、愛津の各村まで、南目筋は北有馬村から北へ安徳、中木場村まで、西目筋は千々石村から南有馬村までをさした。

（8）長崎県南高来郡役所編（一八九三ａ）にはスクヒの漁場区画数が二一六となっている。

（9）長崎県水産試験場の監修によって、『長崎県の漁具・漁法』が二〇〇二年に刊行された（長崎県水産試験場監修 二〇〇二）。後記には「明治二三年編纂の『漁業誌』以来の出版物［一八九六年発刊の『漁業誌 全』（長崎県編 一八九六）のことと考えられる］を意識して編纂しました」（［ ］内は筆者注）とあるが、本書には石干見（須杭）は収録されていない。

（10）松本栄三郎が所有したスクイでは一八八一（明治一四）年、大量のボラが入り、一回の漁で約五千円の漁獲高を得たことがあった。当時、この額で一〇町（約一〇ヘクタール）の田畑を購入できたという。一晩で大金持ちになった栄三郎は、ボラを供養するため、鯔供養塔を建立した。この供養塔は現在でも大野浜にある（写真３-６）。

第四章 島原半島の石干見（スクイ）漁業

はじめに

本章では、長崎県島原半島とその周辺の沿岸部にかつて多数存在した石干見をとりあげ、時代ごとの漁具数の変化や石干見の利用と所有、漁獲された魚の取り扱われ方などについて検討してみたい。それらをふまえた上で、この地域に現存している石干見の所有やそこでの漁業活動についても考えることにする。

島原半島および有明海周辺では、すでに繰り返してきたように、石干見のことをスクイと呼んでいる。西村朝日太郎（一九六九）は、島原半島沿岸部にあるスクイの法的関係と所有について数多くの知見を学界に問うてきた。西村は、封建制の下におけるこの漁業の発達については、この地を治めた松平氏が多くのスクイを構築し功労のあった臣下に褒賞としてこれらを与えた、という事実に注目した。そして、領主がスクイを自己の支配下においたばかりでなく、夫役による労働力を動員することによって、スクイの規模、形態、構造を一段と発達させる契機がつくられたと考えた。ただし、領主がスクイを支配下においた事実と、スクイが本来副業的性質を帯び、概ね地主や自作農によって所有されていたとする近世・近代期の状況とがどのような関係をもつかについては明らかにしていない。

西村は、旧漁業法（明治漁業法）の時代には、スクイ所有者は漁業権税を払っていたが、使用、用益は単に所有権者、漁業権の行使者ばかりでなく、管理・保全にあたる「世話人」にも許されていたことも指摘している。世話人は、スクイを絶えず見回って管理し、台風の際などには破損箇所の修理にあたった。その反対給付として、使用権、用益権を分与されたという。西村は、所有者と世話人とによるスクイ利用について、南高来郡湯江の事例から、①昼間に所有権者、夜間に世話人が従事した利用形態、②所有権者が昼夜を通じて世話人に漁業を委ねた形態、③所有権者が日割りを決めて世話人に漁業を行わせる形態、の三形態があったことを明らかにしている。通常、スクイの漁獲量は夜間の方が多い。①のように所有者がその時間帯をあえて世話人に与えたりすることや、②、③のように所有者と世話人の間にみられるルースな利用方法からみると、所有者はスクイによる漁獲の成果をあまり重視していないようである。この点からみて、スクイは基本的には副業として利用されていた漁具であると結論づけてよいだろう。

一　スクイの数

島原半島沿岸にはいったい何基のスクイが存在したのであろうか。いくつかの資料から漁具数について検討してみよう。

表４‐１は近世から昭和初期におけるスクイの数の変化を村ごとに示したものである。一七〇七年の資料は、西村（一九六九）が『島原御領村々大概様子書』という文書資料を用いて算出したものによっている。この年におこ

表４－１　島原半島におけるスクイの数の変化

<table>
<tr><th>村名</th><th>1707年</th><th>1887年</th><th>1892年</th><th>1897年</th><th>大正期</th><th>1929年</th></tr>
<tr><td>山田</td><td>13</td><td>4</td><td>3</td><td>1</td><td></td><td></td></tr>
<tr><td>守山</td><td>13</td><td>6</td><td rowspan="2">13</td><td rowspan="2">12</td><td></td><td>12</td></tr>
<tr><td>三室</td><td>12</td><td>7</td><td>12</td><td></td></tr>
<tr><td>古部</td><td></td><td>21</td><td>16</td><td>15</td><td>12</td><td></td></tr>
<tr><td>伊福</td><td>8</td><td>8</td><td>7</td><td>7</td><td>9</td><td></td></tr>
<tr><td>伊古</td><td>3</td><td>12</td><td rowspan="2">22</td><td rowspan="2">23</td><td></td><td></td></tr>
<tr><td>西郷</td><td>5</td><td>16</td><td>16（9）</td><td>9（2）</td></tr>
<tr><td>神代</td><td></td><td>10</td><td>21</td><td>16</td><td>15（8）</td><td>9（2）</td></tr>
<tr><td>土黒</td><td>34</td><td>17</td><td>19</td><td>17</td><td>13（5）</td><td>14（2）</td></tr>
<tr><td>多比良</td><td>10</td><td>13</td><td>10</td><td>8</td><td>9（4）</td><td>9（2）</td></tr>
<tr><td>湯江</td><td>13</td><td>20</td><td>11</td><td>11</td><td>9（4）</td><td>7（2）</td></tr>
<tr><td>大野</td><td>14</td><td>6</td><td rowspan="2">17</td><td rowspan="2">15</td><td></td><td></td></tr>
<tr><td>東空閑</td><td>2</td><td>1</td><td>16（6）</td><td></td></tr>
<tr><td>三会</td><td>10</td><td></td><td rowspan="2">21</td><td rowspan="2">19</td><td></td><td></td></tr>
<tr><td>三之沢</td><td>11</td><td>22</td><td>16（4）</td><td>13</td></tr>
<tr><td>島原</td><td></td><td></td><td></td><td>3</td><td>5（3）</td><td>2</td></tr>
<tr><td>安中</td><td></td><td></td><td>4</td><td>7</td><td>5</td><td>6（3）</td></tr>
<tr><td>深江</td><td></td><td>1</td><td>1</td><td>1</td><td></td><td></td></tr>
<tr><td>布津</td><td></td><td>14</td><td>11</td><td>11</td><td>7（5）</td><td>3</td></tr>
<tr><td>堂崎</td><td></td><td>18</td><td>15</td><td>15</td><td>16（10）</td><td>8（1）</td></tr>
<tr><td>東有家</td><td></td><td>13</td><td>15</td><td>11</td><td>9（4）</td><td>2</td></tr>
<tr><td>西有家</td><td></td><td>6</td><td>8</td><td>8</td><td>4（2）</td><td>5（1）</td></tr>
<tr><td>加津佐</td><td>1</td><td></td><td></td><td>2</td><td></td><td></td></tr>
<tr><td>南串山</td><td>3</td><td></td><td rowspan="2">1</td><td rowspan="2">2</td><td></td><td></td></tr>
<tr><td>北串山</td><td>1</td><td></td><td></td><td>1（1）</td></tr>
<tr><td>口之津</td><td>5</td><td></td><td></td><td></td><td></td><td></td></tr>
<tr><td>計</td><td>158</td><td>215</td><td>215</td><td>204</td><td>173（64）</td><td>100（16）</td></tr>
</table>

注）大正期および1929年の（　）内にある数値は、破損しているスクイの数を表している。
資料は、1707年は『島原御領村々大概様子書』（西村 1969）、1887年、1892年、1897年は瑞穂町編（1988）、大正期は西村（1969）、1929年は長崎県庶務課編「昭和四年調査 第三種定置漁場魞簗其他 第十一 共十七冊」（長崎県立長崎図書館蔵）によった。

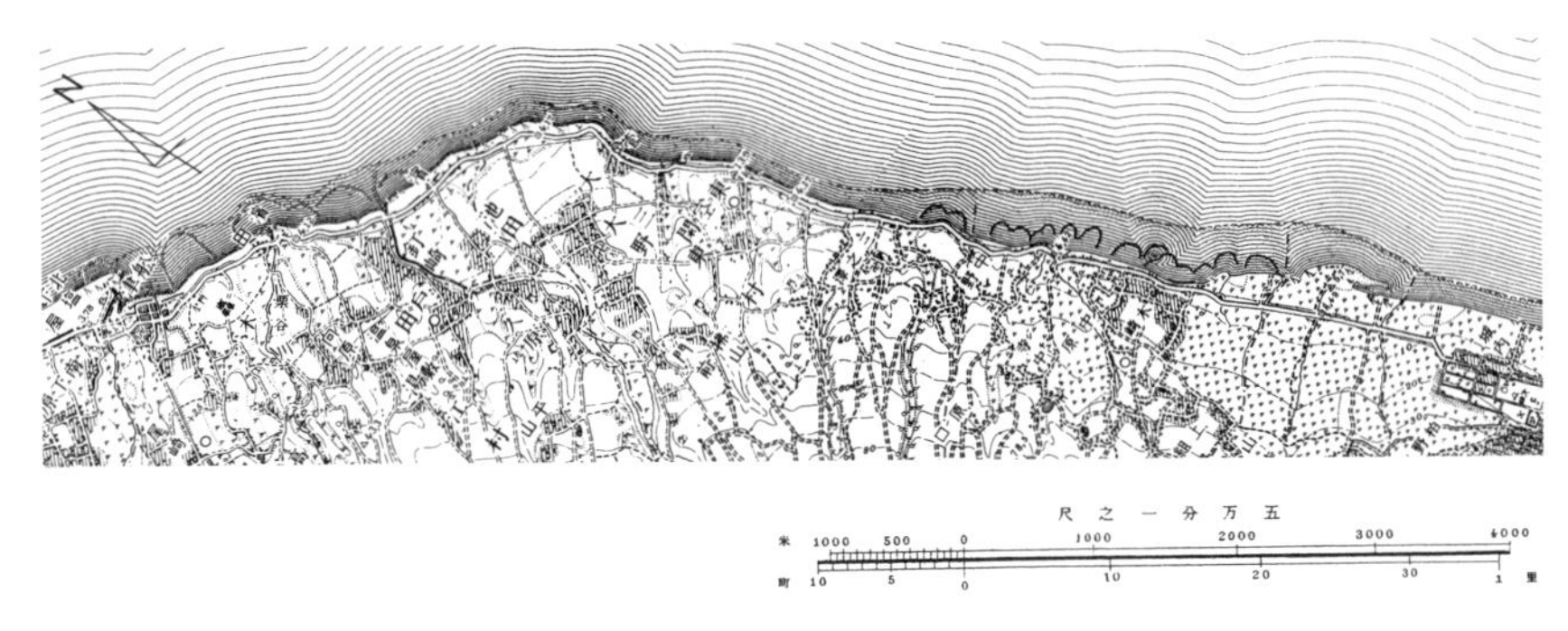

図4-1　明治期の五万分の一地形図にみられるスクイ
明治33年測図、36年製版「嶋原」および明治33年測図、36年製版、44年第1回修正測図、大正2年3月改版「長洲」の一部。

なわれた検地の結果によれば、「すくい」は合計一五八基にのぼった。

長崎県編（一八九六）『漁業誌 全』は、前章でも指摘したようにスクイに対して「須杭」という漢字をあてている。当時の実数は明らかでないものの、「須杭漁場ハ浜海干潟ノ地方ニシテ本県管下南北高来ノ両郡ニ於テハ数百ケ所ノ漁場ヲ築造」（右線部は筆者による）と、かなりまとまった数のスクイが存在したことを推定させる説明を付している。

南高来郡の旧瑞穂町が刊行した『瑞穂町史』（一九八八）には、一八八七（明治二〇）年、一八九二（明治二五）年、一八九七（明治三〇）年における島原半島各村のスクイの数が掲載されている。いずれも引用した資料の出所が不明であるが、一部は長崎歴史文化博物館が所蔵する長崎県農商課編「漁業採藻場区画根帳 明治二十七年四月更正」などから集計されたものであろう。

ところで、同じ頃に測量された五万分の一地形図には、多比良村から湯江村、大三東（おおみさき）村にかけてスクイが累々と連なる状況が読みとれる（図4-1）。

吉田（一九四八）は、スクイが明治中期頃までは島原半島沿岸に一七〇～一八〇基あったが、しだいに荒廃し、大正年間には総数は一〇九基になった、と述べている。この数は長崎県水産課が調査した資料に基づいて算出されたものである。当時、スクイがもっとも多く分布していたのは半島北

図4-2　大正期における島原半島のスクイの分布
吉田（1948）による。

部の三会村から守山村にいたる地帯であった。営業中のものは当時の現存数よりはるかに少なかったようで、島原町以南にあるものはほとんど廃滅の状態にあった（図4-2）。半島北西岸山田村にも、もともとはあったが、干拓によりその姿を消してしまったという。

昭和初期の漁具数については、長崎県庶務課が一九二九（昭和四）年に調査し編集した「昭和四年調査 第三種定置漁場魞簗其他 第十一 共十七冊」（長崎県立長崎図書館蔵、以下では「昭和四年調査」と略記する）に、当時存在したスクイ漁場の状況に関する調査表が綴られている。この調査表を集計した結果、島原半島には一二九基のスクイが存在し、このうち一一一基は漁業を継続中、一八基は破損が進み漁業が不可能な状態となっていたことが明らかとなった。

スクイの数は、明治期から昭和期へと至るにつれて順次減少している。石積みは、台風や低気圧の通過がひきおこす強い波浪によってたびたび破損した。こうなると、退潮時、海水が破損箇所から流れ出し、魚群も海水とともにスクイ内から泳ぎ出てしまうので、漁獲はほとんど見込めなかった。したがって、修築はこの漁業を維持するためには必須の要件であった。一方、生産性の高いいわばアタック型の漁船漁業の進展によって、沿岸で魚群の陥穽を待つレシーブ型のスクイによる漁獲量はしだいに低下してきたことも想像に難くない。吉田（一九四八）は、沿岸漁業の衰微により、スクイは、存続価値を減少し年々荒廃の一途をたどりつつあること、さらには養殖業の発展[1]または干拓地の拡大に伴って早晩全廃の運命にあることを指摘している。

第二次世界大戦後のスクイの数については詳細な記録が残っていない。県が漁業権を一括して把握することがなくなったからである。

スクイは、旧漁業法（明治漁業法）のもとでは、知事許可による第三種定置漁業であり、権利者は漁業権税の支払いを義務づけられていた。漁場状況調査は、県が漁業権税を決定し徴収する目的でなされたものであろう。これに対して現行の新漁業法（昭和二四年一二月一五日法律第二六七号）では、第六条に定置漁業を「漁具を定置して営む漁業であって、基本的には身網の設置される場所の最深部が最高潮時において水深二七メートル以上であるものをいう」と説明している。本条文によれば、スクイは定置漁業の範疇に入らず、同じ第六条にある共同漁業のうち、えりやな（魞簗）類を含む網漁具を敷設して営まれる「第二種共同漁業」に該当する。漁業者は漁業協同組合から免許を得て漁業を営むことになり、それにしたがって関係漁業協同組合が漁業免許書類等を管理することになったのである。

しかし、その後、スクイ漁場の多くが諫早湾干拓事業やノリ養殖漁場への転換によって消滅した。しかも漁業権免許書類等は、干拓事業による漁業権放棄にともなう関係漁業協同組合の解散によって散逸してしまったと考えられる。

二　昭和初期のスクイ漁業

島原半島は石干見（スクイ）漁業についての研究がもっとも進められてきた地域であるとはいえ、スクイが多く存在した頃の漁業の実態はこれまで必ずしも十分に明らかにされてはいない。そこで、ここでは、「昭和四年調査」の内容を分析することによって昭和初期のスクイ漁業の実態に迫ってみたい。

「昭和四年調査」は、長崎市内および西彼杵、北高来、南高来、南松浦各郡内の町村の漁業資料が収められた全一七六枚からなる。内訳は、表紙および中表紙が三枚、調査表が一七三枚である。調査表は、郡町村、坪数、調査員、漁業種類、権利者住所氏名、漁場位置、免許年月日、免許番号、昭和元年・二年・三年および三カ年平均の各漁獲高（円）、県税（昭和二年度・三年度・四年度）、備考（昭和二年以前・昭和三年）の各記載欄を設けた「第三種漁場状況調査表」という所定用紙（以下調査表と略記する）を綴ったものである。漁業種類ごとにみると、白魚簗（白魚のみの表記を含む）七件、石竃一件、笹干見五件（「笹（石）干見」あるいは「石（笹）干見」と表記された四件を含む）、鮃鰡建干網四件、雑魚桝網一件、建干網四件、石干見一五一件となっている。

坪数と調査員名の記入欄は全ての調査表とも空欄となっている。権利者住所氏名欄には住所はなく氏名のみが記載されている。漁獲高の欄には聞き取りによって得られたと考えられる漁獲金額が示され、その額によって県税額が決定されている。

石干見の調査表の備考欄には、調査員が聞き取った石干見の具体的な利用状況、所有状況、漁獲物販売の実態などが短く記述されている。漁業種類の欄には公式的に石干見という漢字による名称が明記されているが、備考欄の説明では調査員はこれを用いず、カタカナでスクイと記している。また、ほとんどの調査表には欄外に「年中」や「一　十二」など年間の漁期を示すと思われるメモ書きが残されている。

石干見に関しては北高来郡湯江村に七基（笹（石）干見二基を含む）、同郡小長井村に一七基（石（笹）干見二基を含む）があった。以下では、これら北高来郡の資料も加えて分析をすすめる。また、漁場位置の欄に記された地名には、混乱を避けるため便宜的に「地先」という表現を付すことにする。

（1）所有権と権利の譲渡・賃貸

スクイは、ほとんどが個人所有であり、基本的には親族がこの権利を継承している。たとえば、権利者の死亡にともなって、子や孫が権利を相続していることがわかる調査表がある。多比良村マテス地先のスクイは、権利者が一九二八（昭和三）年に死亡したので、翌年、長男が相続許可登録を済ませていた。守山村町下地先のスクイは権利者が一九二六（大正一五）年に死亡したため、相続人となる孫の後見人が経営中であった。また、安中村の船泊地先、天皇山脇地先、島東地先にある三基のスクイはいずれも同じ権利者が所有していたが、本人が一九二八年に死亡したため、その孫が相続の手続きを進めているところであった。

親族以外が権利を継承したスクイも見られた。調査表に記載された権利者と実質的な権利者とが異なることを備考に記していることからそれが明らかである。しかし、権利移転の詳しい理由は特に示されていない。

スクイの権利を賃貸する事例はかなり多くみうけられた。賃貸料は、表4-2に示したように、現金のほか、米や小麦といった農産物でまかなわれた。県村税の代理支払やスクイの修繕などを条件とした賃貸契約もあった。湯江村（南高来郡）の釘崎地先と青木地先にある二基のスクイは同じ権利者によって所有されているが、二基とも神代小学校教員である同じ賃借人が借り受けている。賃借料は、釘崎地先のスクイが年一〇円、青木地先のスクイが年六一円であった。賃借料の違いは、スクイの漁獲量の良し悪しによると考えられる。昭和元年（大正一五年を含む）から昭和三年までの平均漁獲金額をみると、釘崎地先のスクイは年四〇円であるのに対して青木地先のそれは年二五〇円である。このことからも、スクイごとの漁獲量の多寡は明らかである。

表4-2　スクイ賃貸料の事例

町村名	地先名	賃　貸　条　件
小長井村	徳士	米6斗6升
島原町	平松下	米8斗、小麦8斗
三会村	洗切下	賃貸料10円（モチ米2斗5升）
	三本松下	年13円
	下町下	麦2俵、粟3俵、ただし昭和3年から賃貸料15円に変更
湯江村	釘崎	年10円
	青木	年61円
多比良村	惣田	年20円で3年契約
神代村	浜	県村税の支払いおよび修繕を条件
	浜	米3俵
大正村	後牟田	年20円
	鍵嶺	玄米大俵
守山村	浜辺	年23円（米6升の換算）
	田内川	昭和3年6月より向こう5年間玄米3俵
東有家	鼻崎	大正14年粟5升（代金6円） 昭和2年2月以降粟2升（2円50銭）および村税の支払い
布津村	大崎浦	年20円 村税および15円

長崎県庶務課編「昭和四年調査 第三種定置漁場魞簗其他 第十一 共十七冊」（長崎県立長崎図書館蔵）より作成。

注）権利者および賃貸者の氏名については省略した。

　　神代村浜地先のスクイの事例は別個の2基のものである。

　　東有家村鼻崎地先および布津村大崎浦地先のスクイは複数年の賃貸条件を示した。

⑵ 利用

湯江村（北高来郡）には、西村（一九六九）が指摘したものと同様に、権利者と世話人が共同で利用されるスクイがあった。金崎地先の二基、水ノ浦地先の一基は、昼間は権利者、夜間は世話人二人が利用した。宇良地先の一基は、昼は権利者、夜間は世話人一人が利用した。

堂崎村古城地先のスクイの権利者は女性であった。権利者自身は漁業に従事していなかったようで、スクイが破損した場合には修繕することを条件に、男性一人を管理者として雇い入れている。漁獲物は、権利者六分、管理者四分で分配した。

このほか、神代村浜地先には権利者が他の一人とともに共有するスクイがあった。二人が一日交替で利用した。守山村浜田地先のスクイは一〇人による共有であった。毎日二人一組で漁獲した。一日に二回のシオマワリがあるので操業も二回可能である。二回合計の漁獲量が四斤（二・四キログラム）までの時は、すべての漁獲物が当番にあたった者の取り分となった。この重量を超えた場合、超過分は一〇人共有となる、という内約が設けられていた。

湯江村（南高来郡）江川地先のスクイは、一九二八年には湯江村漁業組合が権利者であった。唯一、組合が権利者と判断できるスクイである。組合は一カ月あるいは□（文字の判読不能）の潮の時期を明らかにしたうえで入札によって利用者を決定した。

スクイの中には破壊されているものも多く含まれていた。なかには四、五年前から壊れていたがその後修復せず、したがって漁獲がまったくないもの、そのほかすでに廃棄状態にあるもの、台石のみが残るもの、かたち自体がすでにないものなども調査表に含まれている。

大三東村や湯江村（南高来郡）、西郷村にはスクイの石を他に転用した事例がみられた。大三東村大野戊地先[2]のスクイは一九二九（昭和四）年初め頃から、波止場建設用の埋め立て石、その他の目的で売却された。すでに漁場はなく、同年一月一六日付けで権利放棄を大三東村役場経由で長崎県庁へ進達している。同年五月二九日の調査時点で登録抹消の通知がまだ届いていなかったことが付記されている。湯江村（南高来郡）釘崎地先のスクイも波止場建設用の築石として売却された。西郷村浜ノ田地先のスクイの石は里道の建設用に売却されている。土黒村尾茂崎地先のスクイは一九二六年、県道工事によって破壊された。

（3）漁獲状況

スクイで漁獲される魚種は、沿岸部を棲息域とするものか、沿岸部に回遊してくるものかのいずれかである。「昭和四年調査」で魚名が書き込まれている調査表は九枚にすぎず、掲げられている魚種も、シラス、イワシ（小イワシを含む）、ボラ、イカの四種類のみであった。堂崎村の池田地先、塩屋浦地先にある合計三基のスクイ（いずれも同一の権利者が所有）では、春の小イワシを主体としていたという記載がある。

それではスクイでどれほどの漁獲があるのだろうか。すでに破壊しているため漁獲がなかった一三基のスクイを除く一四〇基で漁獲がみられた。表4‐3は、一九二六（昭和元）年から一九二八（昭和三）年までの三年間の平均漁獲高をもとに町村別・漁獲高別のスクイ数をまとめたものである。調査表の備考欄には、村内で「最も優良」あるいは「優良漁場」との説明が加えられているスクイが何基かある。それらの漁獲高は以下の通りである。

大三東村大野戊地先にあるスクイは、権利者が不在のため調査員は本人に聞き取りをしていないが、近傍に在住する漁業者の話を総合すると、最優良漁場であった。漁獲高は一五三円、特に一九二八年にはイワシの大漁があり二二〇円を記録している。一二〇キログラムから一八〇キログラムに達するボラの大漁も毎年、二、三回あった。同村三之沢地先にあるスクイも漁獲高一一〇円で優良漁場に加えられている。神代村で最も優良なスクイは向浜地先にあるもので、漁獲高は一二七円、守山村で優良なものは浜辺地先のスクイで一四七円であった。大正村で最も有望なものは下伏尾地先のスクイ（権利者：本多政太郎）で漁獲高二五七円、ついで鍵嶺地先のスクイ（権利者：平田秀二）で一三八円、第三位が下伏尾地先のスクイ（権利者：川端富蔵）で一〇〇円であった。優良なスクイはいずれも年間平均漁獲高が一〇一円以上を記録している。これは一四〇基のうちの二五基にすぎなかった。

（4）販　売

販売に関する記載が七九枚の調査表にあった。漁獲物は基本的には、①自家用、②権利者自らが小売りする、③権利者が他人に売却する、の三形態に分けることができた。ただし、権利者とともに実際の漁獲に関係した世話人が漁獲物をどのように扱ったかは、調査表からは明らかにできない。

七九件の販売状況をまとめたものが図４‐３である。本図からわかるように、五二件（権利者数でいえば五〇人）が一四人に対して漁獲物を売却している。一四人のうちには多比良村の岡本慶蔵（ＯＫ）や大正村の浦川卯一郎（ＵＵ）および後藤音一（ＧＯ）のように、多くの権利者から漁獲物を購入している者も含まれていた。彼らは集荷魚商人や卸売商人かもしれない。

表４‐３　地区別年間漁獲高別スクイ数

漁獲高（円）	湯江（北高来）	小長井	島原	三会	大三東	湯江（南高来）	多比良	土黒	神代	西郷	大正	守山	南串山	西有家	東有家	堂崎	布津	安中	計
漁獲高なし	1	2				1	2	2	2	1			1		1				13
1～20		2								1				1	2	4		3	13
21～40	1	6	1	4	4	2	3	3	1	2	4	2		1	2	1	1		38
41～60		3		4	1	1	1	2	2	1	4	1				1			21
61～80		3		5	2		1	4	1		6	5				2			29
81～100		1				1		1	2	3	1	1					1	3	14
101～120		1			1			1				1					1		5
121～140	2		1				1		1		1	1							7
141～160					1	1	1					1							4
161～180	3				1														4
181～200								1		1									2
201～220		1																	1
221～240																			0
241～260						1					1								2
計	7	19	2	13	10	7	9	14	9	9	17	12	1	2	5	8	3	6	153

長崎県庶務課編「昭和四年調査 第三種定置漁場魞簗其他第十一 共十七冊」（長崎県立長崎図書館蔵）より作成。

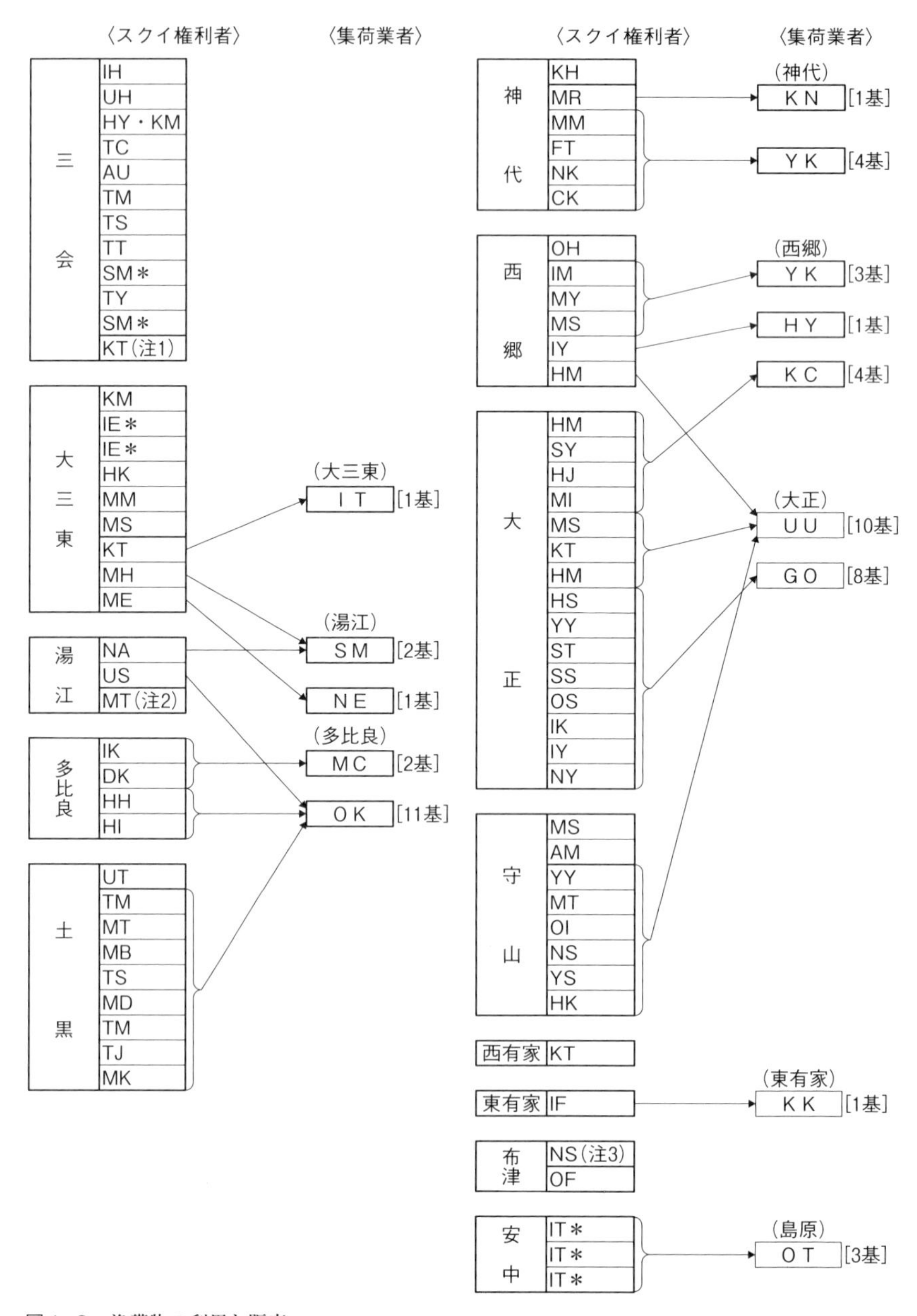

図4-3　漁獲物の利用と販売
＊：同一の権利者
→：販売　それ以外で注記のないものは自家消費を含む小売販売
注１　漁獲物は自家用
注２　権利者は魚屋で、自ら小売販売
注３　自ら小売販売または行商人へ卸売り
長崎県庶務課編「昭和四年調査 第三種定置漁場魞簗其他 第十一 共十七冊」（長崎県立長崎図書館蔵）より作成。

スクイ漁業は副業的なものとして位置づけられてきた。したがって漁獲物は、一般に自給的に利用されると考えられてきたが、一概にそうともいえないことが明らかとなってきた。集荷魚商人や卸売商人と考えた一四人についてその業態や集荷状況がどのようなものであったのかを究明することは、「昭和四年調査」から九〇年が経過してしまったとはいえ、今後の重要な課題となろう。

三　スクイの現在

(1) 戦後のスクイ

第二次世界大戦後のスクイは有明海の干拓事業やノリ養殖漁業の発展にともなう漁場喪失によって、その数を著しく減少させた。また、一九五七（昭和三二）年の諫早大水害ではスクイにも被害がおよび、その後修復されなかったものも多かったといわれている。

戦後のスクイ漁業については明らかにされてきたとはいいがたい点が多い。スクイに関する資料がほとんど残されていないからである。これは、前述したように、新漁業法上での漁業権の変更により、漁業権免許資料等が県で一括されず、各漁業協同組合にゆだねられ、その後このような関係する漁業協同組合が干拓事業にともなう漁業権消失によって解散したり、他組合と合併したことによって、資料が散逸してしまったことが原因である。したがって現在では、以下のような地域の自治体史（誌）や各種の調査報告書などに残された記述から、スクイ漁業の推移をたどらなければならないのが実情である。

南高来郡瑞穂町（二〇〇五年に雲仙市と合併）では、スクイはかつて島原鉄道古部駅周辺の海岸部に集中していた。これらの漁場の多くが、新漁業法のもとで漁協に買い上げられ、当時急速に伸びてきていたノリ養殖漁場へと転換

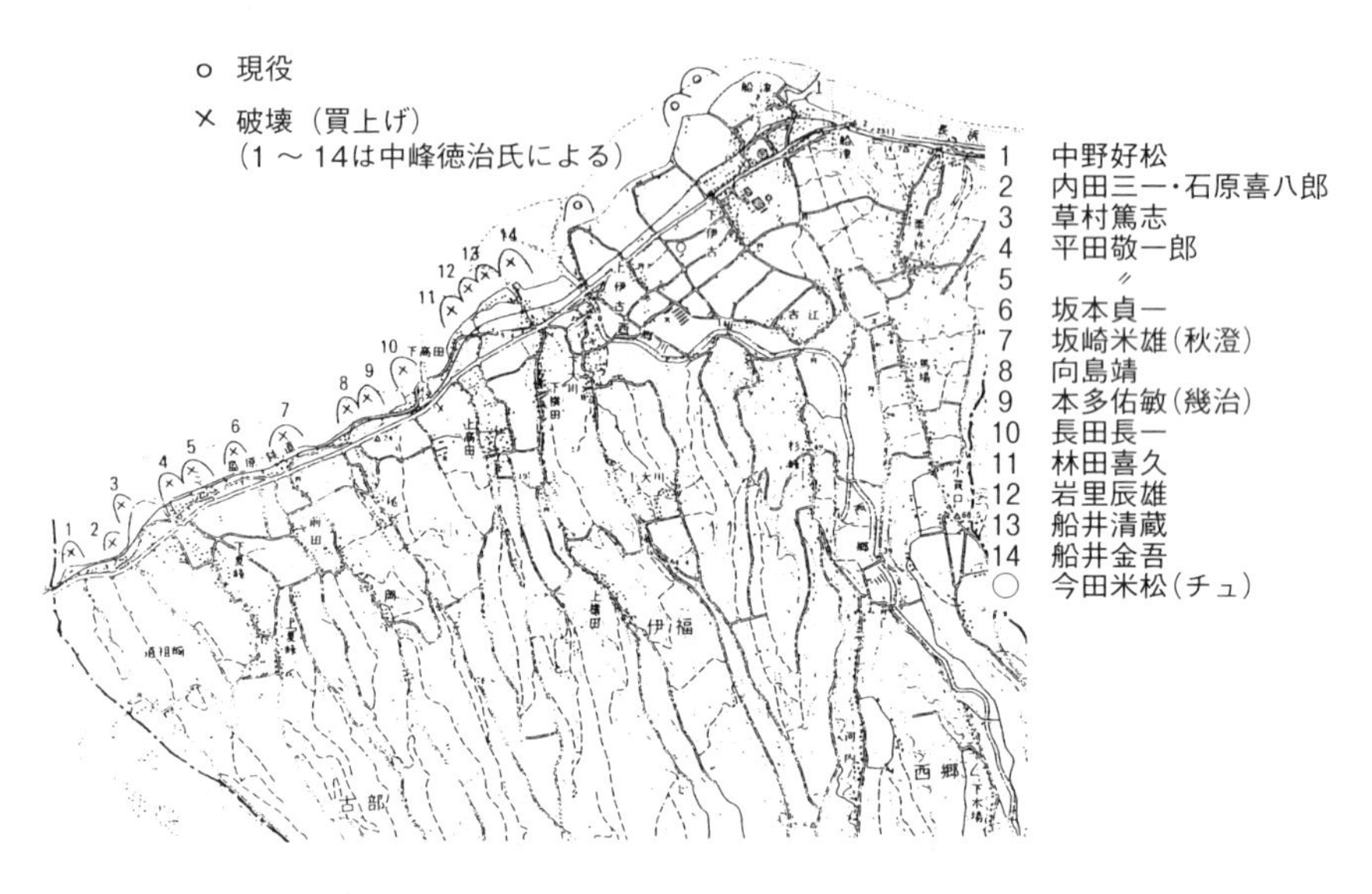

図4-4　昭和期における瑞穂地区のスクイの分布
瑞穂町編（1988）による。

した。半農半漁の漁家はほとんどノリ養殖に着業したという。昭和三〇年代後半から四〇年代にかけてのことであろう。『瑞穂町誌』（同町編 一九八八）には「瑞穂地区（昭和期）のスクイ分布」という地図（図4-4）があり、買い上げられたスクイの所有者も明記してある。町誌発行当時（一九八〇年代後半）、西郷地区に三基が現存していた。それらは戦後になって構築されたものであり、石材の一部は対岸の北高来郡小長井町（二〇〇五年に諫早市と合併）から運んで補ったことが記録されている。

南高来郡吾妻町（二〇〇五年に雲仙市と合併）守山でも昭和五〇年代頃、一基が現存し、漁業もおこなわれていたことが、『吾妻町史』（同町編 一九八三）からわかる。

一九五八（昭和三三）年、六〇（昭和三五）年、六二（昭和三七）年と三度にわたって北高来郡高来町（二〇〇五年に諫早市と合併）の湯江を採訪し、スッキイについて調査した小川（一九八四）は、金崎（湯江金崎）に七基のスッキイがあり、うち三基は消失してしまったが、四基は残っていたことを聞き取っている。また、『高来町郷土史』(高来町編 一九八七)によると、スクイがかつて小長井町に一〇基、金崎以東に七基あった。金崎以東のスクイの数は、小川の指摘と同数である。しかし利用されているのは水ノ浦地先に残る一基のみであった。これが現存する湯江のスクイであろう。『高来町郷土史』は、当時、長崎県内ではこの高来町湯江の一基のほか、瑞穂町に二基、吾妻町に一基のスクイが残っていたことも記している。

以上、断片的な記録をつなぎ合わせたにすぎないが、島原半島とその周辺のスクイは、戦後一〇〇基近くあったものが、その後、著しく数を減らし、昭和五〇年代には数か所を残すのみとなってしまった。以下では、島原半島の対岸、諫早市高来町湯江にただ一基残る最後のスクイの現状について考えてみよう。

(2) 最後のスクイ

二〇〇四年一一月、長崎県北高来郡高来町(現在は諫早市高来町)湯江金崎に在住するただ一人のスクイの所有者中島安伊氏を訪ねた。中島氏は一九一九年生まれの八五歳、水田八〇アール、ミカン山八〇アールを所有する兼業農家である。スクイを始めてすでに五〇年以上になるという。

中島氏が所有するスクイは、高来町内の湯江水ノ浦地先に設けられていた。一九五一(昭和二六)年か五二(昭和二七)年頃、安伊氏の父親、岩蔵氏が人を介して荒木有右衛門という人物から購入したものである。荒木は県に願書を提出し、新たにスクイを造ったという。このスクイは前掲の「昭和四年調査」からは確認できない。中島家では別の農家から借金をしての購入であった。購入代金は約一〇万円であった。

中島氏の記憶によると、かつて高来に四基、水ノ浦に三基、金崎に四基、計一一基のスクイがあったという[3]。各スクイは、所有者の姓を頭につけて呼んだ。したがって中島氏のスクイは、「ナカシマスクイ」であった。また、陸側にあるスクイをアゲスキ、沖側にあるスクイをオキスキとも総称した。一般にオキスキの方に魚が多く入った。

中島氏は農業をする合間にスクイ漁を続けてきた。スクイ自体も初めは小さかったが、石を外側へと積みなおしながら、面積を大きくしていった。水ノ浦の海岸には自然石が多かったことから、このような増築ができたという。一九五七（昭和三二）年七月の諫早大水害の時にも大きな崩壊はみられなかった。

スクイは直径二〇～三〇センチメートルの円形あるいは楕円形の転石を使って構築されている。形状は基本的には馬蹄形といえるが、岸側に低い石積みがサークル状になるように積まれている。総長は約三〇〇メートルに達する（写真4-1）。石積みの高さは、沖側の高い部分の最高点で約三メートルである。幅は最上部で約一メートル、底部の最も幅があるところでは約四メートルとなっている。石積み全体の最上部は水平になるように積まれている。仮に水平でなかったとすると、退潮時には石積みの低いところから海水が勢いよく流れ出し、スクイ内にとどまっていた魚群がこの水流に伴って沖へと泳ぎ出てゆくため、漁獲に支障が出る。

最も沖側の石積みの基底部には排水溝が設けられている。これをオロ、排水口の部分をオロクチという（写真4-2）。スクイの内側のオロには魚群が逃げないように、竹簀あるいは細い塩化ビニールパイプで作った柵をしつらえてある。干潮時を迎えるとオロの周りに海水の溜まりが残る。この部分をダボリと呼ぶ。ダボリには逃げ遅れた魚が群がる。これらを、三角網（さで網）などを用いて捕獲する（写真4-3）。ダボリにはいくつもの大型の石が据えてある。これはカゴミイシと称される。魚は物陰に隠れるような行動をとるので、カゴミイシを据えておくことは漁獲に効果的である。なお、三角網は自身でこしらえた。柄と枠の部分はマキ材である。マキはミカン畑の周りに防風用に植栽しているもので、柄にする部分から二股に分かれたものを採取し、これに漁網をつけた。

漁は、毎年三月頃から始め、一一月には終える。五月と九月が漁に最もよい時期である。特に南風が吹く時には海水（シオ）が濁るのでよい。海水が澄むと、魚群はスクイの存在がわかり、逃げだすのが早いという。

潮位は大潮時、最高五・八〜六メートルに達するので、海水は石垣をかなり越えることになる。干潮時の潮位が一・五〜一・六メートル以下になると漁獲が可能となる。したがって、このような高さまで潮が引く中潮時分から大潮にかけての頃が月間の漁期となる。すなわち朔（新月：ヤミヨ）を中心とした旧暦の一〜七日、および望（満月）を中心とした旧暦の一〇〜二二日あたりが漁に適する潮まわりである。一回の操業時間は、一時間から一時間三〇分程度である。

旧暦の八日、一一日、一九日の潮はあまり引かず、たとえスクイに魚が入ったとしても漁ができない。この時期をカラマと呼ぶ。潮が引かない時期には、沖側の石積みの最上部を少し崩して、海水が沖へ流れ出す水路を人工的

写真４-１　湯江水ノ浦地先のスクイ
後方は、有明海をはさんで島原半島。
2011年4月撮影。

写真４-２　オロクチ
2013年10月撮影。

写真４-３　三角網（さで網）を用いての漁業活動
漁をしているのは、中島安伊氏の長男、愿氏。
2014年4月撮影。

に造り、そこから出てゆく魚群を長い柄のついたたも網をスクイの外側にしつらえて獲ることもある。漁獲が終了すると石を再び積み上げておく[4]。

スクイには、ボラ類、エイ、イシモチ、コウイカ、アミ（小エビ）、小魚などさまざまな種類の魚が入る。大型のエイは夏の魚である。波の荒い時、体重一〇キログラムほどのエイが一、二尾獲れることがある。ボラは秋になると美味となる。一一月頃に特に多く漁獲される。アミエビが獲れたときには、これを塩辛にし、保存食として利用した（写真4-4）。

スクイ内には多くの竹竿を突き刺してある。これは天然ガキをつけるための簱の役割をする。竹は四月頃に刺す。佐賀方面から漂着する孟宗竹が長もちしてよいという。海岸でこれを集めて利用する。二月から三月にかけて小型のカキを採集できる。

写真4-4　スクイで獲れたアミ
自宅に持ち帰り、水洗いしたのちザルにとる。生食するか、干しエビあるいは塩辛に加工する。2013年10月撮影。

一九八九年の諫早湾干拓事業の着工から一九九七年四月、潮受堤防の閉め切りによって、漁獲量は十分の一ほどに減ってしまった。かつては諫早へのぼっていった魚群が下るときにスクイに多く入った。中島氏のことばを借りれば「魚は潮に育つもの」であるから、諫早へ魚が移動しない現状では、漁獲を望めないのは当然である。

中島氏はかつて二人の小作人とともにスクイ漁を続けていた。二人はいずれも水ノ浦に住んで農業を営んでいた。所有者である中島氏が日中に漁をおこない、小作人が夜に交替で入漁した。中島氏は小作料を取らなかったが、スクイが崩壊した時の修理を小作人に委ねた。

中島氏は、湯江漁業協同組合の正組合員として、スクイ漁場の使用許可を得て漁を続けてきた。しかし、漁協は諫早湾干拓にともなう漁業権放棄によって補償金を得た後、解散してしまった。その後、中島氏は、一九八六（昭和六一）年四月にこのスクイが高来町文化財保護条例に基づき高来町の文化財に指定されることを承諾した。翌一九八七（昭和六二）年三月、スクイは「有明海の特質である潮の干満の差が大きいことを利用して魚を獲る施設」として、高来町指定記念物に指定された。漁がおこなわれながら文化財に指定されるという、いわば動態保存の状態で今日にいたっている。二〇〇四（平成一六）年三月にはスクイを県の指定文化財にして保護が十分できるようにとの考えで、長崎県文化財保護審議会へ図る準備が進められた。

二〇〇四年九月七日に九州を襲った第一八号台風によって、スクイ全体が崩れた。特に沖側の半分以上に被害がでた。スクイの内側が崩れることは時々あったが、この台風では外側の石積みも崩れた。以前の所有者が積んだ部分まで崩れ、七〇年ぶりの大被害になったという。破損箇所は町の資金により、速やかに修復された。

おわりに――石干見への新たな意味の付与

本章では、島原半島とその周辺沿岸部のスクイに注目しながら、石干見漁業の変化を考えた。

二〇〇五（平成一七）年四月、文化財保護法の一部が改正され、地域における人々の生活または生業および当該地域の風土により形成された「文化的景観」を文化財として位置づけることになった。農林水産業に関連する文化的景観も取り上げられ、土地利用に関する漁場景観・漁港景観・海浜景観のなかには鹿児島県大島郡龍郷町にある垣、沖縄県八重山郡竹富町小浜島の海垣という二つの石干見が含まれている。また、有明海の漁撈景観も複合的な意味を有する重要な文化的景観に位置づけられている。そのなかにあって中島氏所有のスクイにも新たな意味が付与されようとしている。長崎県の文化財指定申請の準備とともに、国の文化財として保護対象になる可能性がある。

文化遺産としての保護の高まりを考えるとき、石干見がどのようにして利用され、そこにどのような所有関係や利用のしきたりが存在してきたのかをあらためて考察する一方、依然として埋もれたままの漁業資料を掘り起こす作業がきわめて重要になってくる。日本各地に残る石干見自体が消滅の危機に瀕しているゆえ、このような調査研究が急がれなければならない。他方において消えゆく漁具・漁法の記録を残す作業だけではなく、石干見が文化的景観として認識されてゆく経緯を考察する作業も始まる。漁場所有からスタートして漁業活動および漁場利用の理解へと進んできた石干見の研究自体が、新たな研究の視点を含め、さらなる研究を蓄積しようとする舞台にたっている。

注

(1) ここでいう養殖業とはノリ養殖のことである。島原周辺のノリ養殖は、一九一一(明治四四)年に長崎県水産試験場が女竹ヒビを立てて養殖試験をしたのが始まりである。しかしその後、着業者数が伸びずまた採算割れをひきおこすなど、ノリ養殖の経営は順調ではなかった。実際にノリ産地らしい形態を整えだすのは、網ヒビ採用が成功を収めた第二次世界大戦後のことである。有明海のノリ養殖の本格的な幕明けは一九五〇(昭和二五)年、五一(昭和二六)年当時といわれている(宮下 一九七〇)。

(2) 調査表の記載文字は「大野成」と読める。「成」という地先名について、島原市にて石干見の保存・再生・活用に取り組んでいる市民団体「みんなでスクイを造ろう会」事務局長の内田豊氏の調査によると、地元では「大野浜」という地名はあるが、「大野成」は地元の人でも聞いたことがないという。島原市教育委員会・社会教育課でも「大野成」という地名を認識していない。仮に土偏をつけて「城」とし、「大野城」と読ませると、山手側にある島原市立有明中学校の校地がこの大野城跡に該当する。しかしこれも海岸沿いの地先地名にはあたらないであろう。かつてスクイが存在した場所の前あたりは、現在は島原市有明町大三東戊(ぼ)といい、十干の第五にあたる「つちのえ」が使用されている(二〇一八年三月聞き取り)。依然として十分な考証には至っていないが、ここではこの「大野戊」を表記しておきたい。

(3) ここでいう高来とは大字名の湯江のことであろう。中島氏は大字湯江全体から自宅のあった大字湯江金崎名を切り分けてスクイの数を説明したと考えられる。

（4）スクイの外側の海岸部には、かつてウナギツカと呼ぶ石積みが設けられていたという。これは深さ七〇～八〇センチメートルの穴を掘り、そこに石を六〇センチメートルくらい積み上げたものであった。この石積みの中にウナギが入った。潮が引いた時、三、四日おきに出向き、穴の中に残った海水を掻きだしたのち石を取り除いてウナギを捕獲した。多い時にはひとつのウナギツカで四、五尾を漁獲できたという。漁は夏場が中心で、梅雨時から九、一〇月頃まで続けられた。

第五章　開口型の石干見

——その技術と漁業活動

はじめに

石干見の形状は、一般的には馬蹄形、半円形、方形であった。海岸の地形や潮流、潮位差に応じて、また大量の漁獲を見込めるよう、さらには風波による損壊を最小限に抑えるために工夫されたことなどの結果といえるであろう。しかし、このような一般的な形状にとどまらない多様な形状の石干見が存在する。そのひとつとして、沖側の石積みを連続して構築しない形の石干見がある。ここではこのような形態の石干見を「開口型の石干見」と呼ぶことにする。

石干見の形態を発生史的連関のなかに定位し、体系的に論じたのは、西村朝日太郎である。西村（一九七九）は、沖縄に存在する石干見を形態学的な視点にたって分類した。それによると、図5‐1のように、四つの類型に分けることができる。Dは冒頭で記したような基本形の石干見ということになる。Cは捕魚部が開口しており、下げ潮流と共に沖へと出てゆく魚を開口部の外側に網を入れて捕獲する。Cの漁獲効率は次に述べるBに比べると悪いという。Bは沖側に魚を誘導し捕捉する捕魚部が設けられているもので、この部分へ導かれた魚を、退潮の頃合いを見計らい、小型の網をしつらえて漁獲する。Aは捕魚部がもっとも発達したタイプである。Bとは異なり、いったん捕魚部に入った魚がここから外へ逃げ出しにくくするための「かえし」にあたる石積みが設けられている。石干見は、段階的に見ると、基本的にはDからAへと発展してきたといえる（田和 二〇〇二）。

これまでの筆者自身の文献調査や石干見が存在する（かつて存在した）地域での聞き取り調査を通じて、九州、沖縄の各地に開口型の石干見が設けられている（設けられていた）ことが明らかとなってきた。開口型といってもその構造は必ずしも画一的ではないこともわかってきた。ただし、開口型の石干見については、八重山列島の石干見の類型について考察した喜舎場（一九三四）の論考をさきがけとし、奄美大島において石干見を調査した小野（一九七三）と水野（一九八〇、二〇〇二、二〇〇七）が、論文中でわずかにふれているのみである。沖縄のサンゴ礁海域における多様な伝統漁法について考察した武田（一九九四）は魚垣あるいはカチについてふれたが、カチの中

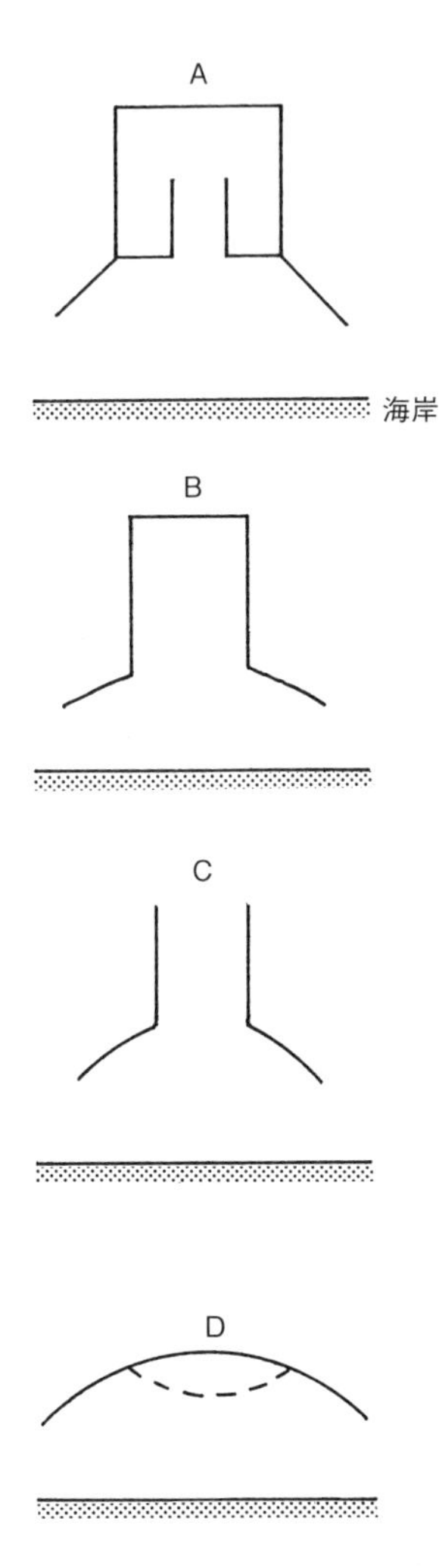

図5-1　石干見（カキ）の発展系列
西村（1979）を一部改変。

には最先端部が二メートルほど開いているものもあれば閉じているものもある、と指摘するにとどまる。

本章では、以上のことをふまえて、各地の開口型の石干見の大きさと形状、使用される補助漁具、漁獲対象などについて考察したい。石干見の形態論を検討することや、漁業技術に関する基礎的な研究の蓄積が依然として必要と考えるからである。なお、主として依拠する資料類は、各地の自治体史（誌）、民俗誌等の記述内容および筆者が現地調査で得た情報である。

一　北九州の開口型の石干見

（1）大分県宇佐市長洲の石干見

周防灘に面する大分県宇佐市長洲は豊前海（周防灘の一部をさす）を漁場とする小型底曳網、刺網などが営まれる漁業地区である。沿岸部には二〜三メートルの潮位差のある干潟が広がっている。かつて、駅館（やっかん）川の河口右岸に立地する長洲漁港から東に二キロメートルにわたって続く長洲海岸に石干見が築かれていた。地元では石干見をヒビと呼んだ。昭和一〇年代には七基のヒビ（兵作ヒビ、国ヒビ、宮ヒビ、長ヒビ、ヒビ、角兵ヒビ、女ヒビ）があった。これらのうちの五基（兵作ヒビ、宮ヒビ、長ヒビ、角兵ヒビ、女ヒビ）は、昭和三〇年代まで実際に漁に使用されていたという。イワシ、ボラ類、カレイ類、クロダイ、コチなどがとれた。

一九一一（明治四四）年に発行された宮ヒビの定置漁業免許状が残っている（写真5-1）。これによると、宮ヒビの所有者は当時、長洲町に在住していた新開桃太郎という人物であった。漁獲対象は小イワシ、アミ、イナ（ボラの若魚）であり、漁期は四月より一一月までの期間であった。免許期間は「自　明治三十五年七月一日　至　明治五十五年六月三十日　二十箇年」とあることから、少なくとも本免許状が更新されるより九年前の一九〇二（明治

写真５-２　筆者の聞き取りに応じる久保清幸氏（左）と桃田義行氏（中）
2007年12月撮影。

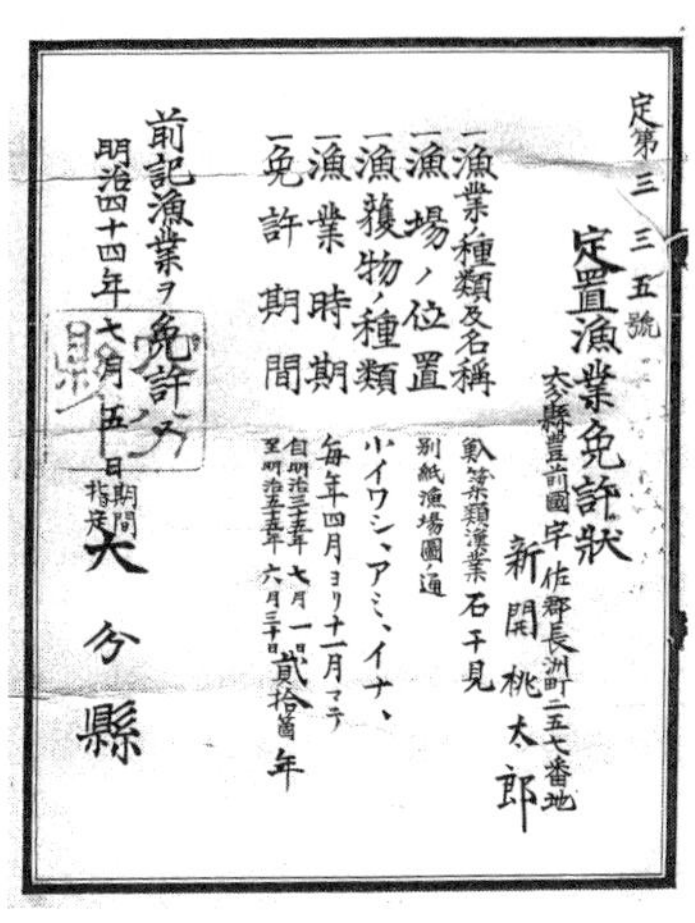

定第三三五號

定置漁業免許狀

大分縣豊前國宇佐郡長洲町二五七番地
新開桃太郎

一漁業ノ種類及名稱　魞簀類漁業　石干見
一漁場ノ位置　別紙漁場圖ノ通
一漁獲物ノ種類　小イワシ、アミ、イナ、
一漁業時期　毎年四月ヨリ十一月マテ
一免許期間　自明治三十五年七月一日　至明治五十五年六月三十日　貳拾箇年

前記漁業ヲ免許ス
明治四十四年七月五日　期間指定
大分縣

写真５-１　石干見の定置漁業免許状
（写真提供：長洲アーバンデザイン会議 蔦田久生氏）

三五）年には石干見が存在していたことが明らかである。

二〇〇七年に、かつて女ヒビを使用していた桃田義行氏（一九三一年生まれ）[1]と、新開家が所有していた宮ヒビおよび長ヒビで加勢した経験のある久保清幸氏（一九二五年生まれ）[2]に、ヒビに関する聞き取りをした（写真５-２）。その時得られた内容から、昭和三〇年代当時のヒビ漁について振り返ってみよう。

ヒビに使用する石材の多くは、駅館川の河口から約二・五キロメートル上流にある江島付近の河原で採取された。これらを伝馬船にのせて川を下り、満潮時、ヒビを築くための目印として海底にあらかじめ杭を打っておいたところまで運び、石を海中に放り込んだ。干潮時に干出したこれらの石を積み上げてヒビを造った。基底部には強い潮流や波浪に対するために、ナーゲイシ（長い石）を積んだ。外側には丸石を積み上げた。石積みの長さは三〇〇〜六〇〇メートルにおよんだ。幅は基底部では約三メートルになった。最上部は約一メートルの幅で平坦に積んだ。高さは約〇・七〜一メートルであった。ヒビにカキやジンガサガイ（カサガイの仲間）が着生するようになると、石が互いに固着され、ヒビ自体がしっかりした。

形態は、おおよそ半円形で、沖側の中央部は三〜四メートル

写真5-3
復元された長洲のヒビとヤドグチの部分
2007年12月撮影。

の幅をもって開口していた（写真5-3）。この部分はヤドグチ（宿口）と呼ばれた。退潮時、山から採取してきた松の生木の杭をヤドグチ近くの石積みの間および海底に打ち込み、ここにヤドアミあるいはウケアミと呼ばれる袋網を装着して、ヒビの中から沖へ出ようとする魚群をとった。主たる漁獲対象はアミあるいはアミエビ（標準和名：アキアミ）であった。

農業従事者がヒビを所有することが多かった。漁によい潮時になると、田や畑での作業を休止し、堤防にあがってヒビを眺め、漁獲が見込めるか否かを判断した。長洲では田の世話をすることをテーモリ（田守り）といったが、この言葉をヒビ漁にも用い、漁業活動を「ヒビのテーモリ」、漁をすることを「テーモリする」などと表現したという。

アミの漁期は、これが接岸する一〇月中旬から一一月が中心であった。漁期はちょうど稲刈りが終わった農閑期とも重なった。ヒビでは沖で操業する船曳網が漁獲するアミに比べて、小さ目で柔らかく美味なアミが獲れた。操業は基本的には潮がよく引く日の昼間であった。

一〇、一一月頃は水温が低下し、日によっては降霜があるくらいに気温が低下することもあり、ヒビ漁は操業する者にとって厳しい仕事であった。また、アミは、海水に濁りが見られる方がよく獲れたという。したがって雨が降り、雨水が川から海へ注ぎ込む時が漁にはよかった。

漁をする際には、岸側からヒビの石積みの上を歩いてヤドグチまで行った。そこで衣服を脱いで海につかり、ヤドアミを杭にくくりつけた。網を敷設してから二〇〜三〇分間、石積みの上で待機した。アミが入網すると網全体の色が変わったという。その具合を見守ったのである。ヤドグチでは潮の流れが速く、まるで滝のようになることもあった。漁獲があると、シオがまだ引ききらないうちに、紐で結わえてあるヤドアミの末端部分をほどき、入網しているアミをかごに移した。これを海岸まで運び、馬車を利用して仲買人のところまで持っていった。桃田氏は一度の漁で約二〇〇貫（七五〇キログラム）を水揚げしたことがあったという。コノシロやサッパの群れがアミを捕食するためにヒビに入ることもあった。なお、どこのヒビにもウナギをとるためのウナギグラあるいはウナグラと呼ばれる石積みを二、三基は設けていたことも付記しておく。ウナギグラの周りに網をまいたのちに石を除けてゆき、石積み内に潜んでいるウナギを捕獲した。除けた石はすぐそばに再び積んだ。ウナギグラは、河口域および河口に近い海面に生息するウナギを捕獲するための漁法であり、これを併置していることは駅館川河口近くに構築された長洲の石干見の一特徴を示すものであったといえる。

ヒビは冬から春にかけては使用されなかった。この間、時化によって崩れることもあった。修復は春先におこなわれた。

アミは干ものあるいは塩辛に加工された。商品は日田や玖珠（くす）の行商人が買いに来た。もちろん自給的にも利用された。「アミがなければ稲刈りができん」というように、アミの塩辛は農地での食事には欠かせなかったという。

一九五〇年頃から県がヒビの漁業権を買い上げはじめた。一九六〇（昭和三五）年、六一（昭和三六）年頃からはノリ養殖が始まった。ノリ養殖漁場は沖側に設けられたため、ヒビ漁場とは直接競合しなかったものの、ヒビ自体はそのまま放置されたことから、崩壊は進んだ。また、釣り餌としてイワムシやゴカイを採取する業者が来て、ヒビの石積みをひっくり返してこれらを採捕したことも、ヒビが崩壊する原因のひとつとなった。

(2) 佐賀県鹿島市嘉瀬浦の石干見(イシアバ)

有明海沿岸の佐賀県鹿島市七浦海岸は、多良岳山麓から流れ出るいくつもの小河川が有明海に土砂を運び、これが埋積して広大な干潟が形成されている。この海岸沿いの音成と嘉瀬浦にはかつて石干見があった。この地方では石干見はイシアバ(石網場)ないしは単にアバと呼ばれた。

鹿島市は、一九七六(昭和五一)年の八月と九月に、市街地を流れる中川および塩田川などが氾濫し、大水害に見舞われた。その後、河川改修が施され、上流から流れてきた大量の岩石や河床に堆積した土砂が取り除かれた。これらの土砂は、七浦海岸の大宮田尾、音成、嘉瀬浦、竜宿浦、江福の海岸の埋め立てに利用された。イシアバは、この埋め立てによってすべて姿を消してしまった(七浦学校同窓会編 一九九二)。

以下では嘉瀬浦の石干見について筆者自身の若干のエピソードを交えながら記してみよう。

嘉瀬浦の石干見の写真二枚を、藪内芳彦が編著『漁撈文化人類学の基本的文献とその補説的研究』の中の「泥橇と石干見(イシヒビ)」という章に収めている(藪内 一九七八a)。写真には「有明海の石干見。佐賀県鹿児市[鹿島市の誤り:筆者注]嘉瀬浦」と説明があり、藪内の教え子であった相澤昂が一九六九年に撮影したとの記載もあった。筆者は、石干見の遠望と海岸から石積みの一部を写したこれらの写真を繰り返し目にはしていたものの、有明海における石干見の分布域が佐賀県にも広がっていたことくらいにしか目を留めていなかった。

二〇一一年春、岸和田市の藪内家を訪ね、藪内が遺した記録写真を閲覧する機会を得た。その中で一風変わった石干見の二枚の写真を見つけた。それらは開口型の石干見で、開口部には内側に向かって数メートルの牙状の石積

写真５-４
鹿島市嘉瀬浦にあったイシアバ
写真3-1を参照。撮影時期は1960年代後半、撮影者は藪内芳彦氏。写真提供は藪内成泰氏。

みが二本設けられていた（写真５-４）。また写真の裏側には藪内自身による鉛筆書きの文字で「嘉瀬ノ浦」とのメモが残されていた。そこで同年八月、有明海では珍しい開口型の石干見について情報を得るために鹿島市へ出かけた。

鹿島での聞き取りによると、嘉瀬浦にある鹿島市立七浦公民館が建つすぐ前の埋立地に、イシアバがかつて三基存在したことがわかった。地元の兼業農家であった栗田新一氏（一八八七年生まれ）が所有する「シンオンチャンのアバ」がそのうちの一基であった。栗田氏の孫にあたる増田好人氏（一九四八年生まれ）にイシアバについて話を聞くことができた。増田氏は子供の頃、栗田氏に連れられてよくイシアバに出かけたという。この地では昭和三〇年代の中ごろ、漁船は櫓漕ぎから動力船へと変わっていった。これに伴う漁港の整備の際、イシアバは邪魔になるという理由で撤去する問題が起こった。この時には栗田氏はこれを拒んだ。しかしその後、前述したように海岸が埋め立てられることになった。イシアバの消滅は如何ともしがたかったのである。

栗田氏のイシアバは主としてアミ類を獲る開口型の石干見であった。沖合側の開口部の幅は約一メートルで、退潮時、ここにマチアミ[3]と呼ぶ網長約三メートルの目合の細かい袋網を敷設した（写真５-５）。漁はタカシオ（大潮）の時がよかった。カラマ（小潮）の時には潮に勢いがなく、漁獲

写真5-5
イシアバで使用された袋網（マチアミ）
2011年8月撮影。

は見込めなかった。

潮が引きはじめ石積みの上部が干出してくると、マチアミを携えて、海岸から石積みの上を歩いて沖側の開口部まで行った。竹竿を石積みの間に斜めに据えて、そこにマチアミを敷設した。漁獲があると、紐で結わえてある網の末端部分をほどき、獲れたアミをかごに移した。

アミは八月から一一月頃にかけて獲れた。マアミとゴアミと呼ばれる二種類があった。大きめのマアミは味がよく、アミツケ（塩辛）にした。小さなサイズのゴアミは煮つけ、アミツケ、干しアミとして利用するほか、大漁時には畑の肥料としても利用した。七浦にはなくてはならない肥料でもあった[4]。サッパ（地方名はハダラ）やシラウオ、ハゼ類、ハクラ（スズキの幼魚）、ボラ、メナダ[5]も混獲された。大きな魚は、退潮時、イシアバを飛び跳ねて沖に逃げることもあった。マチアミは漁が終われば取り外し、自宅に持って帰って洗ったのち網干しをした。

ところで、イシアバにはカキが多く固着した。イシアバにつくカキはサイズが大きかったという。そのため集落の女性がおかず取りのためにカキ打ちにでかけてくることもあった。イシアバの所有者は、この採取については黙認した。また、イシアバのなかにはアゲマキガイも多くいた。増田氏は、子供のころ、夏休みにこれを採取して業者に売り、小遣い稼ぎをしたこともあったという。

二　奄美群島の開口型の石干見

（1）奄美大島の石干見

奄美大島北部の笠利湾周辺および南部の大島海峡沿岸と加計呂麻島沿岸にはかつて多くの石干見があった。昭和四〇年代初頭に奄美の石干見（カキ）を調査した小野重朗によれば、笠利町（現在は奄美市）、龍郷村（現在は龍郷町）、名瀬市（現在は奄美市）の海岸部に計二三基、南部の瀬戸内町の海岸部に計一九基のカキがあった。とはいえ、それらのほとんどは当時すでに姿をとどめないか、残っていたとしても積み石が崩れていた。石自体が土木工事用に持ち出されたところも多かった。実際に使用されていたカキは、龍郷村瀬留にある一基、同村垣ノ浦の一基、瀬戸内町木慈の一基、同町押角の二基、同町勝能の二基の計七基にすぎなかった（小野　一九七三）。一九六八年に奄美群島において石干見漁撈を調査した水野紀一は、後年、小野の報告を引用し、奄美大島北部には小野がいう二三基のカキ以外に六基があり（当時すでに消滅していたが、古老の記憶に残っていた数基を含む）、それらを加えて計二九基が存在したことを明らかにしている（水野　一九八〇）。水野は一九七九年と一九八五年にも瀬戸内町において石干見に関する調査を実施し、本町のカキの数について報告している（水野　二〇〇二）。表5-1は小野と水野がそれぞれ聞き取り調査によって得た瀬戸内町の集落ごとのカキの数をまとめたものである。

水野（一九八〇）は、奄美の石干見（カキ）には構造上三つの類型があると指摘する。それらは、①連続した曲線状の石積みによるもの、②捕魚行為の効果を高めるために曲線状のカキの本体からL字状の石積みを内側に敷設したもの、③カキ内部の海水が流出する中心部にあたる地点の石積みを数メートルにわたって開口し、海水の流出口をつくり、そこに竹簀を建てて仕切る構造をもつもの、の三つである。このうち①が最も一般的、かつ原初的であり、②、③の類型は①から発展したものであろうとしている。

③が開口型のカキにあたる。この形態のカキは数基みられた。龍郷町瀬留にあった玉ン浦ノカキは、小野が調査にあたった当時には使用されていた。全長は一五〇メートル、形態は直線に近い弧状で、正面中央に約四メートルの開口部が設けられていた。古くからこの形状であったという。漁期には開口部にハジャと呼ぶ漏斗状になった簀子形の竹垣を建て、さらにその中央の出口部分にアネョフと呼ぶ竹を編んで作った円筒形の筌を固定した。開口部には常設の杭が打たれ、水底には溝が掘られており、満潮時、そこにハジャを敷設した（水野 一九八〇）。退潮時、開口部近くにいた魚群がハジャに寄せ集められ、アネョフに入り込んだ。漁業者が干潮時に見回り、アネョフの中に入った魚を集めればよかった。カキの内部にいる魚群を、さで網を使用して捕獲することもあった。ハジャとアネョフは、この地方の河川において使用される、降河するヤマガニやウナギをとる仕掛けと全く同じ構造であったという。小野（一九七三）は、このことに注目し、開口型のカキはカキの本来の漁法に川などの筌の漁法を添加したものであると考えた。

筆者は二〇一三年三月および二〇一六年三月に奄美大島を訪れ、龍郷町瀬留のカキを確認した。現在一基の石積み跡が残るだけである。これは高さ二〇～五〇センチメートル程度に積まれた弧状のカキで、現在では魚とりはおこなわれていない（写真5 - 6）。海岸の道路脇にはこのカキに対して、「平家漁法跡」という説明板が掲げられている。この漁法を平家が伝えたという伝説に基づくものである。かつてあった開口型のカキは海岸の埋め立てや護岸工事に伴って消滅した。

旧名瀬市の市街地から近い山羊島にもかつてはカキがあった。小野の調査当時にはすでに埋め立てられてしまっていたが、このカキも石積みの中央部に隙間を設けてあり、そこに袋状の網を張って魚をとった（小野 一九七三）。水野（二〇〇二）は、瀬戸内町押角にあった二基のカキのうちウフガキと呼ばれたものは中央部が開口しており、

表5-1　1960年代および1980年代の瀬戸内町における集落ごとのカキの数

集落名	1965年頃	1985年
嘉鉄（含：清水）	2	1
蘇刈	3	3
伊須	2	1
節子	1	1
木慈	1	1
瀬相	—	1
押角	2	2
勝能	1	1
諸数	2	3
生間	1	2
渡連（含：安脚場）	3	3
諸鈍	1	—
徳浜	—	1
計	19	20

1965年頃の数値は小野（1973）、1985年の数値は水野（2002）による。

写真5-6　龍郷町瀬留のカキ
2013年3月撮影。

ここに網を張って魚をとったと記述している。同町伊須の崎原島（さきばる）にあったカキ（カクィ）にも石積みの中央部に幅五メートルにおよぶ開口部が設けられていた。これをクツィと呼んだ。高さは一メートル弱であった。ここにさで（サディ）網を張って魚をとったという。

（2）徳之島の石干見

島の東部、徳之島町の母間（ぼま）にある池間集落に、イシガキゴモイと呼ばれる石積み漁法が昭和三〇年代まで存在していた。松山（二〇〇四）は一九七〇年代に地元でこの漁法について聞き取りをしている。[6] イシガキゴモイは、遠浅のサンゴ礁の干瀬に石垣のコモイ（囲い）を築き、干満差を利用してコモイのなかに閉じ込めた魚をとるものである。コモイを構築する場所は、同じ家によって先祖代々受け継がれてきた。石垣は一度積めばそう簡単に動くことはないので、それが同時に区画の目印になったという。

石垣は浜辺を基点に沖の方へ向かって半円を描くように積み、その頂点の部分にアロと呼ばれる竹製の生簀を埋め込んだ。基部に大きな石を置き、上部になるにつれて小さ

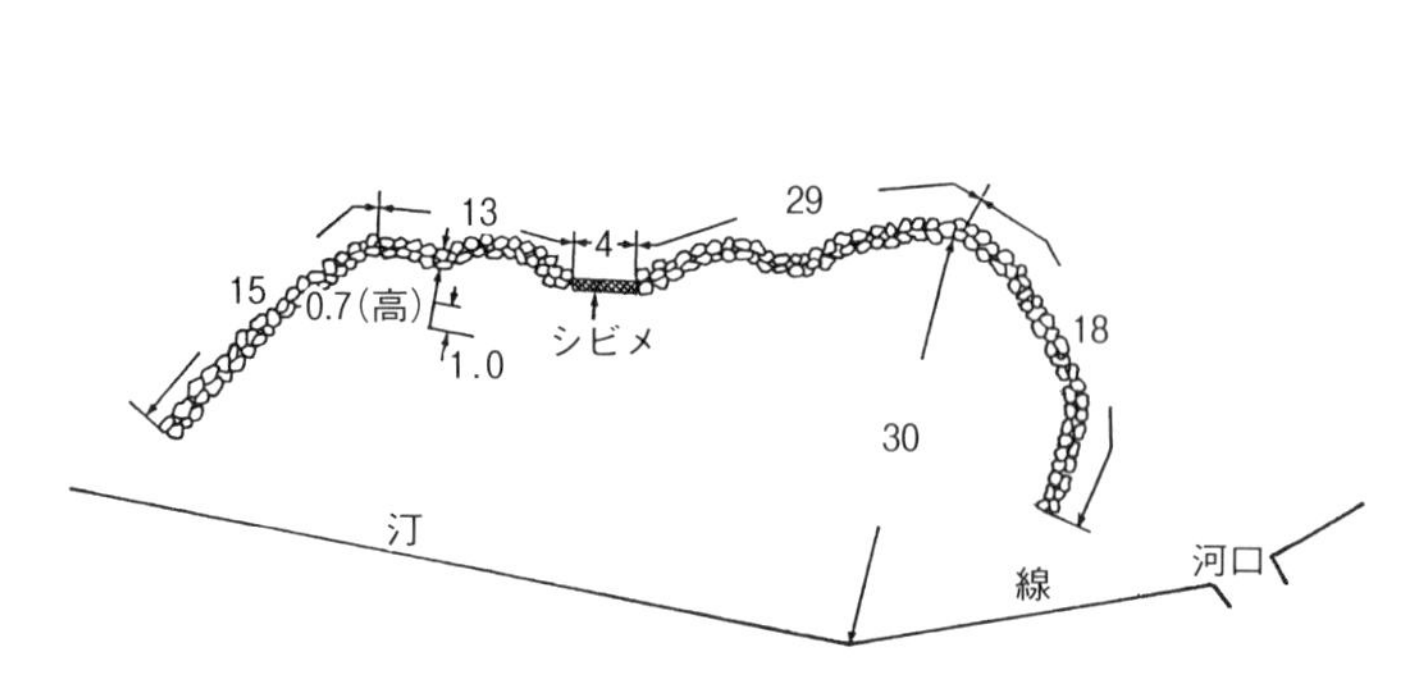

図5-2　徳之島天城町与名間の石干見アロジ
数字の単位はメートル。
水野（1980）による。

めの石を積み上げた。高さは七〇センチメートルに達した。したがって大量の玉石が必要となり、石集めは大変な苦労であった。

潮が引くと魚がアロの中に閉じ込められた。漁獲物は小魚が中心であった。時にはウナギやイソガニなどもとれた。なお、松山（二〇〇四）には、漁業者が石積みの上に立ってアロをのぞき込んでいるイシガキゴモイ漁の貴重な写真が掲載されている。

前述した水野紀一は、一九六八年の奄美群島調査の際に徳之島の天城町にも赴き、与名間に現存する石干見一基を確認した（水野 一九八〇）。水野はこの石干見をアロジあるいはアロジィと称している。これは水野による前掲三分類のうちの③の開口型のカキに相当する形状であった。すなわち、アロジは裾礁に発達した岩礁上の海岸部、汀線から二〇〜三〇メートル沖側に構築されたもので、全長は約八〇メートル、石積みの幅は一メートル、高さは七〇センチメートルほどであった。漁具の中央部付近では平たんな礁原が一部くぼんでおり、そこがちょうど潮の通り道になった。この部分を長さ約二間（四メートル）開き、そこに同じ幅で高さが二メートル弱のシビメと称される竹製の簀を設置した（図5-2）。潮の流れを迅速にさせるとともに、魚群が石積みの上を飛び越えて逃げるのを防ぐ工夫であった。シビメは、満潮時、アロジの外側を泳ぎながら設置した。

三　沖縄の開口型の石干見

（1）沖縄本島金武町の石干見（カチ）

沖縄本島金武町並里区には第二次世界大戦前、四基のカチがあった。金武岬の北岸に屋号でいうチャーチャおよびトゥムイのカチ、億首川河口から宜野座村との境界までの海岸部にシンマのカチとカーバタングヮーのカチがあった。石積みの高さは場所により差はあるが、一・五～二メートルであった。面積は三〇〇から一〇〇〇坪におよんだ。満潮になると、カチの中に魚群が入り込む頃合いを見計らって沖側の開口部をハージャで塞いだ。ハージャとはもともと河川で使用された囲網のことである。二つ割にしたヤマダキ（山竹：リュウキュウチク）をユウナ（オオハマボウ）の繊維で作った細縄で編んだ網である。旧盆前の真夜中、感潮域にこれを敷設し、上げ潮流に乗って遡上する魚群を捕獲した。この漁具をカチにも用いたのである（並里区誌編纂委員会編　一九九八）。なお、二〇〇七年五月の並里区事務所への聞き取りによれば、これらのカチは、戦後、アメリカ軍が海岸部を接収して以降、補修されることもなく崩壊してしまったという。カチを所有していた者で存命者はいなかった。

（2）渡名喜島の石干見（カキ）

沖縄本島の西の海上約六〇キロメートルに位置する渡名喜島にも、かつて開口型の石干見があった。その状況を渡名喜村編（一九八三）からながめてみよう。

渡名喜島を囲む裾礁ではシオが引くとあちこちに潮だまりができ、沖へ出遅れた魚がここに溜まることが往々にしておきる。このような潮だまりのことはクムイと呼ばれる。人々がクムイを堰きとめると魚が獲れることに気づき、石を積んだのがカキであるという。地元ではイシュガキとも呼んだ。イシュは漁撈を意味する。一九八〇年頃、

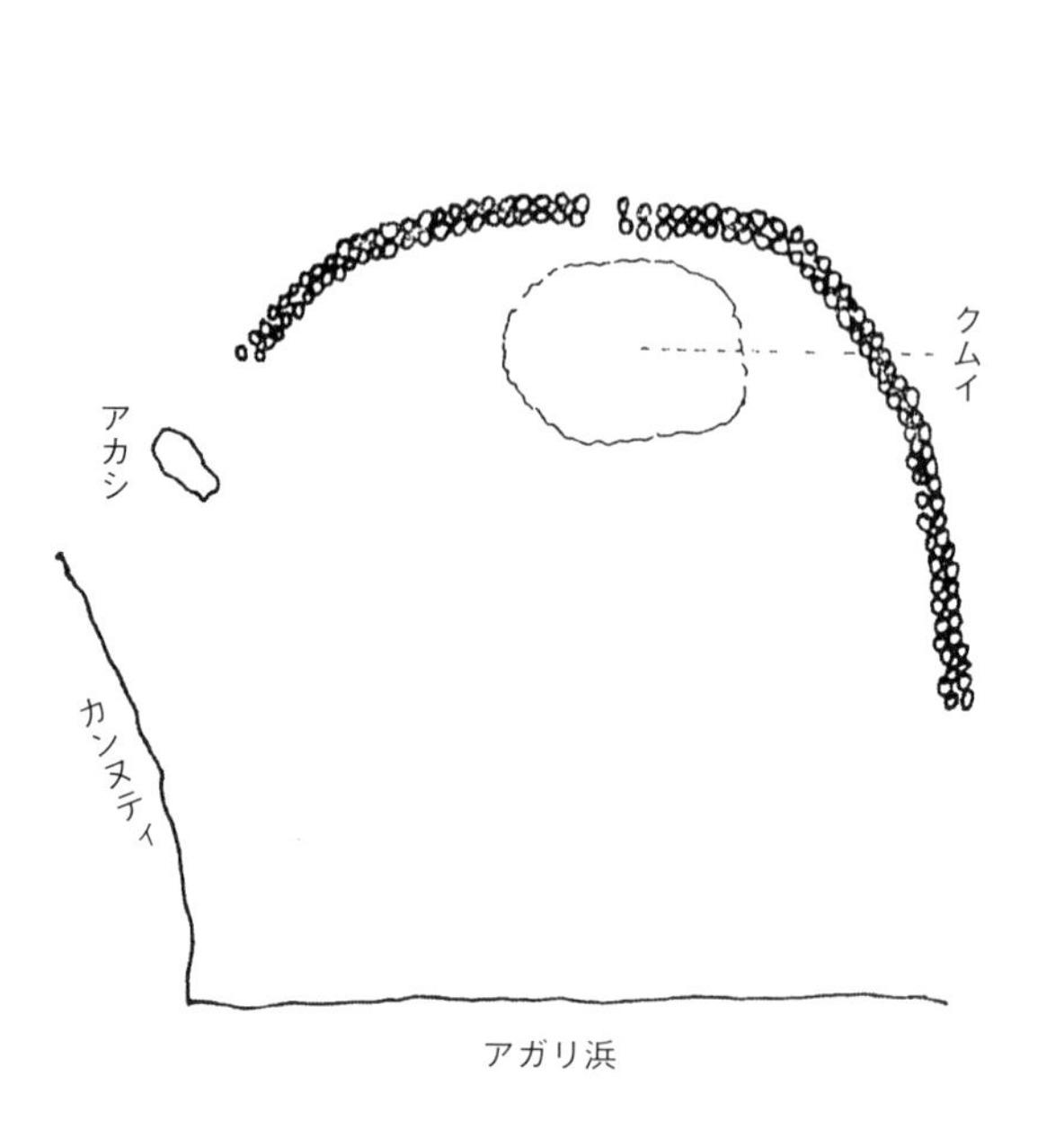

図5-3　渡名喜島の開口型の石干見（メーガキ）
渡名喜村編（1983）による。

メーガキ、イフガキ、クンシガキと呼ばれる三基のカキが現存していた。現存とはいっても実際に漁がおこなわれるというのではなく、わずかに原形をとどめている程度であったと推察される。

魚群は、潮が満ちると一定の通路を通って浅いところへ、潮が引くと同じ通路を通って深いところへと移動する。この習性を利用してその通路にあたるところに磯浜に向かって高さ二尺（約六〇センチメートル）の石垣を八の字形に築き、干潮時に魚が自然にクムイに溜まるようにした。図5-3はメーガキである。浜から三〇〇メートルほど離れた沖に半円形の環礁がある。その環礁の上にクルマー石（黒い堅い石）を運んで、二重、三重に二段ほどサンゴ石灰岩を積み上げた。クムイを包むように、左に一七〇メートル、右に一五〇メートルの石垣を袖状に延ばしている。二つの袖の間は開口部となっている。そこを網や木製の簀によって塞ぎ、魚群が逃げないようにした。

（3）宮古列島伊良部島の石干見（カツ）

サンゴ石灰岩が数多く残る宮古列島伊良部島の佐和田浜には、かつて六基の石干見があった。地元では石干見のことをカツと呼ぶ。沖縄ではカキ（垣）と称する地域が多いが、カツはカキから転訛した呼称であろう。現在、残っているのは、長浜家が所有する一基のみである。その形状は不定形なV字形である（写真5-7）。西に接する下地島に一九七三年に空港が造成され海岸が埋め立てられたために、西側の石垣（袖垣（ティ）という。ティは「手」の意）が大きく損なわれた形状となっている。V字の頂点にあたる部分は、幅の狭い長さ数メートルの水路状に造られ、最先端の部分は幅四〇～五〇センチメートルにわたって開口している。この開口部が捕魚部にあたる。ここはカツヌフグリ（カツの睾丸）と呼ばれる（写真5-8）。

カツの総延長は、捕魚部から東側の袖垣が四二七メートル、西側の袖垣が一〇五メートルに達する。カツの内側の総面積は約一二五〇〇平方メートルである（三輪 二〇一四）。石積みの高さは低いところで三〇センチメートル、高いところで七〇センチメートル程度である。

所有者の長浜トヨ氏によれば、海岸にある自然の大石をひとつの目標にしながら、それらも一部に取り込んで石が積まれたという。したがって石垣は湾曲するような形になった。直線的に積むのはよくない。湾曲部はいわば魚の「隠れ家」となるからである。このようなカツの形態が、結果として魚を捕魚部へうまく導くことにもなった。

満潮時に海中に没していたカツは、退潮とともに徐々に干出する。こうなると海水は、石積みの最上面を越えて流出することはなくなり、石積みの隙間から流れ出るほかは、水路に向かって一定の流れをかたちづくりながら流出する。水路の水深は二〇～三〇センチメートルである。そこでカツヌフグリの末端部にカツアン（カツ網）と呼ぶ小型のすくい網をしつらえて、流れとともに泳いできた魚類をすくいとる。カツアンは、地方名でヤラブと呼ばれるオトギリソウ科の常緑高木テリハボクの枝を枠組みとし、そこにナイロン製の漁網を張った小型の網である（写真5-9）。カツアンの後方にナガアミと呼ぶ刺網を敷設しておき、カツアンで獲りきれなかった魚を捕獲する工夫もした。

漁業活動は干潮になる二時間前あたりから開始する。その頃は岸に近い垣の末端部分が干出している程度で、水位はまだ腰より上のあたりにある。カツ全体の石垣の上部が干出した頃には、大型の魚はすでに逃げてしまっており、漁獲は期待できないという。

宮古地域のカキは捕魚部の構造の違いによって、二類型に分けられる。ひとつが宮古島市狩俣にかつて分布して

写真5-7　伊良部島佐和田浜のカツ
2005年9月撮影。

写真5-8　カツの開口部：カツヌフグリ
2005年9月撮影。

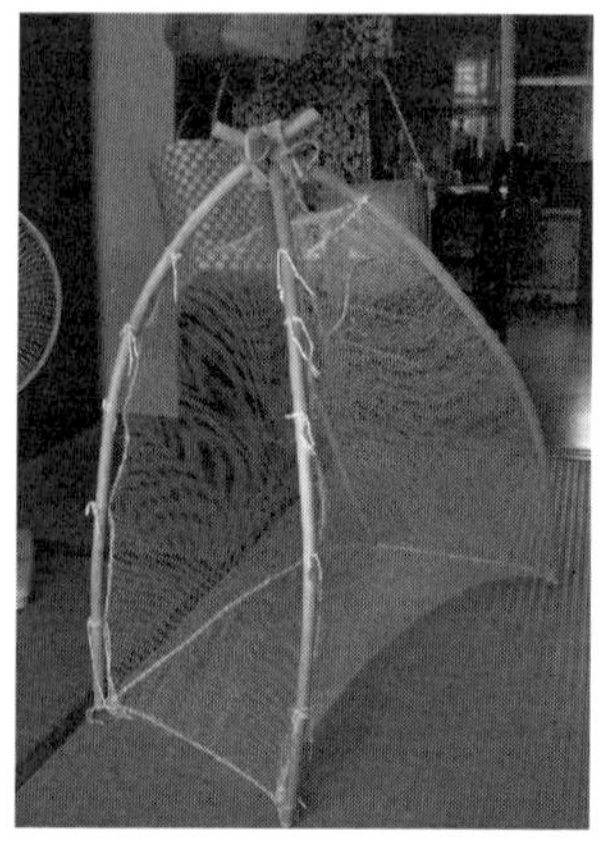

写真5-9
カツアン
2005年9月撮影

いたカキに見られた捕魚部が袋形に築かれたタイプ、もうひとつが伊良部島に見られたこの開口型のタイプである。佐渡山（二〇〇〇）は、袋形の石垣をもつタイプは浜からかなり離れたイノー（礁湖）のなかにあり、しいていえば、「沖型のカキ」であるという。これに対して開口型のカキは、浜の近くの比較的浅いところに造られているものとしてとらえている。

（4）石垣島の石干見（カキィ）

喜舎場（一九三四）は、八重山の伝統的な漁法として一般にカキあるいはカキイ（垣）と呼ばれる石干見についてふれた。このカキの一種として図5 - 4のようなフチィカキィ（口垣）があった。図中、Aは海岸あるいは海岸に沿ったサンゴ礁、Bはカキのバタ（腹）、すなわち魚群の入り込む場所、Cは石垣である。Dは魚群の入り込む入口でその幅は約二メートルあった。このように魚群が移動する口を開けておくと、大潮、小潮の区別なく、いつでも魚群をカキの中へ誘い入れやすい。満潮時に魚群がカキに入り込んだならば、入り口部分に網を張って魚群が出られないようにするという仕掛けである。

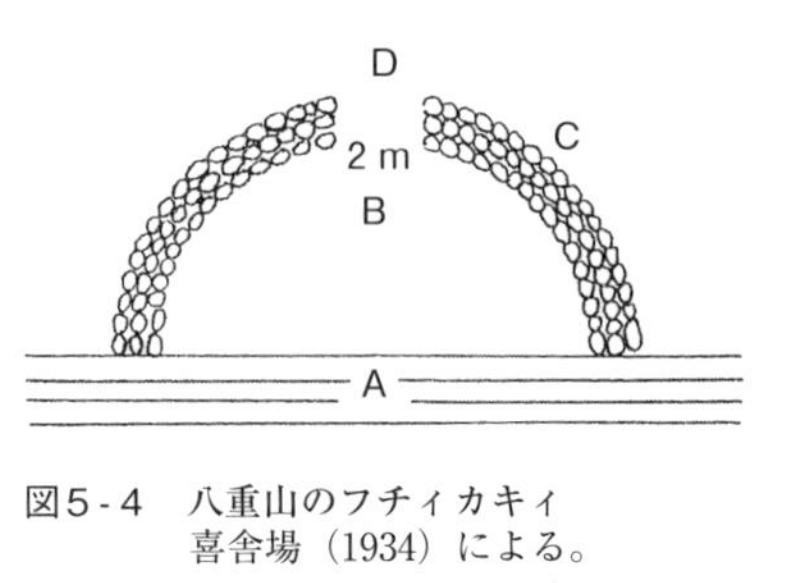

図5 - 4　八重山のフチィカキィ
喜舎場（1934）による。

喜舎場は、フチィカキィを利用しているところは宮良湾の西部に位置する大浜集落であり、この漁は古くからホウマイヅ（大浜魚）と呼ばれ八重山名物のひとつに数えられていたと記している。大浜農村生活誌編さん委員会編（一九八二）によると、大浜にはカキが合計八基あり、それらは慶田盛家のカキ、当山家のカキ、下野家のカキ、石野家のカキ、ナーニミジョカキ、ポーギカキ、ピーカキ、アーリミジョカキと呼ばれていた。第二次世界大戦前にはカキで相当大量の魚がとれたこと、数人による共同経営によるものと一人で経営されたものがあったことも記されている。

二〇〇五年七月、石垣市在住の郷土研究者である石垣繁氏より大浜のカキについての情報を得た。カキは重なるようにして構築されていたという。ひとつのカキの石積み（袖の部分）を別のカキの一部として使用し、全体としてうろこのような形状になっていた。石垣氏は、このことから、大浜の垣を複合型あるいは依存型というように分類している。なお、石積みの高さは、海岸から沖合に向けて五〇センチメートルから一メートルほどであった（記念事業実行委員会・編集委員会編　一九九八）。

ホウマイヅは、喜舎場（一九三四）の記述によると、この論文が発表されるより約三〇年前、すなわち一九〇〇

写真5-10　大浜のカキ
写真提供：杉本尚次氏。1961年撮影。

写真5-11　大浜のカキの開口部分
写真提供：杉本尚次氏。1961年撮影。

写真5-12　機上から見た大浜のカキ
写真提供：杉本尚次氏。1961年撮影。

年頃までは盛んにおこなわれていた。しかしその後、漁業を専業とするいわゆるイトマン（糸満）がこの地に入り、技術的に進んだ漁網を使って沖合で魚群を漁獲した。そのため魚群はフチィカキィに入らず、結果としてこの漁は衰退してしまった。喜舎場は、「現代では石垣だけあって、昔の名残を物語っている」とも記している。かつて八基あった大浜の垣のすべてがフチィカキィであったかどうかは不明である。

喜舎場の報告から約三〇年後の一九六一年、地理学者の杉本尚次が八重山調査に赴いた際、大浜を訪れ、カキの貴重な写真を撮影している（写真5-10〜5-12）。当時、すでにカキ漁はおこなわれていなかったようである。写真5-11によると、開口部は二メートルどころか二〇メートル以上にわたって石が撤去されていることがわかる。機上から撮影された写真5-12を見ても開口部の幅はきわめて広い。この部分を長い漁網によって遮断したとは考えにくい。また一基のカキしか確認できず、他のカキが周辺に存在したか否かは不明である。

写真5-13　大浜のカキ跡
2006年2月撮影。

カキに使用されていたサンゴ石灰岩は戦時中、道路改修、飛行場建設に転用するために取り払われた。大浜農村生活誌編さん委員会編（一九八二）によれば、一九八〇年頃にはわずかの跡形を残すのみとなっていた。一九六〇年代以降の二〇年間のうちに、さらに多くの石が撤去されたと推察される。筆者も二〇〇〇年代に入ってから大浜を数回訪れたが、現在では杉本の航空写真が示す下野家のカキと推定されるものの基底部の石が若干残っているだけで、干潮時におおよその形を確認できるにすぎない（写真5-13）。

おわりに

開口型の石干見は、豊前海沿岸、有明海沿岸、奄美群島から沖縄諸島、宮古列島、八重山列島の沿岸部まで各地に分布していた。

奄美群島の開口型の石干見（カキ）について考察した水野（二〇〇二）は、開口する最大の理由は落潮時間の短縮であるとしている。すなわち、下げ潮流になると、「閉鎖された」（開口型でない）石干見では石積みが壁となり、じわじわとしか落潮しない。これに対して開口している場合、開口部ではシオは河川の流れのように急流となり、石積みの外へ流れ出る。これによって、漁獲可能な時間帯となる、潮が引ききるまでの待ち時間を短縮できるというのである。

筆者は、開口型の石干見が設けられる要因として、このような潮位変化を巧みにコントロールできること以外に、漁獲対象物や利用者の生業形態なども関係しているのではないかと考えている。漁獲対象についていえば、大型魚をねらうか、小型魚を捕獲するかの違い、さらには石干見が、大型魚が多く接岸する場所にあるかそうでないか、ということが開口型の石干見を設けるか否かを決定するのではないだろうか。

宇佐市長洲にある開口型のヒビの主要な漁獲対象はアミ（小エビ類）であった。鹿島市嘉瀬浦のイシアバもアミを主たる漁獲物とした。アミを一度に漁獲するためには、干上がった石干見内を歩きまわって採捕したり、海水が完全に引ききらない水面においてたも網類やさで網類を用いて掬い取ったりすることは効率が悪い。それよりも、石干見内に水門をつくり、退潮時にその水門を遮るように袋網のような陥穽漁具を敷設するほうが、漁獲効率は格段に高いし、魚体を傷めることもない。このように、開口型の石干見は甲殻類を含む小型魚を選択的に効率よく漁獲することを実現する構造であるといえる。

諫早市高来町湯江の水ノ浦に残る石干見（スクイ）は開口型ではない。通常、大型の魚類を漁獲の対象としている。よい潮時に石干見に出かければ、日々のおかずを手に入れることができたのである。時にはアミ類が多く入っていることもあった。しかし、アミ自体は石積みの下部に設けられた暗渠（オロクチ）にある柵を通り抜けて、石干見の外へ出てしまう。そこでこれをとる時には、石干見の外側に降りてオロクチから流れ出る水流を遮るようにたも網を入れた。また、第四章でも述べたように、退潮時に沖側の積み石の上部の石を故意に崩して水路をつくり、そこから流れ出る海水とともに沖へ出ようとする小魚の群れをたも網によってすくうこともあったという。

長洲のヒビと嘉瀬浦のイシアバのアミ漁の主たる漁期は、長洲が一〇月、一一月、嘉瀬浦が八月から一一月にかけてというように限定されていた。いずれの石干見でも自給的な日々の「おかずとり」よりもアミ漁が優先したのではないだろうか。アミの方が商品としての価値が高かったと考えるからである。石干見の所有者は稲作に従事する農業者が多かった。アミの漁期が農閑期にあたったことで、農業への支障は少なかったであろう。しかも漁獲物の一部は農業用の肥料になるなど、農業に対するメリットも十分にあった。

最後に研究課題をあげておこう。開口型の石干見と補助漁具の敷設のしやすさとは何らかの関係性を有していないであろうか。そのヒントは、河川漁で使用された奄美大島のハジャと沖縄本島金武町で見られたハージャを用いたカキの構築に潜んでいるとも考えられる。また、開口型の石干見だけにとどまるものではないが、この漁具を自給的な「おかずとり」用として利用したか、あるいは主として収益を得るために用いたかについての検討も、石干見の漁業活動をさらに考えるうえで重要な視点となるであろう。

石干見内に魚が入った場合、それを獲らず、そのままにしておくと、魚は死んで腐敗してしまう。腐敗臭が石干見に残っていた場合、次の上げ潮流がおとずれても魚群は石干見にあまり近寄らないという話を各地で聞いた。開口型の石干見の場合、開口部に補助漁具を敷設しなければ、石干見内にいったん入った魚群は退潮時に沖へと戻ってゆくことができる。これは資源の有効利用と保護にも通じるのではないだろうか。こういった点について考えることも今後の課題として付言しておきたい。

注

（1）桃田氏の父は一九四七（昭和二二）年に他界した。氏は、その後数年間、ヒビを経営したという。

（2）久保氏によると、二名が手伝いに行ったという。手伝いをした一九三七（昭和一二）年頃には、新開桃太郎氏が所有していた。その後、息子の新開繁俊氏が所有権を継いだ。

（3）鹿島市史編纂委員会（一九七四）には「サデ網と呼ぶ長い袋網を据えて置く」との記述もある。なお、「石アバと漁獲景観 - 嘉瀬ノ浦海岸」と説明のある写真も掲載されている。開口部には網が敷設され、漁業者が石積みの上にしゃがんで漁を続けている。

（4）干潟（ガタ）の泥土を陸に揚げ、半年ほど干して塩抜きすることによって腐植土に仕上げ、これを客土として田畑に入れることもあった。これもよい肥料の役割を果たしたという。

（5）メナダは、この地方ではいわゆる出世魚であり、幼魚から順にエビナゴ、エビナ、アカメ、ヤスミと呼ばれた。

（6）イシガキゴモイが所収されている章「海——徳之島今昔」の初出論文は、南海日日新聞に一九七七年八月二七日から一九七八年四月一五日にかけて連載された。

第Ⅱ部

台湾の石滬

台湾澎湖列島吉貝嶼（2011年3月）

第六章　台湾における石滬研究史

はじめに

「台湾の石干見」について考察する第二部では、まず台湾における石干見漁業の研究について回顧することから始めたい。

石干見は本島北部の淡水河口の海岸部、本島北西部（桃園県、新竹県、苗栗県）の沿岸部、台湾海峡に位置する澎湖列島全域の沿岸部に分布していた。現存する数は、本島部では一〇基程度であるが、澎湖列島には崩壊したものも含めて六〇〇基以上がある。台湾では石干見のことを石滬（台湾本島では台湾語（閩南語）の発音に近いチューホー *chioh-ho*、澎湖列島では北京語の発音に近いスーフー *shih-hu* と発音する）と呼んでいる。以下ではこの呼称を使うことにしよう。

台湾における石滬の研究史をとらえる場合、おおよそ二つの時期に区分することができる。ひとつは日本統治時代（日拠期：一八九五年〜一九四五年）、もうひとつは、一九四五年から一九八〇年代までの研究の「空白期」をはさんで、一九九〇年代以降の時期である。前者は、官公吏や中央・地方省庁の嘱託研究員として日本から台湾に派遣された日本人が、漁業経済や漁業社会を調査した報告書やその他の記事類のなかに見出せる石滬に関する記録がほとんどである。したがって、石滬のみを取り上げて調査研究がなされたものではないことを断っておかねばならない。しかし、これらの中には一九九〇年代以降の諸研究を理解するうえで基礎となる多くの情報が蓄積されている。これに対して一九九〇年代以降は台湾人研究者を中心に展開されてきた本格的な石滬研究の時期ということができる。

一　日本統治時代の石滬に関する記録

台湾は、一八九五（明治二八）年、日清戦争の結果、日本に割譲され、台湾総督府の管轄下に入った。この制度は一九四五（昭和二〇）年、第二次世界大戦における日本の敗戦とともに台湾が中華民国台湾省に編入されるまで約五〇年間続いた。明治・大正期にあたる統治時代の前半には漁業視察や漁業調査が日本政府および台湾総督府の指示にもとづいて実施されている。また、各種の年鑑や地誌が発行され、その中にも石滬の記事を見出すことができる。以下では日本統治時代のこのような記録を掘り起こすことによって当時の石滬漁業の状況を分析してみよう。

（1）漁業視察の記録

台湾総督府による水産調査が早くも一八九五年に澎湖列島全域および台湾本島西海岸沿いで開始された。本島では北部の淡水付近の漁業、北西岸の新竹から中部の鹿港（ろくこう）（彰化県）までの水産事業、台南の養殖業がそれぞれ調査対象となった（台湾銀行経済研究室編　一九五七）。日本が台湾の資源利用をもくろんで企図した調査であったことはいうまでもない。

翌一八九六（明治二九）年の一月から二月にかけて、当時台湾に在住していた大日本水産会学芸委員鏑木余三男が、澎湖列島へ渡り水産事情を調査している。鏑木は末端の行政単位である郷および郷内の集落の漁業調査にも赴き、各地の主要な漁業種類のひとつとして石戸（鏑木はこれをチョホウあるいはチョホーと呼んでいる）をあげている。これは石滬の地方名（土名）で、漁獲の原理は、「沿岸浅き所石堤を積み囲み満潮には凡そ堤上潮水四五尺にして磯近く游泳食を求むる魚類児之に入り落潮に際しては小形の袋網或は内地「手たも」類を以て捕ふ」ものであった。鏑木はこの漁具を標準的には漁堤であるとしている。また、「大小ありと雖とも各島沿岸頗る多くして甚たしきは一村二十余あるあり此種の漁利少名からさるへし」と述べ、石戸が地域漁業において重要性を有していたことを指摘している（鏑木　一八九六）。ただし、鏑木による各集落に対する記述には精粗がある。石戸の存在についても気づいたもののみを指摘しているようである。記述から各集落にあった石戸の実数を把握することはできないが、石滬は西嶼（にししょ）や白沙島の赤崁（せっかん）、通梁（つうりょう）など列島北部に多いという傾向を認めることはできる。しかも「実物は調査せさりし」も、「吉貝島東海四五尋の所に漁柵と称するものは皆此石戸の類ならん」として、最北端吉貝（きちかい）嶼における石滬の多さについても指摘している。

鏑木による調査と同じ一八九六（明治二九）年、水産伝習所教師の高島信が、大日本水産会の月次小集会で「台湾水産業」の概要について講演している（高島　一八九六）。高島は本島の鹿港から上陸し、北上して苗栗県の海岸部を調査した。当時の台湾の漁業について「目下の所ては見込かないと相場か下って居ります」と述べており、その発展を特に期待していない。その後、総督府は一九〇一（明治三四）年から一九〇九（明治四二）年まで、一六〇〇円から五〇〇〇円の予算を澎湖庁につけ、水産試験および水産調査を進めた。このように水産は閑却されていたわけではなかったが、漁業の振興は他産業に比較して遅々として進まなかったようである。

（2）大正期の漁業権資料

第四代台湾総督・児玉源太郎のもとで民政長官を務めていた後藤新平は、土地、人口、旧慣に関する調査をおこない、全島の実情を把握して税収などに関わる基礎的なデータを作成した。大正時代に入ると漁業に関しても願書の提出が義務づけられた。一九一二（大正一）年に施行された台湾漁業規則および同施行規則には台湾総督へ差し出すべき出願申請に関する条文がある。漁業規則第三条には定置漁業権に関する規則として、「漁具ヲ定置シ又ハ水面ヲ区画シテ漁業ヲ為スノ許可ヲ得ムトスル者ハ台湾総督ノ免許ヲ受クヘシ」と定められている。一九一三（大正二）年には、漁業権免許申請の提出を促す通達が総督府民政長官名で台湾各庁長宛に出されている。このような申請は、総督府が財政を健全なものとするために租税を徴収する目的で、また漁業規制や漁場紛争の処理などを支障なく進めることを目的としておこなわれたのであろう。

ところで、国史館台湾文献館（旧台湾文献委員会）が所蔵する台湾総督府文書の中に、一九一四（大正三）年の澎湖列島における石滬漁業権免許申請書類および一九一五（大正四）年の台北庁芝蘭（しらん）と新竹庁苗栗における同様の申請書類が残されている。いずれも当時の石滬漁業の実態を把握するうえで貴重な資料である。以下では澎湖列島を例にこれらの書類内容について簡単にふれておきたい。

書類は、漁業免許状記載事項案、府報公告案、通牒案、復命書、特別漁業免許願、見取図から構成され、一式が当時の総督佐久間左馬太に提出されている。書類には、申請代表者と所有者、漁場の位置（地先の地名）、漁獲物の種類、漁業権の存続期間、漁具の構造および使用法、慣行、各石滬の共同所有者が有する権利すなわち持分（株）、石滬の名称、また一部の石滬については構築された年代などが記されている。

復命書によれば、澎湖庁下で四一八件の漁業免許申請が出願されたことがわかる。しかし、このうち「比較的急ヲ要スル」のは石滬の漁業免許申請であり、実査を終えたのち一七七件の石滬漁業権に対して免許申請の報告がなされている。これらは、いずれも列島北部の白沙島内の漁業者による申請であった。

復命書に設けられた「慣行」の欄には、各石滬が構築された年代や他人が所有していたものを購入した経緯などが記載されたものがある。さらに免許願書には各石滬の所有者名、個人の持分が記されている。このような資料を分析することによって集落内における所有関係の一端も明らかにできよう。石滬漁業権免許申請資料の詳細な分析は第七章、第八章にゆずりたい。

（3）古閑義康の漁村調査にみる石滬漁業

台湾総督府は産業の発展を期して各地で経済改革を推し進めていった。漁業についても、各地に水産会が設けられ、このような組織によって各種の貸付事業、漁業委託試験、調査研究などが実施された。台湾水産協会の設立もこうした流れのなかにあるとみることができる。同協会の設立は、一九一五（大正四）年一〇月二五日である。同年は台湾総督府の試験船凌海丸の回航五周年にあたり、また稀有の豊漁年であった。そこでこれらを記念して、官民の有志が基隆の日本亭に集まり祝宴が催された。この席上、機がすでに熟したとして協会設立の件が諮られ、同日、発会に至ったのである。本協会の目的のひとつに掲げられた雑誌の発行は翌一九一六年早々に開始された。これが『台湾水産協会雑誌』、のちの『台湾水産雑誌』である[1]。

この雑誌のなかに、当時、澎湖水産会[2]の技師であった古閑義康が、澎湖列島の漁村を悉皆調査した記録を残している。それが、一九一七（大正六）年から一九一八（大正七）年にかけて計一五回にわたって連載された合計で四〇〇頁近くにも達する「澎湖庁漁村調査」である（古閑 一九一七a〜一九一七j、一九一八a〜一九一八e）。古閑は、本報告の総論において、澎湖の産業について以下のように説明している。すなわち商工業は論ずるに足らず、住民はほとんど農業および漁業に依存して生活している。とはいえ耕すには十分な土地もなく、「海を以て陸に易ふるの状態にあるも漁業も又充分の資料を附与する能わず」の状況であった。澎湖の地が今後いかにして産業上の発展を期待できるかというと、水産業のほかに望むべきものはないのが一致した意見である。しかしながら水産業も「必ずしも満全の策ならず」、したがってその研究が必要なのであった（古閑 一九一七a）。

古閑は、総論に続き、列島を島嶼別、澚（おう）[3]（村にあたる行政単位）別に整理したうえで各澚内の郷（集落）ごとに漁業の状況、使用されている漁法などについて報告している。そのなかで、主要な漁法のひとつとして石滬にも注目した。調査報告書に記載された石滬の総数は三一七基におよぶ。特に現在の白沙郷にあたる鎮海、赤崁、吉貝、瓦硐（がどう）、通梁の各澚の石滬数は合計一七八基となる。この数は、大正初期の漁業権免許申請数の一七七件とほぼ同数であり、古閑の調査が精緻におこなわれたことを傍証するものと考えてよい。以下では古閑による石滬の記述を、①漁具の構築、②所有と利用状況、③漁場紛争にまとめ、当時の石滬の位置づけを試みよう。

▩石滬の構築

古閑は、石滬の構造を、浅海部において大謀網や大敷網、または建干網のような形状に玄武岩を積み上げたもの、すなわち湾形、馬蹄形あるいは半円形の石垣にさらに沖側に捕魚部にあたる石垣を築き、干潮時に捕魚部に集まる魚群をとるもの、と説明する。海岸部が低平で、潮位差が大きい澎湖列島沿岸部はこの漁具を構築するには最適であった。なかでも北部一帯は干満差が特に大きい。最北に位置する吉貝嶼では、潮位差は三メートル以上に達する。石垣の高さは満潮時の水面の高さより五、六尺（一・六〜二メートル）低いくらいに積まれた。大きさ（石垣の長さ）は種々あるが、通常は五〇〇、六〇〇間から一〇〇〇間（九〇〇〜一八〇〇メートル）であった。石滬内に滞留した魚群を捕獲する時には、たも網やさで網、引網などが使用された。

古閑は石滬を澎湖列島特有の漁業という。澎湖は北東から吹く冬の季節風が強く、この風を正面から受ける北部沿岸では冬季、漁船漁業に従事することが困難となる。しかも海底はサンゴ石灰岩におおわれており、建網類の敷設には適さない。その点で、石滬は来遊する魚類を捕らえるには最適である。冬季の漁獲高が夏季のそれに比較して遜色ないのも石滬が存在するからである、と古閑はいう。一見「原始的」に見え、その価値が疑われようとも、いかに悪天候の日であっても、干潮時には操業が可能である点でも石滬は重要な漁業であった。

漁獲量

石滬の漁獲量は列島の各地で多寡があった。たとえば白沙島の赤崁湾では一九一六年に約四二〇トンの漁獲量を記録している。平年でも三〇〇トン前後の漁獲量があった。赤崁の北方沖合に位置する険礁嶼にあった石滬の漁獲高は澎湖庁でもっとも多かったという。ここには水産加工場があった。キビナゴやカタクチイワシ（ヒシコ）が塩干加工され、これらは台湾本島や馬公市場へ出荷された。吉貝嶼には七〇基の石滬があり、一九一六（大正五）年末から翌一九一七年の春にかけて、キビナゴの一日の漁獲量が六トンを超えることが何度もあった。しかし澎湖本島東南側の林投湾にある尖山（せんざん）郷では約二〇年前（一八九〇年代後半）、隣接する良文港郷において地曳網が開始されたことによって、石滬に入る魚が減り、漁獲量が皆無の状態になっていた。西嶼湾の小池角郷には三〇か所に石滬があったが、漁獲量は二、三のものを除いて少なく、破損している石滬も多かった。当時、すでに漁獲が期待されず、補修さえおこなわれていなかったのである。

石滬の所有と利用

石滬の所有形態には、個人所有と共同所有の二形態があったと考えられるが、それらについて古閑は詳しくは記していない。たとえば、西嶼湾の内垵区（ないあん）に属する南部の三郷は漁業がさかんであった。最初にこの地へ移住してきた者の子孫が地曳網と石滬の漁業権を所有していたという。これは父系の祖先を同じくする宗族による共同所有の事例と考えられる。吉貝嶼では一九一五（大正四）年、イギリスの貨物船が暴風のために島の海岸部に漂着した。島民は、この貨物船の乗組員の救助に貢献したことによって二〇〇〇円の特別収入を得た。一九一七年にはこのうちの一千数百円を資金に、郷民共同の石滬を築造した。このように、一九〇〇年代に入って新たに設けられた共同所有あるいは総有ともいえる石滬もあった。

前述した林投澚の尖山郷には石滬が二基あった。かつてはアジ類の漁獲が多く、近隣の郷民が入漁に際して一定の料金を払って漁獲をした。鎮海澚のなかの港仔（こうし）郷には四か所に石滬があり、そのうちの三基は隣接する鎮海郷との共同使用であった。場所は岐頭郷の背面にあたり、付近にある各郷の石滬に比べて漁獲高が多かった。キビナゴやカタクチイワシが大量に入滬した時には、石滬主（所有者）がそれらを引網で二、三回漁獲したのち、残った魚群を一般住民に自由に採捕させるという旧慣があった。大赤崁郷でも同じような旧慣があった。

漁場紛争

吉貝嶼には石滬とともに重要な漁業種類として、キビナゴを漁獲対象とする揖網・焚入抄網（たきいりすくい）があった。これらは、漁船を用いる大型のさで網である。艪および櫂漕ぎの無動力漁船に六、七人が乗り組んで夜間に出漁し、コーリャン藁の束に石油を浸したものをともして魚群を探した。魚群を見つけるとさらに多くの藁の束に点火して集魚し、漁船の前方と後方の二か所から網を敷設した。

焚入抄網は一九〇三（明治三六）年に開始された。たいまつによって集魚する効果は大きく漁獲成績がよかったことからこれらの網漁業は短期間に発展をみせ、一九〇八（明治四一）年には漁船二五隻、従事者七〇人あまりを数えるにいたった。しかし、積極的に魚群を集めるこれらの漁法と、魚群の陥入を待つ石滬漁法の間に同じ漁獲対象であるキビナゴをめぐって対立が生じた。一九〇六（明治三九）年には焚入抄網漁業者と石滬漁業者との間に、一九〇九（明治四二）年には焚入抄網漁業者とこの網の導入によって衰微しはじめた古くからある大層網という鰮（いわし）

網漁業者および大赤崁の石滬漁業者をまきこんで漁業紛争が生じた。そこで、澎湖庁は以下のような取り締まり規則を設けるにいたった。

- 焚入抄網に対する石滬漁業の保護区域を石滬の外側三〇〇間とする。
- 吉貝郷焚入抄網漁業者の保護区域を吉貝嶼白沙尾より姑婆嶼の南端見通線と白沙尾より北礁の北端見通線との間における吉貝嶼北部海に限る。
- 吉貝郷における焚入抄網漁業者数および漁船数は制限しない。
- 焚入抄網漁業の漁期は周年とする。

以上のことから、吉貝嶼周辺の漁場利用のシステムは効率のよい新規の網漁業の導入によって変化していたことが明らかである。また、沿岸に最も近い場所に構築されるいわばレシーブ型の石滬と、石滬に入るはずの魚群を沖合でさきに漁獲してしまうアタック型の網漁法との間で漁業紛争がすでに発生していることにも注目したい。同じような紛争が、瓦硐澚の後寮においてもみられた。後寮には二四基の石滬があった。他方、カツオを漁獲対象とする刺建網漁もあった。これは潮の干満を利用するもので、石滬の付近に敷設されることが多かった。このため網漁業者と石滬漁業者との間でたびたび紛争があった。漁船を使用する網漁業の発達が吉貝郷と同様に、石滬の漁獲量に影響を与えていたのである。

（4）年鑑や地誌類にみる石滬の記述

年鑑や地誌類などにもわずかではあるが石滬についての記載がある。

台湾総督府が発行する年鑑『台湾事情』は一九一六（大正五）年の創刊以降、一九四四年発行の昭和一九年版まで計二八冊が発行された。ここには「水産」の章が設けられている。本章には、創刊号から、本島人（台湾人）漁業として「台北庁及宜蘭庁ニ於ケル本島人ノ主ナル漁業ハ鰹待網、鰮鯵焚入敷網、地曳網、飛魚流網、鰤刺網、石滬、赤鯮（にべ）釣等ニシテ」「桃園ヨリ台南ニ至ル西海岸一帯ニ於テハ地曳網、鱶（ふか）建網、立干網、石滬、搖鐘網、鰆刺網、鯔（ぼら）巻網、鱶ノ空釣漁業等行ハレ」「澎湖庁ニ在リテハ石滬、搖鐘網、二艘曳打瀬網、鮪鰆建網、地曳網、磯魚狩網、刺網、鯛延縄ニシテ」と地域の漁業を説明する文がある。近代的な網漁業とともに、石滬がとりあげられているのである。これらの文とほとんど同じ表記が、一九二〇年発行の大正九年版まで続く。

一九二二年発行の大正一〇年版から内容が刷新され、ここから三年間は石滬の説明を「新漁業」として以下のように紹介している。

> 本島に古くより行はれ、石花及び転石の存ずる海岸に行はれ、澎湖島最も盛んにて、新竹台北二州の沿岸にも亦之を見る。石にて弧形の堤を築造し、退潮時に内に取り残された魚族を捕獲す、長さ六〇〇間に及ぶものがある

石滬漁業がなぜ「新漁業」と記載されたのかわからない。一九二四年発行の大正一三年版からは「新漁業」は「石滬漁業」と変更され、上記と同じ説明文が一九三九年発行の昭和一四年版まで一六年間続く。そして一九四〇年から石滬の記述は見られないのである。

澎湖郡長を務めた杉山靖憲は、澎湖列島を記した随筆のなかで「かはった石滬漁業」について記述している。石滬を澎湖の一特色ととらえ、「先づ他に類のない、独創的のもの」であり、「独創的であるから和書にも洋書にもみえない」と述べる。石滬漁業自体は副業であるが、「半農半漁で生活を営む者に取っては最も重宝な最も適当な副業と言はねばならぬ」し、「家畜が農家の副業たる以上、石滬が漁家の副業たり得ない理由はない。其の静的であるのは寧ろ副業の常であって収益の多寡の如きも強いて論すべきものではない。」と副業としての重要性を指摘し

ている（杉山 一九二五）。

このほか昭和初期に発刊された『澎湖事情』（澎湖庁編 一九二九、一九三二、一九三六）にも石滬の記載がある。これは前述した杉山の記述内容の一部を引用しただけにすぎない。

（5）水産基本調査

澎湖庁水産課は一九三〇（昭和五）年、庁内の水産基本調査を実施した。その報告書が一九三二（昭和七）年に発行されている（澎湖庁水産課 一九三二）。報告書の各所に石滬漁業についての記載がみられ、従事者数も明らかにされている。調査には複数の調査員が担当したため、調査地区ごとに記述の精粗が認められる。しかし地区によっては石滬の形態や利用方法、所有関係、漁獲量などが詳細に報告されている。これらを拾いだしながら、昭和初期の石滬漁業の現状を考察してみよう。

▒石滬の構築と構造

澎湖本島湖西庄潭邊（たんぺん）の石滬に関する記述のなかで、石滬の構築方法が説明されている。それによると、石滬は玄武岩を用いて積み上げる。使用する石は一〜二キログラムから六〇キログラムほどのものである。形状は地形によって異なる。潭邊で石滬漁業がおこなわれたのは当時より約二〇〇年前という。これを修理しながら引き継いできた。

澎湖本島北部の中寮にある一基の石滬は捕魚部をもつ構造である。報告書には捕魚部を「魚溜部」と記述している。魚溜部は、長さ約六〇メートル、高さ一・八メートル、幅一・五メートルである。垣の長さは一方が約一五〇メートル、他方が二四〇メートルに達する。両端には「カヘシ」すなわち魚群が石滬内にとどまるように泳がせるために半円状にした構造が設けられている。石積みの高さは、魚溜部に近い最深部では一・五メートルに対して、カヘシ付近では四五センチメートルほどとなっている。

表6-1　澎湖列島北部諸集落の石滬による漁獲量（1930年）

	大赤崁	小赤崁	港仔	通梁	吉貝嶼	鳥嶼
上ノ組	6,000（4）	1,500（1）	1,300（1）	4,000（4）	8,000（6）	8,500（3）
中ノ組	4,000（3）	800（2）	1,000（1）	400（3）	6,000（20）	6,500（4）
下ノ組	2,000（7）	500（1）	600（2）	100（9）	1,500（34）	2,000（6）

単位：斤（1斤は600グラム）
注）表中の（　）内の数値は組数を表す。組数は石滬の数と考えられる。
澎湖庁水産課編（1932）より作成。

▒漁獲量

石滬による漁獲量については、減少傾向にあるという記述が多い。これはすでに明治期後半や大正期から生じていた。漁船漁業の発達によって、本来入滬するはずの魚群が沖合でさきに漁獲されてしまうからであろう。漁業技術の発達によって漁獲強度が増したことや、石滬自体の敷設数が増加したことも漁獲量の減少に関係していると推察されるが、それを論証するに足る資料は報告書にはみられない。たとえば、表6-1は一九三〇（昭和五）年の澎湖列島北部諸集落の漁獲金額を示したものである。漁獲魚種はイワシ、キビナゴ、アイゴ、ソウダガツオ、イカ、ダツなどである。数値はいずれも概数であるが、集落全体で最高でも年間九～一〇トン程度（吉貝嶼、鳥嶼）である。前述した古閑の記述にあるように、吉貝嶼でキビナゴが一日に六トンも漁獲されたり、大赤崁で平年三〇〇トン前後の漁獲量が記録された大正期前半と比較すると著しい減少であるといわねばならない。吉貝嶼では、当時、石滬が漁業の中枢をなしてはいたものの、「逐年漁獲ノ減少ヲ来シ、之ヲ凡ソ六十年前ト比較セハ、現在ハ僅カニ其ノ二、三割ノ漁獲ヲ示スニ過キス」であった。このような漁獲量の激減が、大正期から昭和初期にかけて、漁船漁業への切り替えと石滬漁業の放棄にいっそう拍車をかけたのではないだろうか。とはいえ、石滬が数多く存在する白沙島周辺では、交通機関が完備していない当時にあっては、冬季、強風によって物資の供給が絶たれた時には、石滬で得た漁獲物が食糧にあてられた。漁獲高は漸次減少傾向にあるものの、石滬はなお「貧民漁業」として存在価値を有していたとも報告書は記している。

▒所　有

石滬は個人または共同で所有される。ただし個人所有の石滬はきわめて少ない。澎湖本島の湖西にある各石滬の所有形態は共同所有であると記載されている。しかし、所有する人数のうち少ないものは一人や二人、多いものは一四、五人である。一人による所有は個人所有とみなさなければならない。なお、共同所有の場合、出資の方法は各人平等であった。

澎湖本島にある鶏母塢（けいぼお）（五徳）地区には個人所有と集落全体による所有の二つの形態がみられた。個人所有は集落内の複数人が共同で所有しているものをさし、集落全体での所有、いわば総有と対立する概念として用いていることがわかる。個人所有の石滬は三組、集落全体で所有する石滬は一組あった。石滬の実際の数は不明である。集落全体で所有する石滬は、集落内にある廟の基本財産として築造されたものであった。毎年、廟の管理者として二〇人が選出され、彼らが石滬で魚を漁獲し、得た収入の中から廟の運営経費を捻出した。

澎湖本島の西溪には三基の石滬があった。うち一基は集落の共同所有であり、残り二基については、それぞれ一八人、一二人による共同所有であった。集落が共同所有する石滬では廟の祭事を嘱託する一二人を毎年選出し、その報酬として石滬の漁業権を与えた。この形態は鶏母塢でみられた廟の基本財産としての取り扱い方法と同じである。選出された一二人は輪番で利用した。三人が一グループとなり、ひとつのグループが六日間使用したのち、次のグループと交替した。同じグループの三人は共同で出漁し、漁獲物は平等に配分する方法がとられた。

集落内の居住者だけでなく、近隣集落間の居住者による共同所有形態もあった。中寮の石滬は、中寮および西寮の居住者が五人ずつと沙港の居住者が一人の計一一人で所有されていた。中寮居住者五人のうちの二人は二株を所有し、一人は三株を所有していた。石滬の築造・修繕などに際しては、株数に応じて仕事および金品を負担することになっていた。石滬で使用する網漁具も二、三人が共同で作った。出漁形態は、一株につき一日が割り当てられた。

自らの順番が巡ってきた日に支障があり出漁できなかったとしても、この日の代わりに別の日が充てられることはなかった。

白沙島の鎮海には、三基の石滬があった。構築場所が隣接する港仔地区の東方にあり、三基とも港仔集落との共同所有であった。この状況は、石滬の数に変化が見られるものの、前述した古閑の指摘と同様である。これらは一九二七（昭和二）年にはすべて港仔に譲渡された。

二　第二次世界大戦後から一九八〇年代までの石滬研究

本節では、一九四五年以降の漁業関係資料にみる石滬への注目および日本における石滬への関心について取り上げよう。

日本支配から離脱後の台湾漁業に関する研究では、経済的な視点が中心となった。漁業生産、漁船動力化、漁業技術の革新など将来的な商業漁業の発展に関係する調査・研究が主体となり、伝統的な小規模漁具・漁法が注目されることは少なかった。石滬は、『台湾漁業史』（台湾銀行経済研究室編　一九五七）においても戦後の漁業種類のひとつとして記載されることはなかったし、『今日台湾漁業』の「澎湖県魚業（ママ）」の項でも、定置漁業として取り上げられているのは、「竹棒、石頭、網等」を用いた建網あるいは建干網系統の漁法のみである（林　一九五九）。

日本海洋漁業協議会（一九五二）が作成した台湾漁業の翻訳資料には、一九四九年に台湾省政府が発給した石滬漁業の許可件数が掲げられている。それによると台北県三件、新竹県四八件、高雄県一四九件、澎湖県一四九件の合計三四九件の許可があったことがわかる。

石滬のまとまった説明がなされているのは、澎湖県文献委員会編（一九七二）と張（一九七四）による台湾の沿岸漁業に関する説明程度である。それらをまとめると以下のようになる。

石滬は陥穽漁具の一種であり、潮汐を巧みに利用する形態と構造を有している。遠浅の海岸部に石塊を半円形に積んだもので、通常、その長さは一五〇から一九〇メートルにおよぶ。面積が大きなものを大滬、小さなものを小滬と分類する。台風による波浪に耐えるように中央部は厚みをもって高く積まれ、両端部は比較的低く積まれている。中央部分の石積みの底部には水門が設けられ、退潮時、排水が速やかに進むように工夫されている。この水門には、魚類やエビ類が逃げ出さないように竹垣が組まれている。石滬は澎湖および台北県北部に分布しているが、澎湖が最も発達している。これらの説明のほか漁獲対象魚種さらには利用と所有の形態も簡潔にまとめられている。張が説明する、半円形で水門を有するという石滬の構造は、台湾本島に見られるもので、澎湖列島では一般的ではない。他方、澎湖県文献委員会編は、台湾本島の石滬には水門が設けられているが、澎湖の石滬は中央部に外側へ突出する捕魚部を持つ構造となっていることを説明している。

日本では、地理学者の藪内芳彦が漁撈文化人類学的視点から「わな仕掛け」と関連させて石干見漁法について論じた（藪内 一九七八ａ）。その中で、澎湖列島吉貝嶼にある石干見を「石構（せっこう）」と呼ぶと記述している。藪内はこの呼称を歴史学者への聞き取りによって得た。石滬（チューホー）は中国では石戸（標準語でスーフー、上海あたりの方言ではセッウー）と表現する。この文字を日本語音読みで「せっこ」と読めることから、どこかの段階で読みと漢字表記に混乱が生じたのではないか、と筆者は考えている。また、藪内は、石滬を吉貝嶼では「第二次大戦中に用いられていた」漁具と使用時期を限って説明しているが、この情報も正確とはいえない。

西村朝日太郎は、一九七九年末に澎湖列島へ出かけ白沙島の通梁と赤崁で石滬漁業についての予備的な調査をおこなった。その報告に「生きていた漁具の化石」というタイトルをつけた（西村 一九八〇）。自身が石干見に対して従来用いてきた「生ける漁具の化石」という表現とは明らかに異なる。西村は、石滬の活発な利用を目にした感動を伝え、自らが澎湖列島で石滬を「発見」し、そのことを日本の学界に初めて報告する目的で、このような表現を使用したのではないだろうか。西村は「目下澎湖県の島嶼群の海洋民族学的な調査団を編成中であるが、日本のかゝる興味のある研究域の存在するのは嬉しいことだ」と結んでいる。しかし、台湾における石滬漁業の調査研究はこれ以降、十数年間にわたって停滞したのである。

三　台湾における石滬研究の発展

台湾における石滬への注目は、一九九〇年代、陳憲明および顔秀玲が澎湖列島でおこなった漁業地理学的研究が発端になった、と筆者は考えている。陳（一九九二）は、列島北部に位置する島嶼の沿岸漁業に関する研究において大型網が導入される以前の伝統的な漁村の生態にふれた。そこで一九一〇年代の主要な漁業種類のひとつであった石滬の利用と所有に注目し、これを台湾総督府文書の石滬漁業権許可に関する申請書類を用いて考察した。顔（一九九二）は、白沙島の赤崁および列島最北部の吉貝嶼における漁業地理学的調査を実施した。両地区の漁業技術の変化過程と漁場利用形態に注目し、石滬が担っていた役割を考え、合わせて石滬の名称の由来や共同所有における所有者の持分（株）について分析し、漁獲対象魚種の詳細なデータも提示している。筆者はこれらの研究成果を、台湾人研究者による石滬の「発見」ととらえている。陳は、その後、馬公市五徳における石滬の利用形態（陳一九九五）、および西嶼緝馬湾（しゅうま）の石滬の所有と利用（陳一九九六a）について分析し、さらにこれらをふまえて澎湖列島における石滬漁業の位置づけを試みた（陳一九九六b）。顔の論文は評価が高く、改稿の後、澎湖県立文化中心が刊行する澎湖県文化資産叢書の一冊に収められた（顔一九九六）。

ところで筆者は、陳の指導によって台湾の沿岸漁業を調査する機会を得た。一九八九年のことである（田和

写真６-１
石滬の石積みに付着する貝類を採取する人（苗栗県後龍鎮外埔里）1989年8月撮影。

一九九〇）。苗栗県後龍鎮でのフィールドワークにおいて、当時外埔里にあった石滬を観察することができた（写真６-１）。一九九五年からは、陳とともに澎湖列島において石滬漁業の調査を開始し、吉貝嶼における石滬の輪番利用の生態学的特徴について分析を試みた（田和 一九九七）。澎湖本島、白沙島後寮、および本島苗栗県外埔里の石滬についても報告した（田和 一九九八）。これらをふまえて、澎湖列島における石滬の漁業史をまとめた。また、石滬を観光対象とする新たな意味づけがなされていることに注目し、石滬が一九九〇年代後半に観光資源としていかに扱われたのかを、当時発行されていた観光ガイドブックの記述内容から考察した（田和 二〇〇三）。その結果、石滬は一九九〇年代に体験型レジャーのツールとなり、観光資源としての重要性が増してきたことが明らかとなった。前掲の陳（一九九五）では、「最近澎湖群島的石滬中，以七美的雙心石滬最廣爲觀光宣傳」と列島最南端の七美嶼にある二つの捕魚部を有する雙心（ダブルハート形の）石滬が観光資源として人気を博している当時の状況を述べている（写真６-５参照）。

その後、台湾各地で「在地文化」の見直しが叫ばれ、石滬は貴重な地域文化として注目を浴びるようになった。澎湖列島では市民グループによる石滬の悉皆調査が澎湖県立文化中心の事業（一九九六～一九九八）として実施された。これも社会の情勢に連動するものとしてとらえることが

写真6-2
石滬で魚を獲る島民（澎湖列島吉貝嶼）2011年3月撮影。

できる。事業を主導したのは地元の生物学者の洪國雄である。一九九九年には洪による報告書『澎湖的石滬』（洪 一九九九）が刊行され、列島には五五〇基以上の石滬が存在することが明らかとなった。それぞれの石滬について立地場所、名称、構造、所有関係などが網羅されている。筆者は、本書が世界でもっとも質の高い石干見のデータベースであると考えている。同時に、澎湖列島は石干見の集中度からみても世界のセンターであることが内外に周知されたのである。なお、二〇一一年の澎湖列島の調査時に洪氏と情報交換することができた。氏らによるその後の調査によって石滬の存在がさらに明らかとなり、その数は合計五九〇基以上に達している。これらのうちの一〇〇基以上が現在でも漁具として使用されているという情報も得た。石干見が、漁具として有効に活用されている点も、世界に類を見ない澎湖列島の現代漁業の特色である（写真6-2）。

二〇〇〇年以降、石滬の文化遺産としての価値づけは急速に高まる。台湾文化局および澎湖県政府によって石滬を文化的景観として選定し、石滬の文化資産登録が開始された。澎湖列島では、捕魚部をもつ特徴的な形態が、「如意」や「祥雲」など幸運や吉兆の形を有する人文的景観とみなされ（写真6-3）、石滬への注目度は高まるばかりであった。

謝（二〇〇二）は、苗栗県後龍鎮外埔里の某家に伝わる清代および日本統治時代初期の石滬売買契約書を見出し、その記述内容から代々にわたる

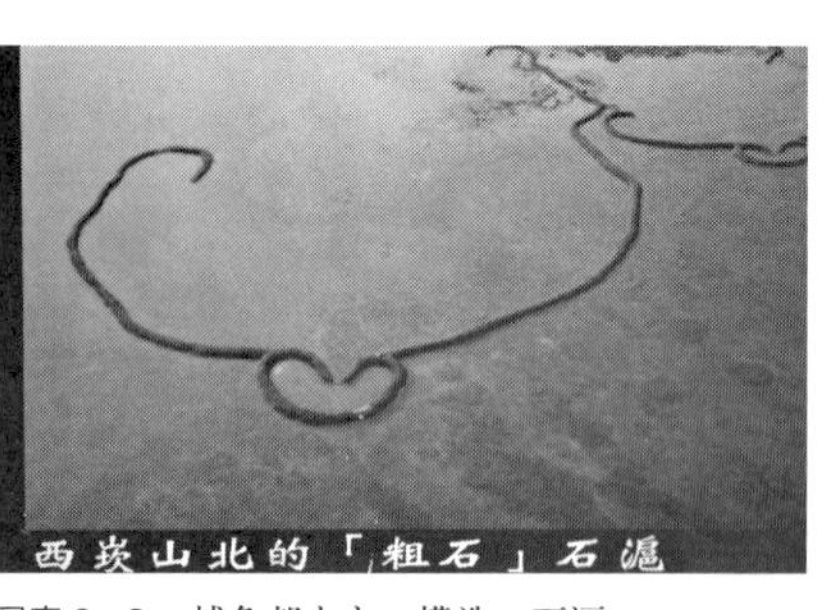

写真６-３　捕魚部をもつ構造の石滬
吉貝石滬文化館（写真6-4参照）の展示写真。2011年3月撮影。

写真６-４　吉貝石滬文化館
2011年3月撮影。

所有状況や、澎湖列島から渡ってきたとされるこの家の先祖と平埔族との関係などについて分析している。謝の研究によって台湾本島の石滬漁業がより明確となった。本地域と澎湖列島の石滬の比較なども今後可能となるであろう。これらにあわせて、中国の石滬について理解する作業も必要となる。澎湖列島の石滬は、謝によれば、台湾海峡を隔てた福建省泉州府同安県（現在のアモイ周辺の行政域）金門沿岸の漁業者が澎湖へ移住する際にもたらされた技術である可能性が高いという。ただし、金門沿岸に石干見は現存していない。

澎湖列島では近年、石滬文化への注目度がますます高まっている。二〇〇三年には吉貝嶼に伝統的な石滬文化を継承するための博物館として吉貝石滬文化館が開館した（写真６-４）。二〇〇五年には澎湖県で文化資産保存法の整備がなされ、第三条に文化景観の指定あるいは登録についての一項が加わった。澎湖国家風景区管理處・澎湖県政府による石滬の研究および広報・観光活動が活発化したのはこの頃からである。同年の澎湖石滬文化祭の開催（于二〇〇六）や複数回にわたる石滬の学術研討會、体験漁業の実施などがこれらにあたる。

二〇〇七年には七美嶼の雙心石滬（写真６-５）が文化資産として登録・保存されることになった。二〇〇八年には吉貝嶼の石滬が「澎湖石滬文化景観・吉貝石滬群」として澎湖県の文化景観に登録された。翌二〇〇九年には

写真６-６　澎湖生活博物館
2011年3月撮影。

写真６-５　澎湖列島最南の七美嶼にある雙心（ダブルハート）型の石滬
写真は1990年代初頭のもの。
写真提供：陳憲明氏。

写真６-７　澎湖生活博物館内の石滬の展示と説明
2011年3月撮影。

「澎湖石滬群」が台湾にある世界遺産にふさわしい一八の対象物のひとつに選定されている。さらに二〇一〇年には、馬公市内に澎湖生活博物館（写真６-６）が開館した。ここには石滬のレプリカが展示されており、石滬を維持管理する「保滬」についての解説がある（写真６-７）。

以上のように、石滬に対しては、文化景観、文化保存、観光といったまなざしが強調され、新たな価値づけが着実に進んでいる。行政、研究者、市民が一体となった文化遺産化への行動を読みとることができる。地元の国立澎湖科技大学観光休閒系の李明儒はこのような石滬の研究および保存、活用を先導する研究者である。李が関わった石滬に関する一連の総合的な研究（李・李 二〇〇七：李・詹 二〇〇六：梁・李 二〇〇七）は、このような動きのなかで重要な成果として位置づけられる。二〇〇九年には石滬文化の起源および世界的な分布域を詳述した一書も刊行している（李 二〇〇九）。李は、同書で台湾における石滬研究を回顧し、研究の蓄積ははなはだ少ないとしながらも、「石滬」をキーワードとして文献検索をした結果、一九九九年から二〇〇七年までに前掲の洪（一九九九）や謝（二〇〇一）の成果を含め、『漁業推廣』や『養魚世界』などの一般誌に合計一〇の文献を見出している。さらに、一九九五年から二〇〇八年の間に発表された澎湖列島の石滬に関係する研究報告や文献を一覧表にまとめている。その数は二五編にのぼっている（表6‐2）。

おわりに

筆者は、澎湖列島の石滬は世界的にみて重要な文化遺産であるとかねてから考えてきた。

二〇一六年一〇月には、馬公市の国立澎湖科技大学において、澎湖研究第一六回国際学術研討会が開催された。台湾にある世界遺産登録に値する一八の自然と文化のうちの二つが澎湖列島に存在している。それが列島の地質構造と石滬の文化である。玄武岩の柱状節理や海食崖が各地に見られる澎湖は、列島全体がジオパークにふさわしいといわれている。この玄武岩や沿岸部に広く分布するサンゴ石灰岩を用いて築かれた石滬は、地質・地形と深くかかわる道具であり技術である。ジオパークにふさわしい文化遺産と位置づけることもできよう。研討会は玄武岩地形と石滬の漁業文化をめぐるシンポジウムであった。この研討会で話題になった最新の石滬に関する調査・研究をとりあげ、「おわりに」にかえよう。

台湾本島北西部の桃園市新屋区（しんおく）の沿岸部はかつて一〇基の石滬が分布していた。区内にある保生宮の廟誌によると、その構築の歴史は百年以上前におよぶという。しかし荒廃が著しく、現在では三基だけが漁獲が可能な状態で維持されているのみである。このような石滬の文化を保存し、環境教育に資するものとして活用していく取り組みが地元の愛郷協会によっておこなわれている。同協会の理事長を務める李仁富による新屋の石滬漁業の歴史的背景

表6-2　台湾における澎湖の石滬に関係する研究報告・文献

発表年	著者名	著書・論文・研究報告タイトル	掲載誌
2008	梁家祐・蔡智勇	「澎湖石滬生態旅遊動機、遊憩体験與服務品質対遊客満意度與重遊意願之分析」	『運動與遊憩研究』2（3）
2007	李明儒・陳元陽・許世芸	「澎湖石滬発展文化観光之行銷策略研究」	『生物與休閒事業研究』5（2）
	李明儒・陳元陽	「澎湖石滬群発展生態旅遊永続指標之建構」	『運動與遊憩研究』2（1）
	梁家祐・李明儒	「石滬発展休閒漁業之研究—以澎湖吉貝為例」	『硓𥑮石』48
	李明儒・李宗霖	「澎湖石滬2006年滬口普查之研究」	『硓𥑮石』46
2006	李明儒・詹雅恵	「澎湖石滬数位典蔵之研究」	『硓𥑮石』44
	王國禧・陳正哲	「澎湖石滬之築造開拓年代初探」	紀麗美編『第六屆澎湖研究学術研討会論文輯』（澎湖県文化局）
	張詠捷	『澎湖県文化資産資料手冊』	澎湖県文化局
2005	于錫亮	「文化観光的応用—以澎湖石滬祭為例」	紀麗美編（2006）『第五屆澎湖研究学術研討会論文輯』（澎湖県文化局）に所収
	林文鎮	「石滬的前世與今生」	
	林會承	「由2005版文化資産保存法中文化景観相関条文談石滬的保存」	
	林擇民	「石滬漁業権漁業経営管理之探討」	
	洪國雄	「石滬文化観光的推展作為」	
	陳正哲	澎湖土生土長之砌石技術研究	
	顏秀玲	「吉貝村—石滬漁業人地関係之研究」	
	盧建銘	「吉貝石滬群文化地景的永続経営策略」	
1999	胡興華	「台湾海岸漁業形態的今昔」	『漁業推廣』150
	洪國雄	『澎湖的石滬』	澎湖県立文化中心
1998	洪國雄	『走過潮間帯—澎湖産業印象』	
1996	許菊美	『赤崁漁業文化掠影』	
	郭金龍	『澎湖伝統産業専輯』	
	顏秀玲	『赤崁和吉貝漁撈活動的空間組織』	
	陳憲明	「西嶼緝馬湾的石滬漁業與其社会文化」	『硓𥑮石』2
	陳憲明	「澎湖群島石滬之研究」	『国立台湾師範大学地理研究報告』25
1995	陳憲明	「澎南地区五徳里廟産的石滬與巡滬的公約」	『硓𥑮石』1

李（2009）に加筆修正。

注）本表に掲げた文献のうち、本文で直接、参考および引用しなかったものについては、末尾の参考文献一覧には掲載していない。

写真6-8　現存する外埔里の合歡石滬
2011年8月撮影。

と構築技術に関する論文（李二〇一七a）および協会による石滬の保全・維持に対する活動と活用事例を示した報告（李二〇一七b）は、台湾における市民団体等による石滬をめぐる近年の環境保全と環境研究の姿を明らかにしたものである。

本島北西部の苗栗県後龍鎮では二〇一三年から石滬遺跡群の総合的な調査が実施されているが、そのなかの水産生物の生息調査と漁業資源に関する考察（江・廖・楊二〇一七）は、自然科学的な側面から石滬を捉える調査研究の重要性を示している。これまで日本でも指摘されたような里海のシンボルとして石滬を語ることができるか、といった視点とも大いに関係する。また楊・陳・江（二〇一七）は、同地域の石滬遺跡群（写真6-8）を復元・修復する可能性として損壊の状況、使用可能な転石の有無などを調査したうえで、これらに必要とされる経費を算出している。

澎湖列島に多数存在する石滬は、列島の過去と現在の海洋文化を理解するうえで重要な指標である。いわゆる文化的なツーリズムのなかでの重要性が、ますます大きくなってきている。呉・陳（二〇一七）は、このことをふまえ、観光客に情報通信技術（ICT）を用いてサービス指向アーキテクチャー（SOA）によるサービス提供の可能性について考察を試みている。そのことが、最終的に石滬の文化的価値の創造および地域の長期的な経済発展へとつながるというのである。

研討会では、前述した台湾の石干見研究の第一人者である李明儒氏と意見を交換することができた。澎湖列島の石干見については、正確なデータベースが完成している。しかし、データベース化を含む総論的な石滬研究は進んできたが、漁業文化や所有権の問題、地域における保全と保存に関わる問題など、各論的な研究は未だ途上にある。今後こうした研究をもっと蓄積していかなければならないと李氏は指摘する。筆者も同感である。

日本人研究者である筆者は、台湾の石滬研究にいかなる寄与が可能であろうか。そのひとつが、日本統治時代に台湾総督府が保管していた漁業権免許申請資料を用いた石滬の利用や所有に関する研究である。研討会でも、李・陳・林（二〇一七）が、南投市中興新村にある国史館台湾文献館ほかが所有する総督府の档案や府報資料を利用して、当時の台湾本島西海岸における石滬の数的変化を分析している。筆者も二〇〇一年、二〇〇二年に国史館台湾文献館にて一九一〇年代の石滬漁業権免許申請に関わる資料類の調査をおこない、若干の考察を進めてきた。続く二つの章では、これらの資料を利用して、一九一〇年代の石滬について考えてみたい。第七章では本島北西部の淡水河口部および苗栗県後龍鎮外埔里の石滬の所有形態、第八章では澎湖列島北部の各集落（郷）にあった石滬の所有形態について分析する。加えて澎湖列島北部の白沙島周辺における石滬漁業とその技術、さらに吉貝嶼における石滬の利用形態を考察する。

注

（1）創刊号は一九一六年一月三〇日に発行された。これは『台湾水産協会雑誌』という誌名であった。この誌名は第三号まで使用され、第四号以降は『台湾水産雑誌』と改題された。この号から台湾総督府殖産局の水産試験調査報告を掲載することになった。

雑誌は一九四三（昭和一八）年の三四四号（最終号）まで発行された。
（2）澎湖水産会は一九一〇（明治四三）年に設置された。一九二四（大正一三）年には高雄州水産会澎湖支部となり、さらに一九二七（昭和二）年に澎湖庁水産会となった。一九二八年度の会員数は二六〇〇人であった。本会の事業のひとつに沖合漁業の開発があった。一九二〇（大正九）年度から一九二四年度にかけては、この漁業開発の目的で総督府から補助を受け、日本型および発動機付き漁船の建造と普及奨励をおこなっている（澎湖庁編 一九二九）。
（3）澚は「水隈」、すなわち沿岸の集落をさす。村または庄に該当する行政単位といえる。澎湖列島には明治時代末期まで一三澚があり、そのもとに数十戸の家を単位とした「社」が八二あった。日本が台湾を統治して以降、社は「郷」に改められたが、しばらくの間、澚という旧称も併用された（井田 一九一一）。

第七章　一九一〇年代の台湾本島における石滬漁業

はじめに

台湾における石滬の記録としてもっとも古いものは、清代にあたる一七二〇年の租税徴収に関する記録[1]であるといわれている。一八世紀以前の記録としてはこれが唯一のものであり、具体的な記述が出現するのは、すでに前章でみたように日本統治時代（一八九五～一九四五年）以降である。とくに「台湾総督府文書」に含まれる漁業権申請資料のなかに、石滬の免許申請に関する記録が散見されることが明らかとなっている。

本章では、日本統治時代、日本の側の台湾漁業に対するまなざしを概観することから始めたい。続いて台湾総督府文書の漁業権免許申請資料について検討した後、この資料を用いて一九一〇年代の本島北西海岸沿い淡水河口域および当時の新竹庁苗栗（図7-1）における石滬の所有状況について考えてみたい。台湾総督府の命に対して殖産局商工課の日本人職員が漁業を実際に調査し、それに基づいて台湾総督あてに復申された形態をとる漁業権免許申請資料からは、当時の石滬漁業がどのような状況であったのかを理解することが可能であろう。

一　台湾漁業を見る「内地」の眼

日本統治時代における台湾漁業を日本の側から説明する場合、「本島人漁業」と「内地人漁業」とに大別することがあった。本島人とは在来の台湾人、内地人は日本から来た在台日本人のことを指した。このうち、本島人漁業は、竹筏を用いた小規模な漁業が中心であり、漁業技術の高さを誇る内地側の視点でいえば、「人後に落ちたる」「要するに格別変化をみない」ものであった（台湾総督府殖産局編　一九二四）。一九〇九（明治四二）年に台湾の漁業を視察した農商務省水産課長の下啓助（しもけいすけ）は、その状況を大日本水産会主催の懇話会で報告している。そこでも「台湾の水産に付いては帝国が台湾を領有して後に総督府が其管内の各県庁をして試験せしめ又は総督府自らやったこともあつたやうであるが、結局今日まで水産に付いては充分に手が着いて居らぬ」と述べ、その原因を「要するに台濱（ママ）の水産が開けぬ所以は水族が少いとか其種類が少いとか、或は漁民が少いとか云ふ問題でなく、詰り漁船漁具漁法が不完全なること、漁場が沿岸一部分に限られて居る」ことにあると考えた。そこで、台湾の漁業を発展させるには、「一面は漁船を改良し一面は内地から良い漁師を移住させること」であって、「その指導の方法を誤らずにやったなら……（中略）……今の台湾の産額を二倍三倍にすることができると考える」と結論づけたのである（下一九〇九a、一九〇九b）。技術革新と知識移転を日本の側からおこなおうとする、植民地行政府の立場からの発想とみることができる。

下が視察した翌年の一九一〇（明治四三）年、台湾の水産業全般に対して水産試験費四万三千円が計上された。台湾の水産業は、「旧衣を脱いで面目を一新する緒」についた。日本内地の水産技術に基づく試験や調査自体

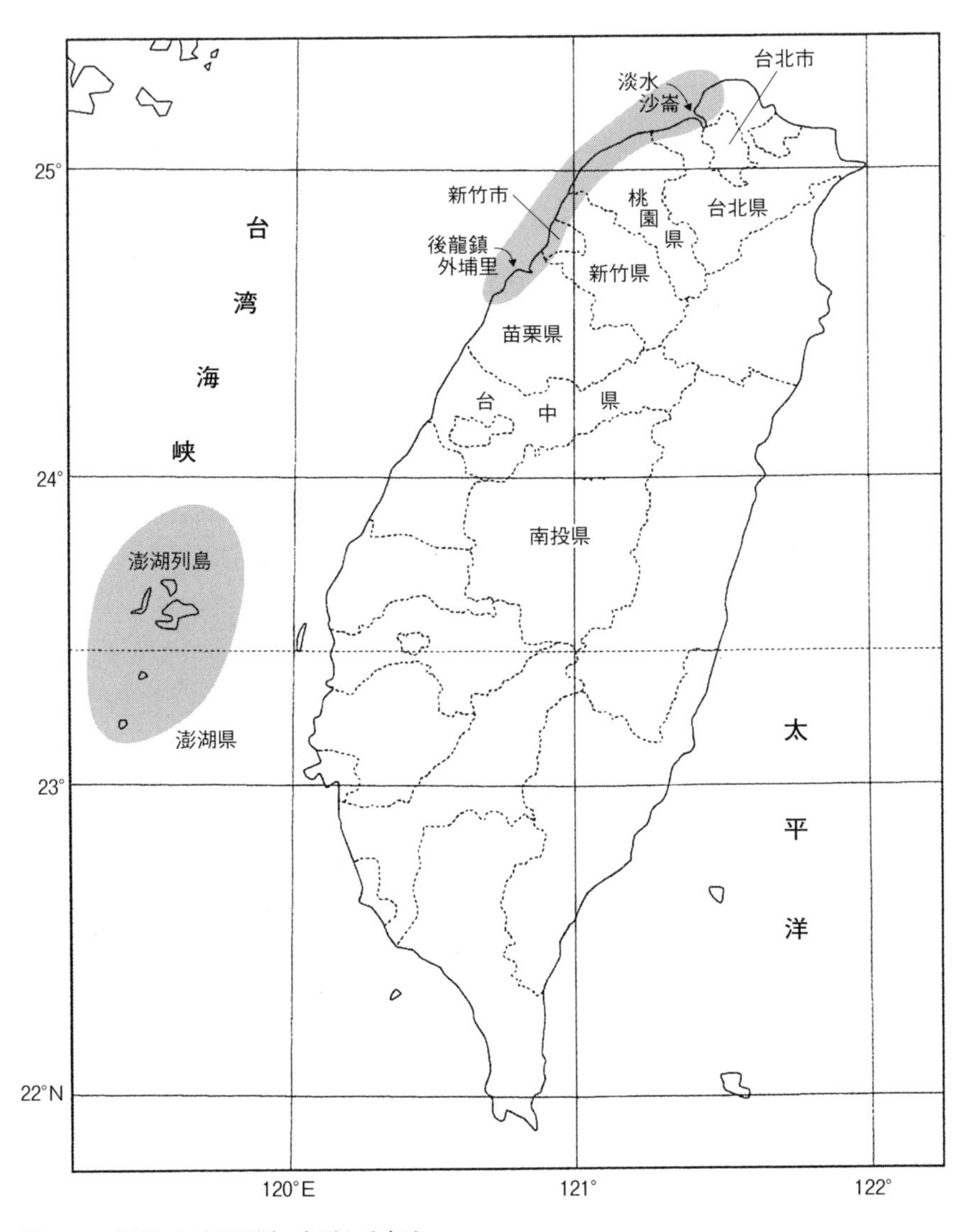

図7-1　台湾における石滬の主要な分布域

表7-1　石滬漁業免許件数（1915年12月末）

庁名	件数
台北	52
宜蘭	0
桃園	10
新竹	24
台中	0
台南	0
阿緱	0
澎湖	178
計	264

『台湾水産雑誌』第7号（1916）による。

が台湾総督府の直営となり、台湾漁業は総督府の奨励・指導と内地漁民との接触によって、「覚醒」しはじめたのである（台湾総督府殖産局編、一九二四）。このように台湾漁業の技術革新に目が向けられるなか、内地の側が、いわば旧来の小規模な本島人漁業に特に注目して記録に残すようなことはきわめて少なかったといわねばならない。

当時、主要な本島人漁業として台北、台中では、待網や地曳網、建網、刺網、建干網などとともに石滬が用いられていた。澎湖列島には石滬がとくに多く分布していたことも記録に残っている。表7-1は、一九一五（大正四）年一二月末現在の石滬漁業権の数である。これは『台湾水産雑誌』第七号（一九一六年七月）に掲載されたものであるが、数値は、同誌の編輯員自身が総督府殖産局に赴き、そこで得た情報によっている。石滬漁業権は台湾全土で二六四件認められ、分布域が台北・桃園・新竹の各庁すなわち台湾本島北西部と澎湖列島に限られていたことがわかる。澎湖列島には全体の六七パーセントにあたる一七八件が集中していた。

以上のような漁業権を設定する業務は、総督府による経済改革の一環であるとともに、内地に準じた制度の導入のためであった。日本では一九一〇（明治四三）年に法律第五八号をもって明治漁業法が制定された。同法は、従来の慣行に基づきながら新たな漁業権制度を発足させたものであった。たとえば、第四条には定置漁具に関して、「漁具ヲ定置シ又ハ水面ヲ区画シテ漁業ヲ為スノ権利ヲ得ムトスル者ハ行政官庁ノ免許ヲ受クベシ其ノ免許スヘキ漁業ノ種類ハ主務大臣之ヲ指定ス」とある。これに準じた制度が台湾にも導入された。一九一二（大正一）年には台湾漁業規則が施行されている。その目的は、内地（日本側）と同様に漁業権制度を整え、租税を徴収することや漁場紛争をすみやかに処理することにあった。前章でも示したように同規則第三条には、定置漁業権の出願申請に関して、「漁具ヲ定置シ又ハ水面ヲ区画シテ漁業ヲ為スノ許可ヲ得ムトスル者ハ台湾総督ノ免許ヲ受クヘシ」と定められている。許可を受ける機関が、内地では行政官庁、台湾では総督府と違いがあるが、台湾漁業規則の条文は明治漁業法のそれとほとんど同じである。台湾の漁業者も操業に関して願書を提出することを義務づけられたのである。

二　石滬漁業権免許申請資料の存在——石滬の記録を求めて

澎湖水産会の技師であった古閑義康は、澎湖列島の漁業振興のために列島内各漁村の実態を調査し、その報告を一九一七（大正六）年から一八（大正七）年にかけて『台湾水産雑誌』に連載した（古閑 一九一七a～一九一八e）。そこに記された石滬に関する説明は当時としてはもっともまとまった記録であることは前章でみた通りである。

しかし、筆者が石滬漁業に関する資料を収集していた過程で、台中の南投県南投市中興新村にある国史館台湾文献館が所蔵する台湾総督府文書の中に一九一〇年代の漁業権免許申請に関する記録が残されていることがわかった。台湾総督府は公文書に関して、一年、五年、一五年、永久と保管期間を区別してその文書を管理、保存してきた（栗原 二〇〇二）。

筆者は、二〇〇一年と〇二年、台湾総督府文書を閲覧するために国史館台湾文献館を訪ねた。漁業権免許申請に関する書類は「台湾総督府文書十五年保存公文類纂」のなかの「殖産」に分類される文書類中に収められていた。年次を追ってそれらを閲読するうちに、その中に石滬の漁業権免許に関わる申請書類が数多く含まれていることがわかった。

石滬の漁業権免許に関する書類の内容について確認しておこう。書類は、漁業免許状記載事項案、府報公告案、通牒案、復命書、特別漁業免許願、見取図から構成される。これらの書類一式が総督佐久間左馬太宛てに提出されている。書類には、石滬の漁場利用に関わる興味深い内容が含まれている。すなわち申請代表者名と所有者名、漁場の位置（地先の地名）、漁獲物の種類、漁業権の存続期間、漁具の構造および使用法、慣行、各石滬の漁業株（持分）、石滬の名称がそれである。また一部の石滬については構築された年代を把握することができる。このような記載内容を精査することによって、当時の石滬漁業の状況が明確になる可能性が広がってきたのである。次節では台北庁芝蘭（しらん）の石滬漁業権免許申請書類を用いて、当時、この地域の石滬漁業がどのようにおこなわれていたのか、その実態を追究しよう。

三　台北庁芝蘭沙崙仔の石滬

「台湾総督府文書十五年保存公文類纂」大正三年第五十九巻第十門三〔資料番号五八〇一〕には、台北庁芝蘭三堡沙崙仔（さりん）庄地先にあった漁業権免許申請の関係書類が収録されている。台湾総督に宛てられた復命書には、「免許漁業出願ニ依リ実査ヲ遂ケタルニ左ノ如シ」として、出願代表者の住所氏名に続いて漁具ノ構造及使用法、漁期、漁獲物ノ種類、漁場ノ位置、慣行、故障ノ有無が記載され、大正三年一月一五日の日付とともに、復命をした殖産局商工課の日本人職員杉尾喜高および宮坂彌吉の署名捺印がある。

沙崙仔は、淡水河口右岸に立地する集落である。台湾総督府臨時台湾土地調査局が作成した二万分の一台湾堡図「滬尾」（一九〇四年）によると、台湾海峡に面した海岸部には沖合数百メートルにわたって干潟が広がっていた（図7－2）。すなわちこの場所は潮汐の影響によって湛水と干出を繰り返す。港湾を設けにくい海岸地形であり、小規模な船溜まりもみられない。集落の後方には水田が広がっている。沙崙仔は、地図から見るかぎり、海岸近くに立地する農業集落の様相を呈していたことが推察される。一九一〇年代当時、本島（台湾）漁業の将来性は、東海

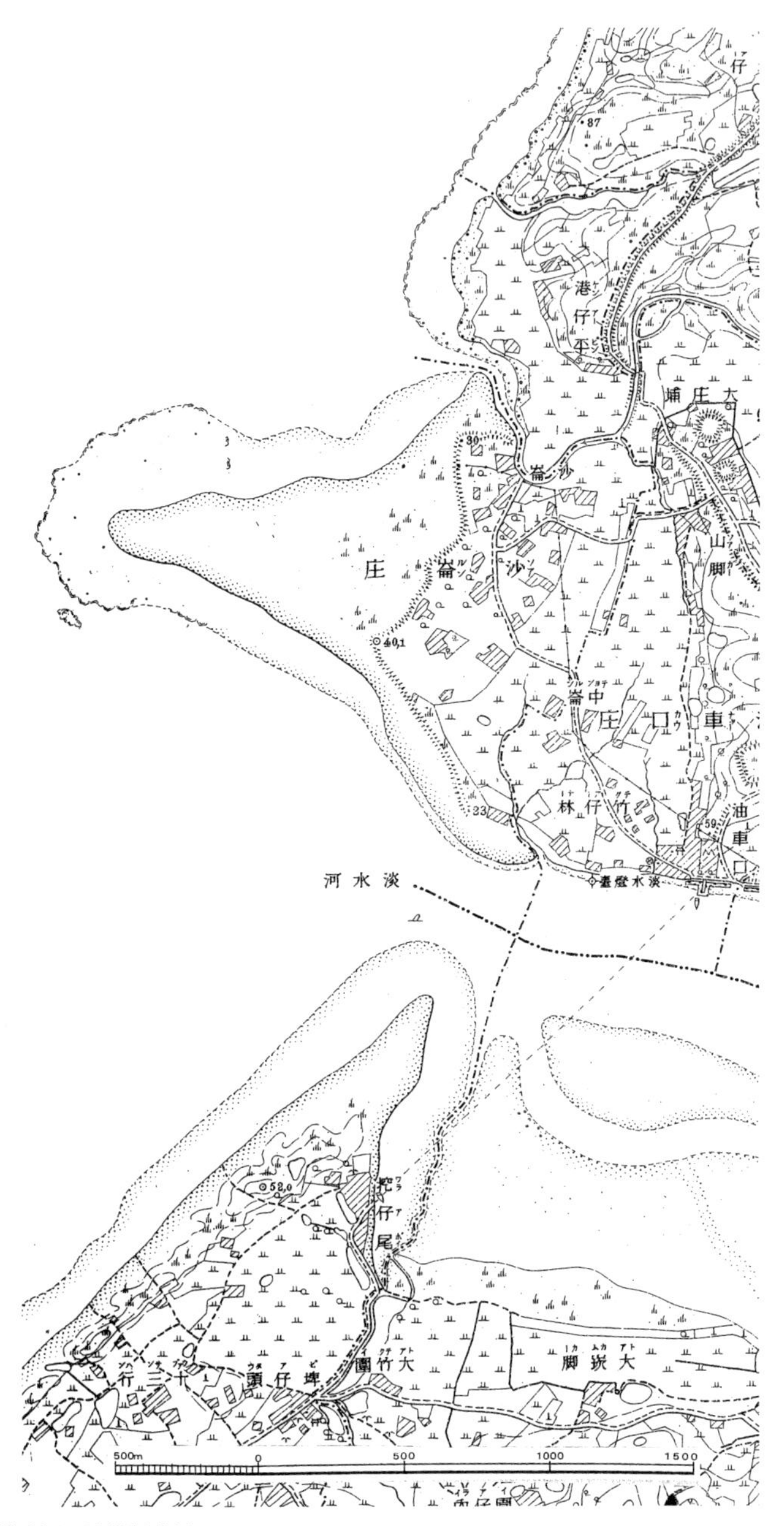

図7-2　淡水河口沙崙仔付近
台湾総督府臨時台湾土地調査局調製（1904）『台湾堡図』（二万分の一）の「滬尾」の一部。
転載にあたっては、遠流出版復刻版（1996）を使用した。

岸側ではなく西海岸側にあると考えられた。西海岸側の漁業根拠地として好適な場所は淡水をおいてほかになかったという。しかし、淡水の漁業は、寺下（一九二一）によれば、「本島人の幼稚なる大網（建網）、四手網、魞の漁具を利用し漁業せるに過ぎず未だ発動機船一隻をも繋留」していなかったのである。港勢や漁業生産力は高い評価を得られるものではなかった。なお、寺下が述べる魞とは石滬のことであろう。淡水の漁業がたとえ幼稚な段階に留まっていたとしても、石滬がこの地の主要な漁業種類のひとつに名を連ねていたことは注目に値する。

ところで、「淡水港の漁業的価値」と題された寺下の記事が『台湾水産雑誌』六二号に掲載されてほどなく、淡水の石滬の写真が同じ『台湾水産雑誌』の第七八号（一九二二年）および第一〇五号（一九二四年）の表紙を飾っている。いずれも遠望であり詳細は理解しがたいが、かなり規模の大きいもので、石は整然と積まれていることがわかる（写真7-1、写真7-2）。第一〇五号の方には「石滬漁業（淡水）」との説明があることから、当時、利用されていたことは明らかである。

沙崙仔にあった三〇基の石滬の所有形態を示したものが表7-2である。これをみると七割にあたる二一基が個人所有であったことがわかる。しかも個々人が複数の石滬を所有していた。葉文旺は六基、林天恩は七基を所有していた。洪文同も共同所有の石滬を除いて別に三基の石滬を個人で所有していた。陳徳元が所有していた四基はいずれも他の一人との計二人による共同所有であった。個人所有の石滬とともに特徴的なものは、代表者洪文同に二六人を加えた計二七人で共同所有する五基の石滬である。石滬の築造にいたる過程と所有形態について、復命書の記述をもとにさらに検討を加えよう。

洪文同は、三基の石滬を個人で所有していた。これらはもともと芝蘭一堡内湖庄に在住する者の祖先が開拓したもので、一九〇九（明治四二）年にその在住者から三基あわせて八〇円で購入した。洪自らがこれらで操業していたと考えられる。

臺灣水產雜誌

第七十八號

大正十一年六月十五日發行

淡水石滬

写真7-1　淡水の石滬（1922年）
『台湾水産雑誌』第78号（東京大学農学生命科学図書館蔵）による。説明には「淡水石滬」とある。2018年2月撮影。

臺灣水產雜誌

第一〇五號

十月號

大正十三年十月十五日發行

石滬漁業（淡水）

写真7-2　淡水の石滬（1924年）
『台湾水産雑誌』第105号（東京大学農学生命科学図書館蔵）による。説明には「石滬漁業（淡水）」とある。2018年2月撮影。

　葉文旺が所有した六基は四代前の祖先が開発したもので、これらが当時まで引き継がれていた。林天恩が個人で所有する七基は、当時より約八〇年前（四代前）に沙崙仔に住む別の者から購入したものであった。購入価格は不明である。これらの石滬は毎年入札によって沙崙仔の庄民に貸し出された。

表7-2　沙崙仔の石滬の所有状況（大正初期）

代表者	所有形態	所有数
葉　南星	個人	3
洪　文同	共同（ほか26名）	5
洪　文同	個人	3
葉　文旺	個人	6
黄　保南	個人	2
林　天恩	個人	7
陳　徳元	共同（ほか１名）	1
陳　徳元	共同（ほか１名）	3

（「台湾総督府文書十五年保存公文類纂」大正三年第五十九巻第十門三 石滬漁業権免許申請書類より作成）

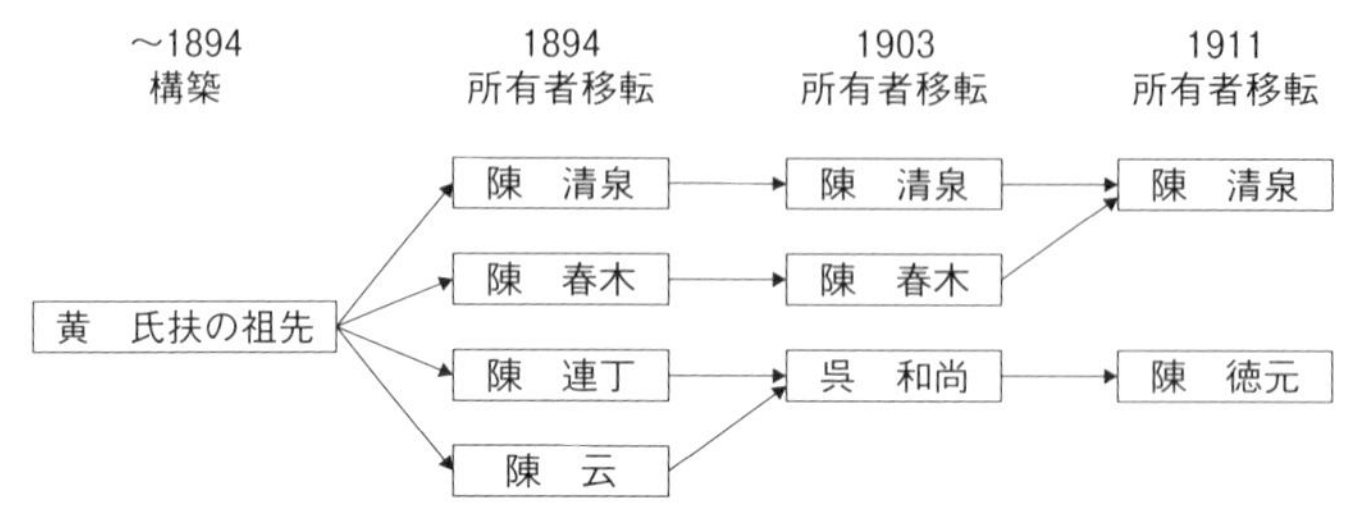

図7-3　沙崙仔における石滬所有の変遷例（陳徳元所有の石滬）
「台湾総督府文書十五年保存公文類纂」大正三年第五十九巻第十門三　石滬漁業権免許申請書類より作成。

陳徳元が陳泉力と共同で所有していた三基は、沙崙仔の北側にある芝蘭三堡灰磘庄在住の黄氏扶の祖先が開拓したものであった。これを二〇年前（一八九四年頃）、陳清泉、陳春木、陳連丁、陳云の四人が二三〇円で購入した。一一年前（一九〇三年頃）には、陳連丁、陳云が自らの持分を呉和尚に売却した。三年前（一九一一年）には陳徳元が呉の持分を購入した。他方、陳春木の持分を陳清泉が買収し、以来、陳徳元と陳清泉が輪番で使用してきた（図7-3）。

洪文同を代表者として二七人で共同所有した五基の石滬は、願人（漁業権申請者すなわち共同所有者）の祖先が中国の泉州府安東県よりこの地に移住した当時、親睦を目的として築造したものであったという。この記述内容は、所有者の祖先が対岸にある中国大陸（現在の福建省沿岸部）から移住してきたことを示すものである。石滬の築造技術が大陸側から伝播したことを示唆する可能性もある。これらの石滬から得た収入は祭典費用にあてられ、またその収入で所有者らは旧交を温めた。二七人のなかには前述した別の石滬四基を共同で所有した陳徳元も含まれる。

二七人の共同所有による石滬は所有者が輪番で利用するのではなく、毎年三月末日までに入札がおこなわれ、一年間貸し付けられた。賃貸料は前金で徴収され、その金は所有者が輪番で保管した。天災その他によって石滬が破損した場合には賃借人が修理することとなっていた。入札が共同所有者間でおこなわれたのか、あるいはそれ以外の者に開かれていたのかは、復命書の記述からは明らかでない。

石滬から得た収入は祭典に用いられ、いわば基本財産と位置づけられたので、地元でこれらの石滬の利用と所有をめぐる係争などはなかったようである。

沙崙仔の石滬の所有形態と利用形態についてまとめてみよう。

まず、当時より四代くらい前に石滬が共同で築造された。所有についても共同による所有であった。基本的には自家消費用の魚類を獲得するために使用され、余剰分は販売されたと考えられる。娯楽費を得るために築造された石滬は、その後、廟など宗教施設において執り行われる祭典費用を捻出する目的でも用いられ、共同利用形態が維持された。他方において、時代とともに、すでに築造されていたものを、個人が買受けることによって、所有者は特定の者に集中する傾向が出現した。これらの石滬は個人利用や共同利用がなされたほか、中には別の住民に新たに貸与されたものもあった。石滬を他の住民に貸与している所有者は、富裕な農民層の可能性が高い。彼らは、毎年、農業収入のほかに石滬の賃貸料を得ていたことになる。

個人で石滬を利用する場合、石滬自体の規模にもよるが、漁獲時間と潮時との関係からいうと二基の同時利用は困難である。したがって、三基を個人で利用している洪文同の場合、利用にあたって別の使用人を雇い入れたり、家族や親族の別人が参加したりして漁業活動をおこなう必要があったと推察される。

四　新竹庁苗栗一堡外埔庄の石滬

「台湾総督府文書十五年保存公文類纂」大正三年第五十九巻第十門三〔資料番号五九四三〕には、新竹庁にある石滬の漁業権免許申請書類も収められている。この資料から苗栗一堡外埔庄地先にあった石滬をとりあげ、利用形態と所有形態について考察してみよう。

図7-4　新竹庁苗栗一堡外埔庄付近
台湾総督府臨時台湾土地調査局調製（1904）『台湾堡図』(二万分の一）の「後龍」の一部。
転載にあたっては、遠流出版復刻版（1996）を使用した。

新竹庁苗栗一堡外埔庄は現在の苗栗県後龍鎮外埔里にあたる。二万分の一台湾堡図「後龍」（一九〇四）によると、外埔は台湾海峡に面した海岸線の集落として描かれている（図7・4）。中港渓や後龍渓など台湾の中央山脈西側斜面から流れ出る諸河川による侵食と運搬作用によって砂礫が河口域にもたらされ、加えて冬季の強い北東季節風が海岸部に砂浜・礫浜を発達させてきた。これらによって海岸には石滬を築造するために格好の丸みを帯びた転石が大量に散在することになった。

沿岸の住民は半農半漁的な生活を送っていたと考えられる。台湾堡図を見ると、陸側に広い土地があることがわかる。地目は空白のため明らかでないが、おそらく畑作が営まれていたのであろう。一九八九年に実施した現地調査では、この地域は砂丘地農業がさかんで、木麻黄の防風林によって

表7-3　外埔の石滬（大正初期）

識別番号	免許番号	名称	所有者	推定構築時期	規模		
					間口	最大幅	奥行
1	146	四坪仔	朱石ほか６名	1870年代	106間２尺	110間５尺	93間４尺
2	148	新坪	洪英ほか９名	1810年代	109間１尺	113間３尺	96間１尺
3	151	会番	鄭潭ほか５名	1890年代	107間４尺	111間３尺	94間２尺
4	152	到櫃仔	朱壳ほか12名	1887年頃	106間１尺	109間４尺	94間１尺
5	169	崁鼻仔	洪俊ほか５名	1880年代	106間３尺	110間３尺	93間５尺
6	171	武乃	朱寶傳ほか９名	1880年代	109間１尺	113間２尺	93間４尺
7	172	新滬仔	朱萬居ほか４名	1870年代	106間４尺	110間２尺	93間５尺
8	173	大新滬	葉闖ほか10名	1903年	106間５尺	110間１尺	93間５尺
9	174	深温	郭栄ほか３名	1904年頃	106間２尺	112間２尺	95間５尺
10	175	外湖	朱天成ほか４名	1890年代	109間２尺	114間３尺	95間１尺
11	177	河狗	葉元ほか17名	1905年頃	107間１尺	111間５尺	93間３尺
12	178	沙仔坪	呂印ほか５名	1894年頃	106間４尺	111間１尺	97間３尺
13	180	新頂	陳水順ほか６名	1885年頃	106間２尺	112間２尺	94間２尺

「台湾総督府文書十五年保存公文類纂」大正三年第五十九巻第十門三　石滬漁業権免許申請書類より作成。
注）１間（６尺）＝1.818m

囲まれた畑地ではスイカや落花生、サツマイモ、キャベツ、カリフラワーなどが栽培されていた。当時の漁業としては、小型の竹筏（漁筏）を用いておこなわれる釣漁と小網漁、そして石滬があったことを付言しておく（田和 一九九八）。

表７－３は外埔庄地先にあった石滬一三基を示したものである。漁業免許は「特別免許石滬漁業」となっており、漁獲対象は、鱙（キビナゴ）、白腹（ハガツオ）、その他の雑魚、漁業期間は周年、漁業権の存続期間は一〇年であった。一三基とも共同所有によって営まれていた。

外埔庄地先の漁業権免許申請資料にはそれぞれの石滬の規模について、間口幅、最大幅、奥行が示されている。規模と形態はいずれもおおよそ同様であり、間口幅が一九〇～二〇〇メートル、そこから沖側に向かってさらに幅を広げるようにして石垣が築かれる。最大幅は間口よりやや広めで二〇〇～二〇八メートルに達する。海岸から沖側へ向かって一七〇～一七七メートル張り出している。形態はいずれも馬蹄形となる。築造年は、最も古い石滬で一八一〇年代であり、反対にもっとも新しいものは一九〇〇年代初頭に造られた。

各石滬の漁業免許申請書には、共同所有者の氏名と住所

表7－4　外埔における石滬の所有者一覧（1914年）

氏名	番地	四坪仔	新坪	会番	到欄仔	墘鼻仔	武乃	新滬仔	大新滬	深温	外湖	河狗	沙仔坪	新頂	所有数
呂海山	394										○				1
朱恒生	431							○							1
林清寿	431											○			1
陳和	462			○											1
陳普旺	466					○									1
洪登寿	479											○			1
洪陸	479											○			1
葉闖	495						○		◎						2（1）
葉清狡	495								○						1
朱石	503	◎				○			○						3（1）
葉元	509								○			◎			2（1）
葉清雲	509								○			○			2
朱福祺	517						○								1
朱亮	521				◎										1（1）
呂印	539												◎		1（1）
朱枝財	540				○										1
朱寶傳	540						◎								1（1）
朱乞食	540											○			1
朱来春	542		○					○	○			○			4
朱萬和	544												○		1
洪萬居	547		○												1
葉天財	547					○			○						2
謝権	547						○		○						2
謝賞	547								○						1
朱萬発	547							○							1
朱萬居	548			○				◎				○			3（1）
朱達	549						○								1
黄戌山	553			○											1
陳天賜	560						○								1
鄭潭	564			◎								○			2（1）
鄭聰	564			○								○			2
鄭係	564			○								○			2
鄭清通	564			○								○			2
林性	564											○			1
朱生	565				○										1
葉天送	565						○					○			2
呂坪	565						○		○			○		○	4
呂恒	565											○			1
洪福居	566					◎								○	2（1）

氏名	番地	四坪仔	新坪	会番	到櫃仔	崁鼻仔	武乃	新滬仔	大新滬	深温	外湖	河狗	沙仔坪	新頂	所有数
洪棟	566					○								○	2
洪清秀	566					○								○	2
洪英	573	○	◎	○											3（1）
陳興	573	○													1
陳芋匏	573	○													1
洪乞	573	○	○		○										3
洪粉鳥	573	○	○		○										3
洪番	573	○	○												2
洪石定	573		○		○										2
洪祥	573		○		○										2
洪清相	573				○										1
葉恭和	573				○										1
洪續	573				○										1
洪陣	573				○										1
洪文傳	573												○		1
朱鳥晩	573												○		1
朱狡	575												○		1
陳地	578					○									1
朱萬由	578												○		1
陳杉	578													○	1
陳萬典	583						○								1
朱勇	592										○				1
朱海山	594		○		○		○								3
朱李愿	595		○												1
陳乞食	595				○	○			○					○	4
朱天成	595										◎				1（1）
朱旺	595											○			1
陳真	621									○					1
郭栄	640									◎					1（1）
陳水順	656													◎	1（1）
王氏月	657													○	1
張氏倫	664									○					1
王珠	672									○					1
王参	672										○				1
朱福	677							○			○				2
葉江琳	695													○	1
所有者数		7	10	8	13	8	10	5	11	4	5	17	6	9	113

◎は漁業権免許申請の代表者を示す。
所有数の（ ）内の数字は漁業権免許申請の代表者（うち数）を示す。

「台湾総督府文書十五年保存公文類纂」大正三年第五十九巻第十門三 石滬漁業権免許申請書類より作成。

番地（番戸）が併記されている。そこで各自がどの石滬を所有しているかを確認するために、表7-4を作成した。これによると合計七五人の所有者（延べ人数は一一三人）がいることがわかった。このうち四九人は一基の石滬に関わるのみであり、残り二六人が複数基（二基に関わる者が一七人、三基に関わる者が六人、最多の四基に関わる者が三人）の石滬に名を連ねていた。当時、漁獲量が多かったとしても、所有者が持分（株）を平等に保有し、これに基づいて毎日、輪番制によって利用順が決定したと考えるならば、深温で四日に一回、所有者数がもっと多い河狗では一七日に一回の利用となる。このような利用に基づく漁獲収入だけでは、生活を支えることはできなかったであろう。すなわち、各所有者は、他の職種、特にこの地域の主たる生業である農業に従事していたと考えるのが妥当ではないだろうか。農業者の場合、昼の干潮時であれば、漁業活動によい潮時を選んで農作業をいったん休止し、漁獲のために石滬に向かえばよいわけであり、農業と石滬漁との併営が可能となる。石滬で得た漁獲物を自家消費するだけでなく一部を販売していたとしても、この地域の生活が主農副漁形態であったと考えるのが適切であろう。

以下では、いくつかの石滬の所有形態を復命書の記述にしたがってみていこう。

▒四坪仔

四坪仔は免許申請の代表者であった朱石の父親とほか計四人が共同して築造し、経営した。その後、彼らの子孫がこれを継承した。また新たに別の三人が持分を買い受け、合計七人の共同利用にいたった。買い受けの方法は不明である。各自、輪番で利用した。

▒新　坪

新坪（図7-5）は、当時より百余年前、外埔に在住していた者によって築造された。以後、慣行漁場として利用されてきた。一〇年前（一九〇四年頃）に崩壊し、その後放置されていたが、五年後（一九〇九年頃）、築造者の子孫一人に新たに五人を加えた計六人が共同して修築した。その後、新たに洪石定、洪祥、朱来春の三人が加わり、

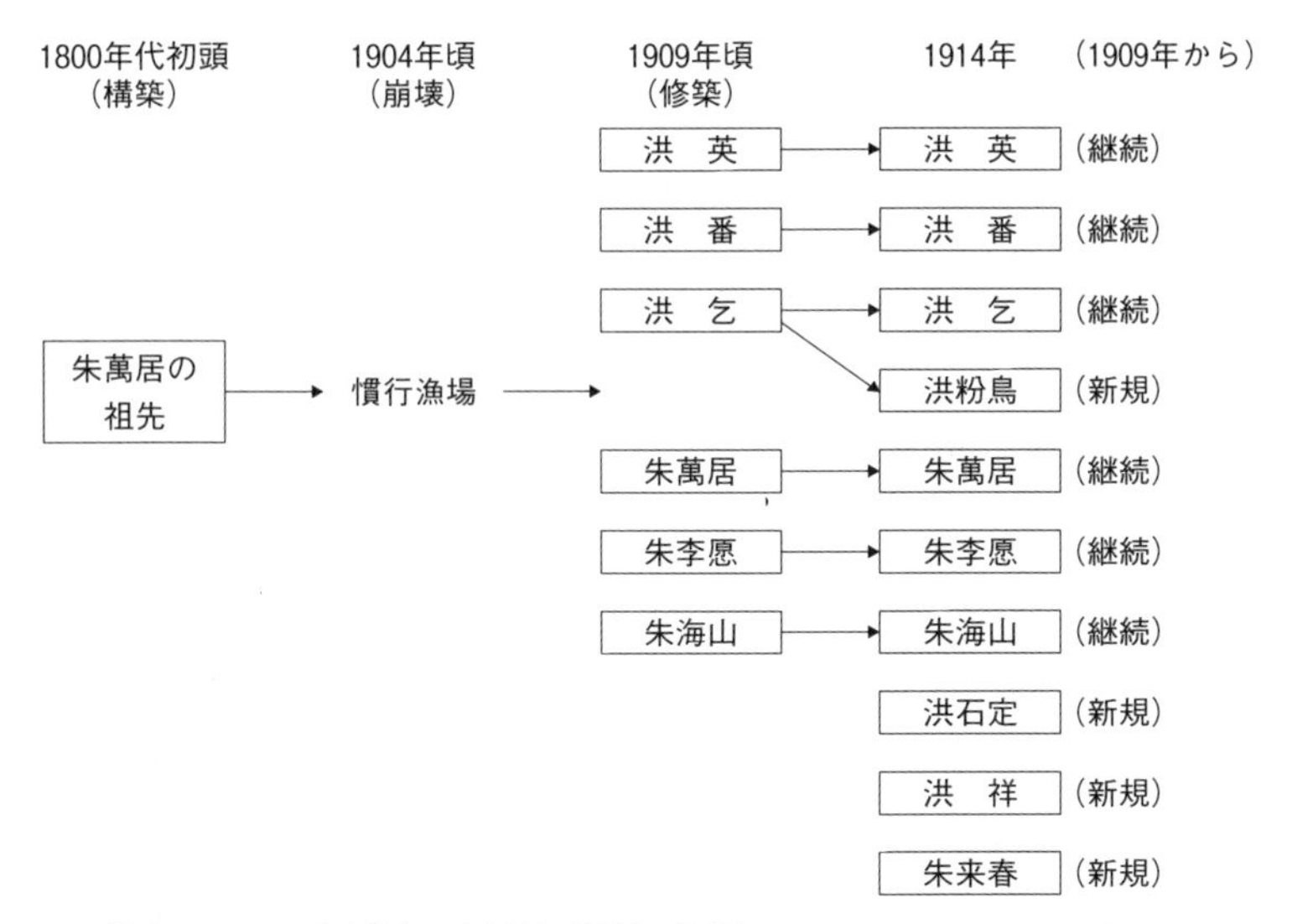

図7-5　外埔における石滬所有の変遷例（新坪の継承）
「台湾総督府文書十五年保存」大正三年第五十九巻第十門三　石滬漁業権免許申請書類より作成。

さらに修築に加わった六人のうちの一人である洪乞が半株を洪粉鳥に売却した。その結果、所有者は一〇人に増えた。石滬は二人ずつが共同し、五つのグループが毎日交替しながら利用する輪番制がとられた。復命書の記載からは、権利が平等に行使されているように推察されるが、三人がなぜ、新たに加わることができたのか、所有している株をなぜ六株から九株に増やしたのか、その時に何らかの条件が付帯されなかったのか、半株を得て新規に加わった洪粉鳥が、他の者と同様に毎日の輪番になぜ加わることができたのかなど疑問点が多い。

▒到櫃仔

到櫃仔は、一八八七（明治二〇）年頃に七人が共同して築造した。その後、図7・6のように株が譲渡売買され、それらが継承されてきた。到櫃仔の漁業権免許申請書には、共同所有者の持分が記載されている。株数は、二二株で、図中に示したように、所有者一三人中三人が二二分の三を、二人が二二分の一・五を、残り八人が二二分の一をそれぞれ所有している。合計すると二二分の二〇となり、二二分の二の不足が発生している。これは、免許願に名を連ねるもう一人で書類から抹消されている出願者が所有していた可能性がある。なお、利用方法についての記載はない。

外埔近辺の石滬の利用と所有について、一九八九年の現地調査で得た聞き取り内容と付き合わせながら、さらに考察を進めよう。

外埔には、一九六〇年代以前には一七基の石滬があった。しかし、漁船漁業の発達による乱獲、中港渓流域の工業地帯から流れ出る工場排水の悪影響などによって沿岸部での漁獲量は急減した。そのため石滬の利用機会が減少するとともに、漁具の管理も十分に行き届かなくなった。また、漁港整備のために石滬の石が転用されたこともあって、石滬は姿を消し、一九八九年当時、現存していたものは四基にすぎなかった。

所有者が次世代の者に交代する場合、権利は基本的には男系の親族（所有者の子供）に継承された。たとえば、七人の所有者がいる場合、各所有者は七日に一度、石滬を利用できた。仮に各所有者がそれぞれ三人の男子をもち、

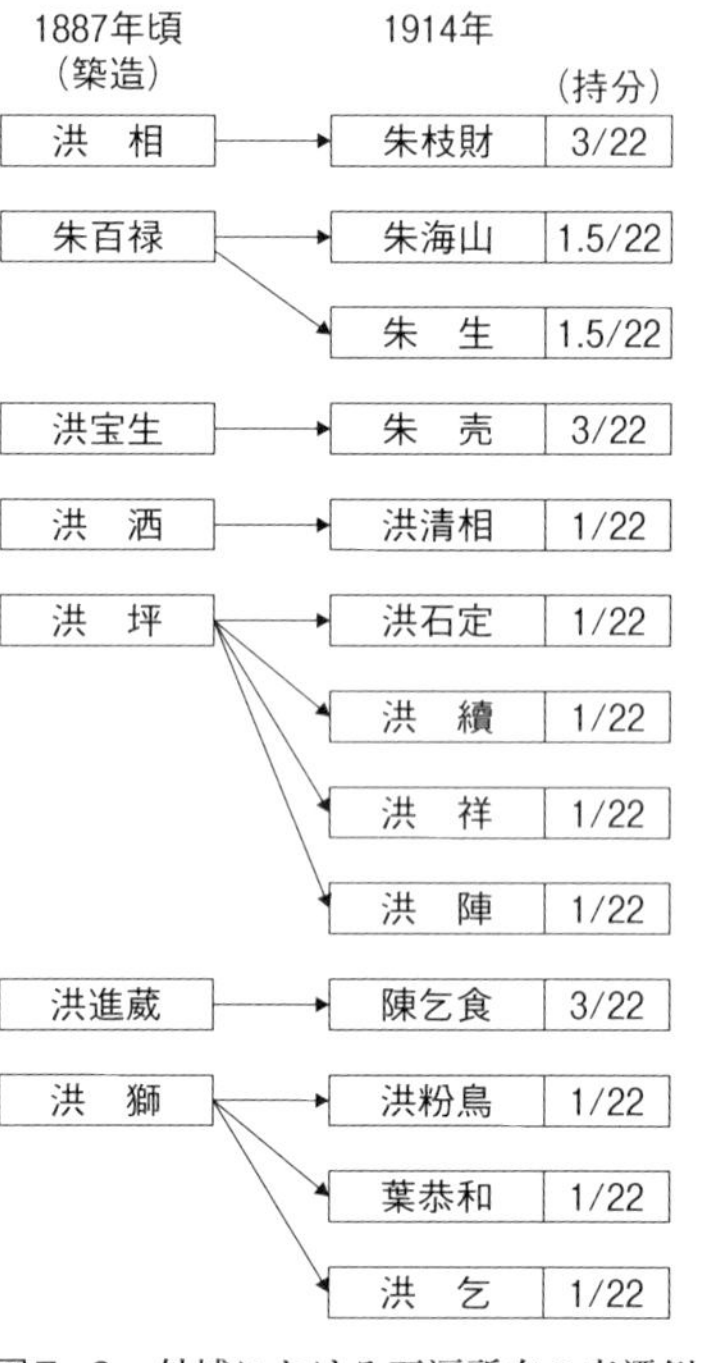

図7-6　外埔における石滬所有の変遷例（到櫃仔の継承）
「台湾総督府文書十五年保存公文類纂」大正三年第五十九巻第十門三　石滬漁業権免許申請書類より作成。

それぞれに権利を三分の一ずつ与えたとすると、子供の世代は、二一日に一回の利用となった。ある所有者が、所有権を他人に譲渡してもよかった。所有権は分割して売買されることもあった。権利を取得した者は、利用が輪番制なので、自らが操業できる日を記憶しておく必要があった。

一九八九年当時、外埔の里長であった朱清朝氏は、新滬仔の所有者の一人であった。この石滬は曽祖父の時代に築造された。名称から推察すると、大正年間に存在した新滬仔と同一のものであろう（前掲表7-3）。復命書によれば、新滬仔は、「今ヨリ三十五六年前［一八七〇年代と推定される：筆者注］朱萬居及朱萬発（兄弟）ノ父朱陣、朱福、朱来春、朱恒生ノ四名共同シテ築造」したものである。持分（株）は、この後、多くのものに分割継承されてきた。朱清朝氏の利用回数は、一三か月に三回だけであったという。

ところで外埔に隣接する水尾社秀水里の里長趙萬枝氏（一九八九年当時七二歳）によると、秀水里にはかつて六基の石滬があった。現存している一基には肚墘（トオン）という名称がつけられていた。これは、趙氏の父をはじめとして七人が共同で築造したものであった。利用形態としては輪番制がとられ、父の時代には七日に一回、操業順がまわってきた。漁獲量の多い石滬は、一基の価値が二〇万元に相当した。農地三ヘクタール分の価格に相当したという。戦前期には、一基を七人で共同利用すれば、生活が十分できた。次の世代となった一九八〇年代後半には所有者は四二人に増えていた。したがって、趙氏は四二日に一回、利用の順番が巡ってくるだけであった。石滬は一九八〇年当時には、農地〇・三ヘクタール分の価値もなかったという。

利用形態は以前と変化がなく輪番制が踏襲されていたものの、魚が少ない時には、誰が利用してもかまわなかった。他者が漁獲した場合、当日の権利者は、漁獲量が多かった場合にはその何割かを得た。漁獲が少量の時には、分配を求めなかったという。これは、魚が少なくなり、また壊れた石積みの修築があまりおこなわれなくなってから確立してきたルールであると考えられる。

以上のように、一九八〇年代以降、石滬による漁獲はほとんどとるに足らず、この漁具自体がすでに機能していなかったことが明らかである。

おわりに――一九一〇年代の石滬漁業

石滬の所有について考察する際には、地域の生業がいかなるものであったのかを理解することが求められる。石滬は主要な漁業手段たりえたのか、あるいは農業との併営のなかで、いわば農業者の「おかずとり」の場として利用されたのか、それにとどまることなく複合的な生業形態（安室 二〇一二）として家計を支えるための一助をなしたのであろうか。本章では、地域における石滬の所有形態の相違を考察することによって、いくつかの点を明らかにすることができた。

芝蘭沙崙仔の主たる生業は農業であり、石滬は基本的には自家消費用の魚を獲得するために使用された、と筆者は考えた。余剰分は販売されたかもしれない。石滬からの収益がきわめて大きく、これが商業的な漁業種類のひとつであったとすれば、複数基を個人で所有する者がそれらを別の住民に貸与するという利用方法は理解しにくい。収益があがる生業であるならば、所有者自身が別人を雇い入れ、その者に漁獲作業ほかを託す、すなわち労働力を確保したうえで個人所有を維持した方が適していると考えるからである。ただし、苗栗県後龍鎮秀水里での聞き取り事例にあるように、「戦前期には、一基を七人で共同利用すれば、生活が十分できた」とする事実とは矛盾を抱えることになる。このあたりの究明は今後の研究課題である。

なお、芝蘭沙崙仔では、石滬を個人が買収することによって、所有者は特定の者に集中する傾向が出現していた。こうした所有者の中には、石滬を他人に貸与して賃貸料を得る者がいた。彼らは富裕な農民層ではなかったか。他方、苗栗の外埔庄では石滬の持分（株）は基本的には男系親族が継承した。世代を超えて一株が次世代の複数者に分割して継承されることもあった。結果として、このルールが、一九八九年の聞き取り事例のように、一人が石滬を利用する（巡滬）回数を極端に減らす結果を招いた。ルールが有名無実化する背景には、漁獲量の極端な減少があったと考えられる。

外埔庄では、かつては所有者が株を平等に保有し、これに基づいて毎日、輪番制によって石滬を利用していたと推察される。しかしながら沿岸の水産資源がたとえ豊かであったとしても、石滬からの漁獲収入だけでは、生活を支えることはできなかったであろう。すなわち、各所有者は、この地域の基幹産業である農業に従事していたと考えられる。農業者の場合、昼の干潮時であれば、漁業活動によい潮時を選んで、農作業をいったん休み、石滬に向かえばよい。そこには農間におこなうことができる漁業労働形態が成立する。

一九一〇年代の台湾における石滬漁業の利用形態や所有形態について、台湾総督府文書に収められている漁業権免許申請資料を分析することで、さまざまな知見を得ることができた。他方において所有形態の地域的な差異など新たな疑問も生じたことを明記し、本章を終えることにしよう。

注

（1）『台湾県志』（陳編　一七二〇）によれば、澎湖において大滬二口（一口の徴銀は八銭四部、計一両六銭八分）、小滬二〇口（一口の徴銀は四銭二部、計八両四銭）に対して雑税が徴収されている。

第八章　澎湖列島北部における石滬の利用と所有

――一九一〇年代の漁業権免許申請資料の分析を通じて

はじめに

台湾における石滬に関する記録は一七〇〇年代前半の清の時代から存在した。しかし、石滬の本格的な研究は、すでに見てきたように一九九〇年代に地理学者の陳憲明（一九九二）や顔秀玲（一九九二）が澎湖列島各地の漁業を研究する中で石滬の漁業技術、所有形態などを取り上げるまでほとんどおこなわれなかった。その後、陳は複数の石滬漁業の事例研究を進め（陳 一九九五、一九九六a）、澎湖列島における石滬漁業の位置づけも試みている（陳 一九九六b）。同じ頃、台湾では「在地文化」の見直しが叫ばれ、伝統的な生活文化に関わる遺産として石滬にも注目が集まった。澎湖列島全体に分布する石滬の悉皆調査が、一般市民の協力によって実施されたこと（洪 一九九九）もすでに述べた通りである。

筆者は陳、顔らの調査研究とほぼ同じ時期の一九八九年に、陳とともに台湾本島北西部の沿岸漁業について調査し、苗栗県後龍鎮外埔里の海岸で石滬の残存状況を確認した（田和 一九九〇）。これがひとつの契機となり、その後、一九九五年には澎湖列島において石滬の現況について調査し、利用形態を生態学的視点から検討した（田和 一九九七）。さらに澎湖を中心に石滬に関係する資料を収集し、日本統治時代から現代にいたるまでの「石滬漁業史」をまとめた（田和 二〇〇三）。その一部については第六章でも取り上げた。

このような研究を進めていた過程で、第七章で示したように、日本統治時代の石滬漁業権免許申請に関する資料が南投県南投市中興新村にある国史館台湾文献館（旧台湾文献委員会）に保存されていることがわかった。そこで同館を訪れ文書調査をした結果、「台湾総督府文書十五年保存公文類纂」の一九一三（大正二）年から一九一五（大正四）年にかけての文書の中に、澎湖列島の北部地域、すなわち白沙島とその周辺島嶼部にある各澚の石滬漁業権免許申請に関する書類が保存されていることを確認した。本章では、これらの書類の内容に基づいて、一九一〇年代における白沙島周辺の石滬漁業の状況を考察する。さらに集落ごとの石滬の所有状況について分析したい。これによって、台湾本島北西海岸と澎湖列島における当時の石滬漁業を比較することも可能になるであろう。

一　台湾総督府文書

台湾総督府文書とは、一般的には台湾の歴史史料のなかで日本統治期における日本の統治機関（行政機関）が所蔵していた公文書の総体を指す（檜山 二〇〇三）。これに対して、狭義の意味での台湾総督府文書も存在する。これが「台湾総督府公文類纂」と称される文書であり、台湾統治に関する文書資料のなかで最も重要で中核をなす基本史料といわれるものである。

「台湾総督府公文類纂」は、一九四五年一〇月、最後の台湾総督安藤利吉が中華民国政府に引き渡した日本財産の一部である。一九四六年には台湾文献委員会に移管され、二〇〇一年末までこの委員会によって保存管理されてきた。二〇〇二年一月からは国史館台湾文献館に引き継がれた。その数は、約一万三千点にのぼる。

文書は、戒厳令下で長期にわたって非公開とされてきた。しかし一九九〇年代から積極的な公開利用と文書修復および電子情報化が図られるようになった。その背景には、蔣経国政権末期における戒厳令の解除、続く李登輝政権による民主化・自由化と「台湾の台湾化」政策があった。これらの政策が台湾史研究の解禁をもたらしたのである。たとえば、李登輝政権下の一九九四年には中学校のカリキュラム改訂の方針が決定され、国史編輯館や国立編訳館から国民中学校用の教科書として『認識台湾(台湾を知ろう)』歴史篇・地理篇[1]が出版されるなど、台湾のナショナル・アイデンティティーを模索することも活発化した(若林 二〇〇一)。

台湾総督府文書の構成は、組織体編成ではなく、年次ごと、さらにたとえば「第二門官規官職」や「第十門殖産」など、門類別編成であった。すなわち、ある案件の行政行為が完了すると、関連書類はともに一件書類として担当部局において一括され、文書課へ送付された。担当部局ごとの編成ではなく、門類別編成による簿冊であることから、簿冊名は件名ではなく、「明治〇年 台湾総督府公文類纂 第△巻」(〇・△には漢数字が入る)といった表題となる(加藤 二〇〇三)。このため、筆者が文書調査を開始した当時は、特定文書を門類別の簿冊のなかから見つけ出すことは不可能に近かった。そこで、文書目録編纂事業を通じて整備されつつあった総目録から関係書類を検索するという方法をとらなければならなかった。筆者が利用した目録類は、国史館台湾文献館に備え付けられている『現蔵台湾総督府档案総目録 十五年保存』(台湾文献会)であった。本目録中の「殖産」に関する項目から、文書内容を確認して選びだしたのが、「台湾総督府文書十五年保存公文類纂」に収められた以下の澎湖列島白沙島周辺における石滬漁業権免許申請資料である。

大正四年（一）、民国四年　第四十七巻甲　殖産（水産）〔資料番号五九四五〕
大正四年（一）、民国四年　第四十七巻乙　殖産（水産）〔資料番号五九四六〕
大正四年（一）、民国四年　第四十七巻丙　殖産（水産）〔資料番号五九四七〕

なお、これらは、二〇〇一年八月の調査時には、マイクロフィッシュに収められており、閲覧と複写が可能であった。二〇〇二年九月の調査では、デジタル化がすすめられ、コンピューター端末を利用して閲読し、必要箇所を印刷することができた。

二　石滬漁業権免許申請資料の検討

石滬漁業権免許申請資料は、通牒案、漁業免許状記載事項案、府報公告案、復命書、特別漁業免許願、漁場見取図から構成されていた。これらの書類一式が台湾総督であった佐久間左馬太に提出された。本節ではこれらの資料について検討しよう。

（1）漁業免許ノ件

第四十七巻甲　殖産（水産）文書「一、民殖四九四三　石滬漁業権免許　郭元外百七十七名」は、大正四年九月二一日付けで殖産局長、商工課長、庶務課長、民政長官、総督へ宛てられた「漁業免許ノ件」に関する府内の文書から始まる。所定の用紙に必要事項を記載したうえで、各部署に回覧され、役職者が捺印（ただし総督は「委任」印を押印）することになっていた。本文は、「漁業免許ノ件　澎湖庁下郭元等ヨリ別紙ノ通石滬漁業百七十八件免許願出ニ付取調候処本件ハ法定ノ要件ヲ具備スルノミナラス澎湖庁長ノ副申及出張員ノ実査復命書ノ通免許支障ナシト認ムルニ付免許相成可然哉別紙漁業免許状記載事項案府報公告案及免許状交付方通牒案併テ　仰高栽（裁）」［線を付した箇所は、所定の書式に自筆で書き加えられた部分を示す］と記されており、免許申請にいたった経緯がわかる。続いて、免許が相成り、交付方を取り計らうよう伝達する通牒案が民政長官名で澎湖庁長に宛てられている。

（2）漁業免許状記載事項案

通牒案に続いて、漁業免許状記載事項案　漁業免許状が一七八件収められている。本状はいずれも事前に印刷された所定の書面に記載されている。免許番号欄（いずれの書面にも番号の記載はない）に続いて「漁業免許状」という印刷文字がある。漁業権免許申請者のうちの代表者の住所・氏名が手書きで記入され、続いて免許内容が記載されている。免許内容については、漁業ノ種類及名称（いずれの書面にも「特別漁業石滬漁業」と記載：以下漁業権ノ存続期間までの（　）内は記載内容を示す）、漁場ノ位置（別紙漁場図ノ通）、漁獲物ノ種類（鰮（いわし）、鰹、鮸、鮘[2]、烏賊、其他雑魚）、漁業ノ時期（自一月一日至十二月三十一日）、漁業権ノ存続期間（十年）、条件又ハ制限（いずれの書面にも記載事項はない）が掲げられている。これに基づいて「前記漁業ヲ免許ス」として日付欄（いずれの書面にも日付の記載はない）が設けられ、最後に「台湾総督府」という印字がある。

（3）府報公告案

府報公告案は「漁業免許　左記ノ通漁業ヲ免許シタリ」として、一　免許番号、二　免許ノ年月日、三　漁業権者又ハ代表者ノ氏名若ハ名称及住所、四　漁場ノ位置、五　漁業ノ種類及名称、六　漁獲物ノ種類、七　漁業ノ時期、八　漁業権ノ存続期間、九　条件又ハ制限、十　保護区域、について記載する欄が設けられている。これらのうちの「漁業

免許 左記ノ通漁業ヲ免許シタリ」の部分および三の「漁業権者又ハ」と「若ハ名称」の部分、九 条件又ハ制限、十 保護区域には棒線が引かれ、「杉尾」という訂正印が押印されている。末尾の大正年月日欄と台湾総督府という印字にも棒線が引かれ訂正印がある。

免許番号欄をみると、一七八件の漁業申請に対して連番で第二三五号から第四一二号までの番号が与えられている。その他の内容は、前述の漁業免許状記載事項案とほとんど同じである。漁場ノ位置には俗称として地先名が加えられている。

（4）復命書

第四十七巻乙 殖産（水産）の資料は、復命書である。まず表紙（記載文字は判読不可能）に続き、台湾総督府専用の索引目録用紙がある。これには「大正四年台湾総督府公文類纂総目録十五年保存 第四十七巻ノ乙」と記され、続いて第四十七巻甲文書と同様に、「第十門第三類水産 民殖四九四三 石滬漁業免許 郭元外百七十七名」との記載がある。

漁業権免許の出願総数は四一八件であった。本文書は、このうち漁業権出願が「比較的急ヲ要スル」一七八件（一八一件から三件削除）の石滬に関する実態調査報告書である。これらの石滬はいずれも白沙島周辺のものである。四一八件のうち何件が石滬漁業の出願であったのか、白沙島周辺以外の地域の石滬漁業権免許申請はどのようになっていたのか、また、一七八件の出願がなぜ比較的急を要したのかは、本文書からは明らかにできない。同じ頃に澎湖列島全域の漁村調査にあたった古閑（一九一八c）によれば、白沙島周辺の主要な漁業は石滬と一本釣りであり、その他の漁業はほとんど論ずるに足らなかったという。このように石滬が白沙島周辺の漁業の中心を担っていたことが、出願が急がれたことと関係していると考えられる。さらに、漁場位置の未決定や漁場の位置関係にともなってすでに生じていた石滬漁業者間での漁場紛争、あるいは沖合で漁船漁業に従事する漁業者と石滬漁業者との間の紛争を回避する目的で申請を急いだとも考えられる。

実態調査にあたったのは、殖産局商工課の宮坂彌吉（代表）と杉尾喜高の二名であった。前述の訂正印は杉尾のものである。

復命書の末尾では、以下のように報告されている。

> 前期ノ百八十一件共従来慣行ヲ有スル漁場ニシテ他ニ関係者ナク又地先庄民間トモ故障ヲ唱フル者ナキニ付本件ハ全部免許支障ナシト認ム　右及復命候也　大正三年十月六日

漁業権数は一八一件となっているが、書類件数を確認したところ前述した通り一七八件であった。

復命書には、それぞれの石滬について、代表者の住所、氏名、共同所有者数、漁場の位置、石滬名、漁獲物の種類、慣行が記されている。慣行の説明は基本的に紋切り型であるが、調査にあたった宮坂と杉尾が石滬の築造年や共同所有者が有する権利の持分（株）の譲渡状況を聞きとって記述したと判断できる内容も含まれている。

（5）特別漁業免許願と漁場見取図

復命書に続いて収められているのが、特別漁業免許願と漁場見取図が一組になった書類である。

特別漁業免許願には、前述した漁業免許状記載事項案とほぼ同じ内容、すなわち漁業の種類および名称（記載内容は「第六種石滬漁業」、以下（　）は記載内容を示す）、漁獲物の種類（鰮、鰹、鮸、鮃、鯔(ぼら)、(烏)日賊、蝦類、其他雑魚）、漁業の時期（年中）、漁業権の存続期間（拾年）が記載されている。これに「前記ノ通漁業免許相受度別紙漁場見取図相添此段相願候也」という文面が、大正二年一二月の日付とともに書き加えられている[3]。続いて石滬の共同所有者それぞれの住所、株の持分、所有者名（捺印あり）、代表者名が掲げられている。願書の宛先は、台湾総督伯爵佐久間左馬太である。本文書によって個人名と持ち株数が明確になることから、各石滬の持分の割り当て方、さらには個人が何基の石滬とどのようにかかわっているのかを考察することができる。

別添の漁場見取図は、大縮尺の手描き地図である。石滬が実物より大きく描かれている。図中に漁場位置およびその通称名、石滬の名称、出願者名（前掲の代表者名に同じ）が併記されている。

三　白沙島周辺の石滬漁業

澎湖列島北部は、澎湖本島、白沙島、西嶼（漁翁島）の主要な三島とその他の小島からなる。このうち白沙島は、湾曲の多い島で、東部および北部の沖合には員貝嶼、吉貝嶼、鳥嶼をはじめ多数の島嶼が点在している（図8-1）。一方、島の南側にひろがる澎湖湾の中央には大倉嶼がある。白沙島一帯には瓦硐、鎮海、赤崁、通梁および吉貝の五澚があった。また、各澚のもとに、いわば集落にあたる郷が存在した。古閑（一九一八c）は、各澚にある郷の「一般状況」を一九一五（大正四）年、一九一六（大正五）年の統計に基づいてまとめている。表8-1には、古閑の統計表の一部を整理し、各郷の人口、農・漁業者数を掲げた。当時の澎湖列島の生業は農業と漁業のほか出稼ぎが目立っている。特に農業従事者が多かった。男性は農業とともに漁業にも従事した。女性は農業に加えて採貝・採草に従事し、寧日はなかった。この就労形態は本島よりも属島において顕著で、員貝嶼、鳥嶼、大倉嶼、吉貝嶼の各離島および赤崁澚の大赤崁郷は、半農半漁村的色彩が強かったことがうかがえる。

以下では、白沙島およびその周辺の石滬漁業を、漁業技術、石滬の構築年代、所有状況、利用形態などに注目し

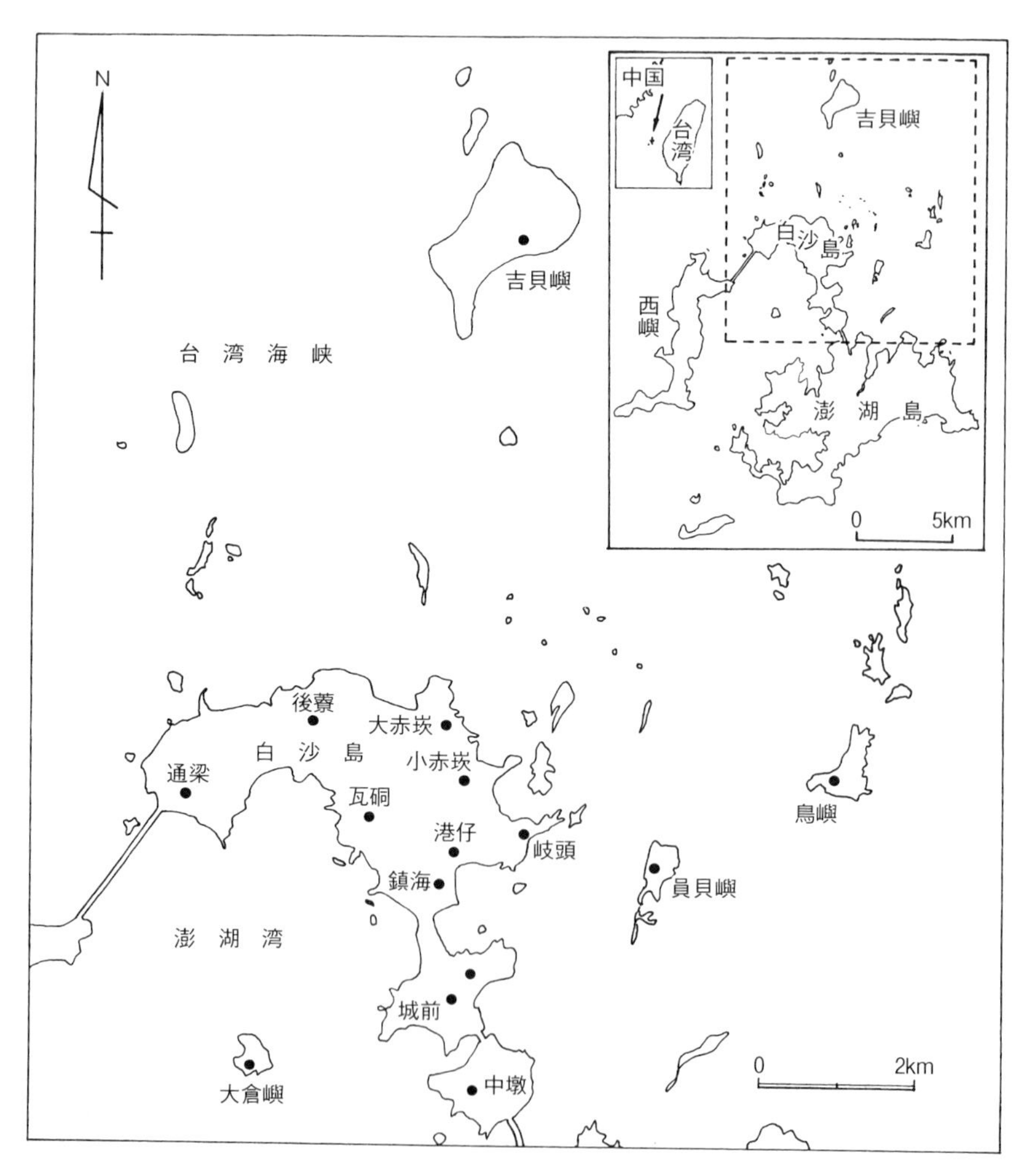
N
吉貝嶼
台 湾 海 峡
中国
台湾
白沙島
西嶼
澎 湖 島
0
5km
後寮
大赤崁
白 沙 島
小赤崁
通梁
瓦硐
港仔
岐頭
鎮海
員貝嶼
鳥嶼
澎 湖 湾
城前
大倉嶼
中墩
0
2km

図8-1　澎湖列島北部

表8-1　白沙島周辺の各澚における人口および農・漁業者数（1910年代）

澚	郷	戸数	人口			農業者数			漁業者数		
			男	女	計	専業	兼業	計	専業	兼業	計
瓦硐澚	中墩	107	249	342	591	207	218	425	1	20	21
	城前	35	76	101	177	47	93	140	—	6	6
	港尾	155	288	459	747	306	297	603	2	28	30
	瓦硐	133	258	311	569	135	133	268	6	149	155
	後寮	302	697	848	1545	413	244	657	18	272	290
	小計	732	1568	2061	3629	1108	985	2093	27	475	502
鎮海澚	鎮海	96	290	315	605	146	151	297	1	12	13
	港仔	163	283	403	686	305	226	531	2	18	20
	岐頭	60	130	170	300	92	90	182	—	6	6
	員貝	—	—	—	—	—	18	18	82	48	130
	小赤崁	65	131	171	302	47	158	205	5	54	59
	小計	384	834	1059	1893	590	643	1233	90	138	228
赤崁澚	大赤崁	245	569	682	1251	83	500	583	40	411	451
	鳥嶼	59	160	170	330	—	96	96	25	138	163
	小計	304	729	852	1581	83	596	679	65	549	614
通梁澚	通梁	195	464	609	1073	236	237	473	19	171	190
	大倉	24	64	67	131	23	32	55	9	23	32
	小計	219	528	676	1204	259	269	528	28	194	222
吉貝澚	吉貝	260	683	707	1390	92	476	568	30	402	432
計		1899	4342	5355	9697	2132	2969	5101	240	1758	1998

古閑（1918c）より作成。
注）農業者数、漁業者数は従業者数を示した。従属者数は示していない。
　　統計数値のうち誤記と判断されるものについては修正をほどこした。

ながらみていこう。

（1）漁具と漁業技術

石滬漁業権免許申請資料（以下、漁業権資料と略記する）のなかの復命書には、石滬漁業が以下のように説明されている。

本漁業ハ浅海又ハ干潟ニ高サ二尺乃至七八尺湾曲セル石堤ヲ築キ満潮ノ際ハ此石堤水中ニ没シ干潮ノ際ハ漸次露出シ満潮ニ乗シ入リ来リタル魚族ヲ自然此中ニ囲ミ次テ其沖合適宜ノ場所ニ設ケタル虎目ト称スル魚捕部ニ陥ランヲ副漁具ヲ使用シテ之ヲ捕獲スルモノニシテ本島北部及西部沿岸ニ於ケルモノト略同一ノ趣向ナルモ概シテ其規模甚大ナリ其面積数甲乃至数

石積みの高さは低いところで約〇・七メートル、高い部分で二・五メートル以上あったことがわかる。また、石滬は沖側に虎目と呼ばれる捕魚部が設けられていたこと、漁獲には副漁具（補助漁具）が用いられたこと、台湾本島にも石滬が存在していた事実を明確にしていることなどが、注目される。面積についていうと、小型は一千平方メートル台から、大型になると一万平方メートルを超えるものまで存在した。

魚を実際に捕獲する際に用いられた副漁具として、さで網やたも網、建網・建刺網類の網を利用して作られた小型の引網あるいは囲網などが使用された。さで網は長さ二・五メートル、高さ六〇センチメートル程度であった[4]。引網・囲網の網糸には台湾麻が用いられていた。これは苧麻（ちょま）のことであろう。二子撚り（ふたご）[5]にした太さ約〇・九ミリメートルのものが使われた。網眼（目合）は一五節であった。網長約二五メートルを浮子綱および沈子綱約一七メートルにつないだ。網丈は約二・七メートルでこれを二段継いだ。浮子綱・沈子綱には太さ約八ミリメートルの祥麻（黄麻のことと思われる）製のもの約一七メートルを二條使用した。浮子は桐製の丸形で、長さ六〜九センチメートル、半径四・五〜七・五センチメートルのもの七五個を使用した。沈子には約六〇〇グラム程度の石を一二個結びつけた。引網や囲網によって捕魚部にあたる虎目の入り口を建て切ったり、網を奥部へと曳いていったりして魚群を囲い込み、それらをさで網やたも網を用いて捕獲した[6]。

（2）石滬の形態

漁業権資料をもとに澎湖列島北部における石滬の分布についてみると、数多く分布していたのは、外海側では白沙島の後寮と大赤崁、離島部の鳥嶼と吉貝嶼、澎湖湾側では通梁というようにかなり限られていたことがわかる。

特に吉貝嶼には七〇基もの集中がみられた。

澎湖列島の石滬の形態は、大きく三つのタイプに分けることができる。それらは、①半円形石堤、②有滬牙滬、③有滬房滬である（図8-2）。これらは、漁具の発展系列を示すものといわれている（顔 一九九二；陳 一九九六b）。すなわち、石積みを丸く築いた半円形石堤がもっとも基本的な構造で古い形状と考えられている。半円形石堤では、退潮後でも石滬内に広い水面が残る場合が多く、残された水面で魚を獲ることが難しかった。そこで、内側に牙状、あるいは櫛状に石積みを設けて石滬内の水面を分割し、魚の行動範囲を区切ることによって、漁獲しやすくする工夫が試みられた。この石積みが滬牙（ホーバッ）と呼ばれるもので、滬牙を備えた石滬が有滬牙滬であった。さらに水深がある場所に構築された石滬には、半円形石堤の沖側に、魚を落としこむ捕魚部を設ける工夫がなされた。この捕魚部のことを滬房（ホーバン）といい、滬房をもつ石滬を有滬房滬と呼んだのである。以上のような基本形のほかに、二基以上の石滬を連続して築造した複合的な石滬もあった。これには特に名称がないが、ここでは便宜的に複合滬と呼んでおきたい。

図8-2　石滬の形態分類（模式図）

ところで、漁業権資料にある漁場見取図は手描きの大縮尺の地図中に石滬を実物よりもかなり大きめに示したものである。製図者は、図および文字の筆致からすれば、複数いたことがわかる。地図には製図者によって精粗がある。しかし、いずれの地図においても石滬の形状はかなり正確に描かれている。その根拠は、以下のような分析による判断からである。すなわち、瓦硐郷にある大崎虎目という石滬は、有滬房滬として描かれている。したがって、虎目（捕魚部）があるとする石滬の名称と形状が合致している。また、吉貝澚吉貝郷には同一の所有者が所有する旧滬と新滬という二基の石滬がある。築造年代は、いずれも「百余年前」とされている。このうち旧滬は半円形石堤、新滬は有滬房滬となっており、名称および形状のいずれをみ

表8-2　タイプ別の石滬の数（1914年）

	A	B	A＋A	A＋B	B＋B	B＋B＋B	計
瓦硐湾中墩郷		3					3
〃　港尾郷		6		1			7
〃　瓦硐郷		4			2	1	7
〃　後寮郷	1	21			1		23
鎮海湾鎮海郷		3					3
〃　岐頭郷(注1)		7					7
〃　小赤崁郷		3			1		4
赤崁湾大赤崁郷		12			2		14
〃　鳥嶼郷		13					13
通梁湾通梁郷	3	17	1				21
〃　大倉郷		6					6
吉貝湾吉貝郷	56	13	1				70
計	60	108	2	1	6	1	178

A：半円形石堤
B：有滬房滬
A＋A：複合半円形石堤
A＋B：複合滬（半円形石堤＋有滬房滬）
B＋B：複合有滬房滬（2基）
B＋B＋B：複合有滬房滬（3基）
（注1）港仔郷を含む。
「台湾総督府文書十五年保存公文類纂」大正四年第四十七巻 殖産（水産）の石滬漁業権免許申請書類より作成。

ても両者の構築に時期的変化があったことが明らかである。以上のような事例から、漁場見取図に描かれた石滬の形状は精度が高いと考えたい。

そこで、一七八基の石滬を郷ごとにタイプ別にまとめたものが表8-2である。本表をみると、単独の有滬房滬がもっとも多く、全体の六一パーセントを占めている。しかも吉貝嶼を除くすべての郷では、有滬房滬がほとんどを占める。有滬房滬は大正初期にはすでに一般的な石滬の形状であったことがわかる。半円形石堤の数は数基にとどまっている。有滬牙滬はまったくみられない。有滬牙滬は漁具の発展系列の中に組み入れるべきでない特殊な形態である可能性もある。

なお、吉貝嶼には半円形石堤が多い。この理由は明らかでない。しかし、一九九一年に吉貝嶼を調査した顔（一九九二）によれば、有滬房滬が七八基中四〇基を占めていた。半円形石堤から有滬房滬への切り替えが漁業権免許申請の提出後におこなわれたと推察され、この点は発展系列の考え方と一致する。

（3）構築と継承

石滬はいつごろ構築され、どのように維持されてきたのであろうか。

漁業権資料の復命書に記載されている慣行の内容から判断すれば、調査にあたった宮坂と杉尾は、石滬の構築時期とその後の所有状況について聞き取りをしていることがわかる。漁業慣行が存在しなければ、免許を与える要件が成立しなかったためであろう。しかし、当時の所有者の記憶に残る比較的近年に構築された石滬を除くと、構築時期については、「五十年前願人ノ父外七名共同デ築造」、「コノ石滬ハ二百余年前、願人ノ祖先ガ共同シテ築造」などの例にみられるように、おおまかな慣行のみ記述されているものが多い。構築時期が定まらないものについては、「築造年代不明」という記載もみられる。「従来慣行ヲ有スル漁場」と認識できれば免許交付の要件が整ったのであろう。このような状況ゆえ構築年代を正確に特定するにはいたらないが、あくまでも参考ということで、慣行の記述内容からまとめた郷ごとの石滬の構築時期を表8－3に掲げておきたい。これによれば、最も古い石滬は清代の一七〇〇年代初頭、最新のものは二〇世紀にはいってから構築されたことになる。

石滬は、基本的には複数名が必要な経費を出資して共同で構築した。そして経費に応じた持分（株）を各自が所有した。この持分が、石滬を利用できる権利とともに、日常の管理義務、修築が必要な場合の経費の分担と労働提供という義務を発生させた。なお、漁業権免許申請に名を連ねた者のうちの一人が石滬の代表者であった。代表者は滬主と呼ばれ、石滬の管理・運営状況を滬簿に記録した。滬主は構築にかかる費用を他者よりも多めに出資する場合があり、持分もそれに応じて多くなった。

所有者が死亡すると、その権利は男系親族（通常は長男）に相続された。このような相続に対してはほとんどの場合、「共同者中ニ異議ヲ唱フル者」はいなかったようである。

表8-3　澎湖列島北部における石滬の構築年代

1910年頃より	通梁郷	大倉郷	中墩郷	港尾郷	鎮海郷	岐頭郷	大赤崁郷	小赤崁郷	鳥嶼郷	瓦硐郷	後寮郷	吉貝郷	計
1～10年前					1								1
11～20年前											1	2	3
21～30年前											1	5	6
31～40年前												2	2
41～50年前	1			2						1		2	6
51～60年前	1										3	1	5
61～70年前											1	4	5
71～80年前	2										1	3	6
81～90年前	1		1				2				1	1	6
91～100年前	5		2	1		3				5	7	8	31
101～110年前										1		12	13
111～120年前	3					1			13			2	19
121～130年前	1					1	1					3	6
131～140年前	1												1
141～150年前						1					2	8	11
151～160年前						1							1
161～170年前													0
171～180年前												1	1
181～190年前													0
191～200年前													0
201年以上前	2			1			2	4			1	10	20
不明	4	6		3			9				5	5	32
記載なし					2							1	3
計	21	6	3	7	3	7	14	4	13	7	23	70	178

「台湾総督府文書十五年保存公文類纂」大正四年 第四十七巻殖産（水産）の石滬漁業権免許申請書類より作成。

持分は、本来は本人の死亡によって父から子に継承されてゆく。しかし相続ではなく親族以外の他人が買い受けた例も存在した。買い受けあるいは買収の事例は、瓦硐澚後寮郷で三例、赤崁澚大赤崁郷で三例、通梁澚通梁郷で二例、吉貝澚吉貝郷で一例の計九例確認できた。このうちの、たとえば、大赤崁郷にある下溝楞滬（六人による共同所有）では、二〇年前（一八九五年頃）、一人の持分が四〇円で買収されている。狗母滬（五人による共同所有）でも、一二年前（一九〇三年頃）、一人の持分を他人が三〇円で買い受けた。また吉貝郷の西湾（九人による共同所有）では十数年前（一九〇〇年頃）、持分を買収された一人が漁業権免許の願書を提出した後、再びそれを買い戻している。

一方で、吉貝郷にある宗教施設の維持・管理を目的として所有された石滬のなかには、持分を他人に売買譲渡できないことがあらかじめ約束されている事例もあった。

四　各郷における石滬の所有状況

本節では五つある澚内のなかの郷（集落）を取り上げ、郷ごとの石滬の所有状況についてみていきたい。

(1) 瓦硐澚

■中墩郷

中墩郷は、古閑（一九一八c）によれば、一九一〇年代の戸数は一〇七戸、人口は五九一人であった。このうち農業者数四二五人に対して漁業者数は専業一人、兼業二〇人にすぎなかった。ここには三基の石滬があった（表8-4）。所有者は二一人おり、このうち一九人がそれぞれ三基のうちのいずれか一基を共同で所有していた。ほとんどの所有者が三日ないしは五日に一度、漁獲の機会がある輪番利用と考えられるこのような形態は、石滬による漁獲物が基本的には自家消費用として使われるだけであったことを推察させる。中墩の事例は農業地帯にみられる石滬の所有と利用形態といえるのではないだろうか。

■港尾郷

港尾郷には七基の石滬があった。これらの所有形態は表8-5に示した通りである。六基は共同所有、猪漕流滬は個人所有であった。三五人の所有者がいたが、このうちの三二人がそれぞれ一基の石滬のみに関わる共同所有者であった。港尾も前述した中墩同様、農業を主たる生業としており、石滬は農家の「おかずとり」のための装置として機能していたとみるのが適当であろう。

持分（株）は基本的には代々継承して維持されてきたが、なかには石滬自体を買収したり、共同所有者の持分を買収することで、新規に所有者の一人として参入したりすることがある。二つの事例をあげてみよう。

横滬は築造年代が不明である。もとは同じ瓦硐澚の城前郷に居住していた林孔川が所有していた。しかし別の願人（代表者：李雲行ほか六名）の祖先が共同して購入したものであると伝えられていた。林の子孫にこの旨を正してみたところこれに誤りはなかったものの、譲渡した年代および譲渡価格については不明であった。南郊は一〇〇年前までは城前郷の林潘という者が所有していたが、願人の祖先が共同して購入したものであると伝えられていた。その価格は約一〇円内外であったという。

■瓦硐郷

瓦硐郷には七基の石滬があった。いずれも共同で所有されていた。所有者の総数は二八人であった。このうちの二五人がそれぞれ七基のうちのいずれか一基を所有していた（表8-6）。

月眉は約百年前、戴像、呂善、許田、許令咸、方尚の五人の祖先が開拓した石滬であった。慣行漁場として代々継承されてきたが、六、七年前に呂善の持分を許寛が買受け、一〇年前には許田の持分を許欉が買入れた。漁業権

表8-4　中墩郷における石滬の所有

所有者	番戸	西面滬	東半流	深滬炭	関係する石滬の数
		10人（10株）	7人（6株）	6人（6株）	
鄭柱	3			○	1
棟断	4		○		1
楊晋	24			○	1
鄭別	29			○	1
鄭禾	32		○	◎	2
鄭安	34			○	1
鄭生拿	36			○	1
鄭用	37		○		1
鄭水	37		○		1
郭元	63	◎			1
郭氏墨	67	○			1
郭由	74	○			1
郭合興	75	○			1
呂添丁	77	○	◎		2
呂籃	77		○（0.5）		1
呂廹	78		○（0.5）		1
鄭文	79	○			1
郭允	83	○			1
郭宏	84	○			1
郭針	85	○			1
謝氏微	85	○			1

注）◎は漁業権免許申請の代表者を表す。

（　）の数字は持分数（株数）を表す。数字のないものはすべて1とする。

「台湾総督府文書十五年保存公文類纂」大正四年第四十七巻 殖産（水産）の石滬漁業権免許申請書類より作成。

表8-5　港尾郷における石滬の所有

所有者	番戸	大滬	横滬	破滬仔	深滬	南郊	猪潭流滬	草嶌滬仔	関係する石滬の数
		8人(8株)	7人(6株)	6人(6株)	5人(5株)	8人(7株)	1人	3人(6株)	
郭周	5			◎					1
呉寶	14							○	1
呉清瑞	16			○					1
楊詞	23				○	○			2
楊成	25			○					1
楊自巳	27					○ (0.5)			1
呉寮	30			○					1
壬選	30					○			1
呉號	31					○			1
呉馮美	35					○ (0.5)			1
呉三許	36					○			1
林鷹	44		○						1
李雲行	45		◎						1
呉文董	51			○					1
呉辛巳	54		○						1
呉存	54		○						1
呉安然	60	○							1
呉安東	61				○				1
黄才	62	○ (0.666)							1
許虎	64				○				1
呉自寛	66		○						1
鄭縈	73							○ (2)	1
呉崇山	78				○				1
陳潤	80	◎ (1.834)							1
郭皎	81					◎			1
蕭秋	92			○					1
呉長庚	97	○ (0.5)	○ (0.5)						2
陳淵堂	100							◎ (3)	1
呉秋	101		○ (0.5)						1
陳順親	103					○	◎		2
郭怡貞	107				◎				1
郭攵水	115	○							1
林泉	港仔60	○							1
郭桓	港仔87	○							1
蕭枝	港仔109	○							1

注）◎は漁業権免許申請の代表者を表す。

（　）の数字は持分数（株数）を表す。数字のないものはすべて1とする。

「台湾総督府文書十五年保存公文類纂」大正四年第四十七巻 殖産（水産）の石滬漁業権免許申請書類より作成。

表8-6　瓦硐郷における石滬の所有

所有者	番戸	月眉	大滬	水仔尾	大滬南	死人墓	半肺	双港仔嵌	関係する石滬の数
		5人(5株)	5人(6株)	3人(4株)	5人(6株)	7人(6株)	4人(5株)	2人(2株)	
呂里	2				◎				1
方望	3		○						1
方尚	20	○							1
方達	20					◎			1
許欋	25	○							1
張有如	29				○				1
洪朝和	30					○ (0.5)			1
呂尋	30					○ (0.5)			1
許令咸	32	○							1
張猪母	34			◎ (2)					1
張元	35			○					1
呉壬辰	39				○				1
許察	41						○		1
許由	42					○	◎ (2)		2
鄭植	44					○	○		2
呂老	44							◎	1
許寛	45	○							1
呂桂	47				○ (2)				1
呉義	48		○						1
呉庸	50		○						1
呉猛	50		○						1
呉文仁	51		◎ (2)	○					2
呂恕	53						○		1
戴像	54	◎							1
呂淵	?				○				1
呂豹	?					○			1
許載	?					○			1
葉柱	後寮郷28							○	1

注）◎は漁業権免許申請の代表者を表す。

（　）の数字は持分数（株数）を表す。数字のないものはすべて1とする。

「台湾総督府文書十五年保存公文類纂」大正四年第四十七巻 殖産（水産）の石滬漁業権免許申請書類より作成。

免許申請時には戴像、許寛、許糧、許令咸、方尚の五人の願人が輪番で利用していた。

大滬南は五人による所有であった。願人の一人呉壬辰は二〇年前、五円で持分を買い受けた。

死人墓は、五〇年前に願人の父祖の代に共同開拓され、以来慣行漁場として継承されてきた。数年前には一部が損壊し、そのまま放棄された。しかし一九一二年に台湾漁業規則の発布があり、これを機に修復がなされ、漁業権免許の申請にいたった。このように石滬漁場を確保するためのいわば駆け込み的な出願もみられたのである。

後寮郷

後寮郷には二三基の石滬があった（表8-7）。二一基が台湾海峡に面する側、残り二基が澎湖湾側にあった。二基が個人所有（西勢坪、糲泥滬仔）、二一基が共同で所有されていた。共同所有者が最も多い新滬で七人であり、ほとんどが三人から五人での所有であった。所有者に名を連ねる五八人のうち三七人が一基の石滬だけに関わっていた。後寮の所有形態の特徴として、同姓のみによる所有をあげることができる。すなわち、洪姓のみで所有されているものが三基、林姓および方姓のみで所有されているものが二基ずつ、顔姓のみ、許姓のみが一基ずつあった。いわゆる宗族による所有がなされていた可能性を読みとることができる。以下にその事例を示そう。

東畔滬は方麟と方鵜の兄弟が所有しているが、以前は方徳という人物も加わっていた。もともと彼らの祖先が築造した。方徳が三〇年前に死亡したため、この持分を方麟が買い受けた。したがって、持分は、方麟が三分の二、方鵜が三分の一となり、二人が輪番で利用していた。無主観光は、漁業権免許を願い出た三人の父親、すなわち方新駕の父、方螺金、方神庇の父、方計および方麟の父、方注法の三人が六〇年前に共同で開拓した。その後、経営は維持されたが、父親がいずれも死亡したので息子三人が相続した。

新滬は二〇年前に現在の願人である洪議、洪麟、洪教、洪群、洪明廳、洪丕、洪穀の七人が共同して築造した。以降、輪番利用を続けてきたが、復命書が提出される二か月前の一九一四（大正三）年七月、洪明廳が死亡したため、その持分を長男洪章が継承した。共同所有者でこれに異議を唱えるものはいなかった。

漁業権免許申請をよい機会としてとらえ、すでに破損していた石滬を修繕し、申請に間に合わせた（あるいは間に合わせたと考えられる）事例もいくつか残されている。

深滬は、願人らの祖先が一〇〇年前に共同開拓し、代々継承されてきた。一五年以上前に波浪のために破壊され、そのまま使用されずにいたが、漁業規則の発布とともにこれを修築しつつあった。西勢坪は五、六年前から多少破損し、漁獲はなかったが、一九一三（大正二）年に八〇円を投じて修繕した。瀬仔頭も修繕をして漁業権免許申請に至った事例といえるかもしれない。この石滬の築造された年代は不明であるが、五人の願人のうち呉記を除く四人の祖先が共同して築造したことが明らかであった。一七、八年前、破損し、その後放棄されていたが、数年前に呉記と協議のうえ、呉記一人が出資して修復した。その後、呉記を加えた五人で輪番利用してきた。

（2）鎮海湾

■鎮海郷

鎮海郷には離島部の員貝嶼と鎮海とが含まれる。員貝に共同所有による滬仔、大滬の二基、鎮海に個人所有による一基の石滬があった（表8-8）。員貝の二基は、一〇〇年前に願人らの祖先が漁業をおこなうために鎮海郷より移住し、共同して構築したとされる。鎮海郷にある萬丈尾滬は一〇年前、願人自らが築造した新しい石滬であった。完成には五、六年を費やした。

■岐頭郷

岐頭郷には七基の石滬があった（表8-9）。これらのうちの螺仔礁、北荅、海馬坪、耕州の四滬の共同所有者は、いずれも隣接する港仔郷および鎮海郷の住民で、岐頭郷の住民は含まれていない。後滬は一〇人で所有されて

瀬頂	欄泥滬仔	中洲仔尾	新滬	瀬仔頭	溝口	碴仔滬	砕礁	深滬	鶯歌礁	大坪頭	西勢下滬	関係する
5人(5株)	1人	4人 (4株)	4人(4株)	5人(5株)	5人(5株)	5人(5株)	4人(4株)	4人(6株)	4人(5株)	3人(4株)	4人 (4株)	石滬の数
							◎	○				2
								◎(2.5)	◎(1.5)			2
									○			1
												1
												1
												1
												1
												1
										◎(2)		1
○												1
												1
												1
												1
												1
◎							○					3
○												2
○												1
				○								1
												1
												1
												2
				○								2
○												1
				○								1
					○							1
											○	1
		○	◎			◎		○	○			5
							○					1
											◎	1
												2
							○				○	2
				○								1
										○		1
										○		1
				◎	○							2
					◎							2
						○		○(1.5)	○(1.5)			3
						○						1
						○						1
					○						○	2
	◎	○	○									3
		◎										1
			○									1
		○	○			○						3
												2
												3
												1
												1
												1
												1
												3
												2
												2
												2
												1
					○							1
												1

表8-7　後寮郷における石滬の所有

所有者	番戸	淀堖	東畔滬	無主観光	後面外滬	西勢坪	石淀邊	大崎虎目	新滬	順風礁	瀬仔尾	白虎洲
		4人(4株)	2人(3株)	3人（3株)	4人（4株)	1人	3人(13株)	2人（3株)	7人(7株)	5人(7株)	4人(4株)	5人(5株)
許権	4											
葉彩	13											
葉春長	13											
顔照	18											○
顔君定	19											◎
顔榜	19											○
顔孔	21											○
顔座	22											○
陳約	30											
宋求	41											
許仁	56				○							
許慰	57										○	
方鵝	59		○									
顔敏	66					◎						
許切	77										○	
宋群	80				◎							
許軒	85											
許池	86											
許三發	89										◎	
方神庇	103			○								
方麟	108		◎(2)	○								
方興	110				○							
宋脩	115											
方柱	124											
許棉	139											
許蘭	144											
洪蚊	156											
許篤	158											
洪紫電	167											
許畏翰	170				○						○	
方畏	184											
鄭朱帯	186											
宋賜	186											
盧榮	190											
呉記	191											
方新駕	194			◎								
葉獅	204											
許自發	208											
許自隠	208											
方開胤	209											
洪情	217											
洪両固	217											
洪政	217											
洪林	218											
洪群	221	○							○			
洪議	222	○							◎	○		
洪鶴	223									○		
洪教	226								○			
洪丕	228								○			
洪麟	229								○			
洪穀	321								○			
林順	235	◎					○			○(2)		
林景	236	○								◎		
林元	236						○(3)	○				
林速	239						◎(8)	◎(2)				
洪明廳	243								○			
許諒	?											
林都	通梁郷22									○(2)		

注）◎は漁業権免許申請の代表者を表す。

（　）の数字は持分数（株数）を表す。数字のないものはすべて1とする。

新滬という同じ名称の石滬（7人で所有するものと4人で所有するもの）がある。

「台湾総督府文書十五年保存公文類纂」大正四年第四十七巻殖産（水産）の石滬漁業権免許申請書類より作成。

表8-8　鎮海郷における石滬の所有

所有者	番戸	滬仔	大滬	萬丈尾滬	関係する石滬の数
		6人（6株）	7人（6株）	1人	
陳悔	4	○			1
王榮	5	○	○		2
陳仲	7		○（0.5）		1
陳禾	8		○		1
王賜	9		○		1
陳才	10	○	○（0.5）		2
王法	11	○			1
王涼	13	○			1
王麒麟	16		◎		1
王熊	19	◎	○		2
陳耕	20			◎	1

注）◎は漁業権免許申請の代表者を表す。
（　　）の数字は持分数（株数）を表す。数字のないものはすべて1とする。
「台湾総督府文書十五年保存公文類纂」大正四年第四十七巻 殖産（水産）の石滬漁業権免許申請書類より作成。

いたが、うち七人が岐頭郷の住民、二人は鎮海郷、一人は港仔郷の住民であった。他郷からの入漁（地先漁場の借用）がみられる所有と利用の形態である。墻仔坪、父子滬の二滬のみが岐頭郷の住民だけで所有されていた。

小赤崁郷

四基の石滬があった。これらのうちの西滬については所有関係の文書が保存されていない。表8-10は残り三基の所有関係を示したものである。三基の石滬には合計二〇人の所有者が関与していた。三基はそれぞれ七人、八人、一〇人による共同所有であった。二〇人の所有者のうち一基の石滬だけを所有する者が一五人、二基に名を連ねる者が五人となっており、郷全体で比較的平等な所有形態が形成されていたとみることができる。

なお改仔門滬は八人で所有されるが、持分（株）の数は六五株で組まれていた。詳細はわからない。

表8-9　岐頭郷における石滬の所有

所有者	番戸	螺仔礁	北苔	海馬坪	耕州	後滬	墻仔坪	父子滬	関係する石滬の数
		17人(20株)	12人(12株)	9人(9株)	6人(6株)	10人(9株)	6人(8株)	4人(5株)	
呂和	港仔郷12	○							1
張大吉	〃 13	◎							1
呂天送	〃 13		○						1
呂詰	〃 15	○	◎	○					3
張才	〃 22		○						1
張汀	〃 22			○					1
洪自保	〃 30	○							1
林定	〃 38	○							1
呂私直	〃 38	○(2)							1
洪檣	〃 41	○	○(0.5)						2
張大吉	〃 43			○					1
洪網	〃 44	○							1
呂協	〃 47	○	○	○					3
呂寶	〃 48	○							1
林傑	〃 54		○						1
林群	〃 58	○							1
林川	〃 59	○		○					2
林爰	〃 59		○						1
林泉	〃 60	○(2)							1
洪氏巧	〃 61		○						1
林修	〃 61	○(0.5)	○						1
李向	〃 71		○						1
林成	〃 81			◎					1
郭國桓	〃 87			○	○				2
蕭湌	〃 105					○(0.5)			1
呂山	〃 107	○(0.5)							1
蕭沙	〃 109				○				1
蕭爪	〃 115				○				1
蕭運	〃 118			○					1
蕭泉	〃 119				○				1
蕭寮	〃 120		○		◎				1
蕭頭	〃 129				○				1
陳夯	鎮海郷34	○	○(1.5)						2
陳墩	〃 34			○					1
陳炎	〃 37					○			1
陳清駿	〃 39	○(3)							1
陳龍勇	〃 43					○			1
洪復吉	岐頭郷25					○	○(1.5)		2
郭音	〃 26					◎(0.5)	○(1.5)		2
郭氏綢	〃 29					○(0.5)			1
李明竹	〃 42						○(0.5)		1
陳天周	〃 44					○(0.5)	◎(3)		2
郭馬	〃 47					○			1
郭只壇	〃 48					○(2)			1
郭忠征	〃 52							○	1
郭榜	〃 53					○		○	2
郭庇	〃 54						○	◎(2)	2
郭良	〃 56						○(0.5)	○	2

注）◎は漁業権免許申請の代表者を表す。

（　）の数字は持分数（株数）を表す。数字のないものはすべて1とする。

「台湾総督府文書十五年保存公文類纂」大正四年第四十七巻 殖産（水産）の石滬漁業権免許申請書類より作成。

表8-10　小赤崁郷における石滬の所有

所有者	番戸	到土仔滬	潭仔滬	改仔門滬	関係する石滬の数
		7人（5株）	10人（7株）	8人（65株）	
林義	?			○（7.5）	1
林前	7	○（0.5）			1
林葉	8		◎（0.75）		1
林猴	9		○（0.75）	○（7.5）	2
呂統	13	◎			1
林鋭	14		○（0.5）	○（10）	2
許見朱	15		○（0.5）		1
呂名	17			○（5）	1
陳景	18		○（0.5）		1
許音	19	○（0.5）		◎（10）	2
陳長	21	○（0.5）			1
呂権	22		○（0.5）		1
呂象	27		○	○（5）	2
呂渓	29		○		1
呉江	34	○			1
呂禎	35		○	○（10）	2
呉寅	37		○（0.5）		1
呂慶	44	○			1
許崁	47	○（0.5）			1
許天生	48			○（10）	1

注）西滬については所有関係の文書が保存されていないので省略した。
◎は漁業権免許申請の代表者を表す。
（　）の数字は持分数（株数）を表す。数字のないものはすべて1とする。

「台湾総督府文書十五年保存公文類纂」大正四年第四十七巻 殖産（水産）の石滬漁業権免許申請書類より作成。

(3) 赤崁湾

大赤崁郷

本郷には一四基の石滬があり、合計七〇人が所有者に名を連ねていた(表8 - 11)。東滬と新滬仔以外の一二基は四~七人による共同所有であった。各所有者が関わる石滬の数は一~三基であり、石滬は郷全体で平等に利用されていたと推察される。

大赤崁郷の石滬のなかには持分を買い取った事例が残されている。下溝榜滬は、この郷にいた凃計ほか五名の祖先が共同して開拓したものであり、それ以降は慣行漁場として継承されてきたが、二〇年前、凃計の持分を魏昌が四〇円で買収した。狗母滬は、林旺ほか四人の祖先が共同で開拓した。以来、慣行漁場として代々継承されてきたが、一二年前、鄭主が林旺の持分を三〇円で買い受けた。

東滬と西滬(西滬については漁業権資料が保存されておらず、詳細は不明である)という二基の石滬はいずれも同じ二一名によって共同所有されていた。申請代表者の鄭良文の祖父藍五金ほか二〇名が八九年前に二基とも共同で四六〇円余りを投じて築造した。以来、慣行漁場として継承されてきたのである。ほとんどが申請時の願人の父親から持分を継承した。しかし凃鍼牛は父の凃元より持分を譲り受けたが、凃元自身は同じ大赤崁郷の鄭三福という人物から持分を買い受けてこの石滬の共同所有者になっていた。これも持分の買い受けが明らかな事例である。

鳥嶼郷

白沙島の東方五キロメートルに位置する鳥嶼には石滬が一三基あった。一二〇年前(一七九五年頃)、大赤崁郷の住民十数人が漁業に従事する目的でこの島へ移住し、共同で石滬を築造した。戸数は、その後、主として分戸によって増加し、四四戸となった。各戸のほとんどが石滬を共同所有した。持分の売買等はその後もなく、いずれの石滬

表8-11　大赤崁郷における石滬の所有

所有者	番戸	新滬	大溝滬	西橋仔滬	礁仔溝滬	下溝樸滬	半流仔滬	東萬金滬	狗母滬	到杙仔滬	丰祥仔滬	新滬仔	鎮丁礁滬	東滬	新滬仔	関係する石滬の数
		5人(6株)	7人(7株)	6人(6株)	7人(7株)	6人(6株)	7人(7株)	6人(6株)	5人(4株)	4人(4株)	6人(6株)	4人(5株)	7人(7株)	21人(20株)	21人(20株)	
呉火	2													○	○	2
涂礼	5													○	○	2
涂奢	6											○				1
鄭帆	7												○			1
林春	10										○			○ (0.5)	○ (0.5)	3
呉旺	11													○ (1.5)	○ (1.5)	2
陳放	19											◎ (2)				1
鄭賜	20													○ (1.5)	○ (1.5)	2
魏意	21				○									○	○	3
黄木	24						○									1
楊善	28					○										1
鄭炉	29					○								○	○	3
鄭和	32						○									1
宋祖品	34										○					1
鄭講	37							○								1
鄭卓	38													○ (0.5)	○ (0.5)	2
鄭春来	45									○	○					2
鄭仲	54				○									○ (1.5)	○ (1.5)	3
鄭允	57				○											1
林天永	58								○							1
楊粦	59							○								1
鄭主	60						○		◎							2
呉當	61						○									1
楊肚	63						○ (0.5)									1
楊凫	63							○								1
魏昌	68					◎										1
陳贊	70					○										1
鄭寛	74			○									○			2
魏彩	75		○										○			2
魏持	75													○	○	2
張無	82						○									1
邱傳	84													○	○	2
涂愿	86	○														1
邱振柱	86		◎		◎											2
魏候	88													○	○	2
張斤	91			○												1

涂鉄牛	100		○													1
張裕	102		○										○			2
邱秋	103						◎ (1.5)		○							2
涂福受	106					○										1
涂鍼牛	108													○	○	2
石江	111							○								1
呉騫	118			○												1
陳留	125													○ (0.5)	○ (0.5)	2
鄭良文	130													◎ (2)	◎ (2)	2
林房	131			○												1
鄭士	138								○ (0.5)				◎			2
楊旺	141									◎	◎					2
王賜	142												○	○	○	3
張琴	143							○								1
涂得喜	145	○										○				2
謝采	148		○		○											2
邱文爐	149												○			1
許春	151				○											1
涂場	153									○						1
涂盛	153										○			○ (0.5)	○ (0.5)	3
陳委	154		○													1
謝助	155													○ (0.5)	○ (0.5)	2
鄭祐	156					○										1
涂農	156													○ (0.5)	○ (0.5)	2
涂力	158	◎ (1.5)		◎												2
涂権	158	○														1
張清錦	159		○													1
黄泉	160													○ (0.5)	○ (0.5)	2
涂振作	165	○ (1.5)		○												2
楊敏	166									○	○					2
涂象	168											○				1
陳舗	170				○											1
陳徳勝	170													○	○	2
張主盤	180							◎	○ (0.5)							2

注）◎は漁業権免許申請の代表者を表す。

（　）の数字は持分数（株数）を表す。数字のないものはすべて1とする。

「台湾総督府文書十五年保存公文類纂」大正四年第四十七巻 殖産（水産）の石滬漁業権免許申請書類より作成。

表8-12　鳥嶼郷における石滬の所有

所有者	番戸	内新滬	大滬	新滬	南日利	外新滬	南益利	東滬	横門滬	半流滬	新滬仔	白沙仔滬	新礁滬	西汕仔滬	関係する石滬の数
		7人(7株)	9人(8株)	7人(8株)	8人(7株)	9人(9株)	9人(9株)	12人(12株)	5人(5株)	6人(7株)	1人	6人(7株)	7人(7株)	12人(9株)	
鄭上	1			◎(2)						◎		◎(2)			3
鄭葵	2		○	○	○		◎			○					5
鄭算	2									○					1
鄭皎	3		○												1
陳春	5						○					○			2
呉古	6							○						○(0.5)	2
鄭燕	6		○				○							○(0.5)	3
呉倫	6			○										○(0.5)	2
林獅	8							○							1
林寮	8					○									1
林勝	9				○		○								2
林科	9													○	1
陳熊	10	○		○	○(0.5)		○						◎		5
鄭守	11				○			○		○			○		4
涂拳	12											○			1
呉陶	13		○												1
鄭普	16							◎							1
魏勤	18					◎		○	◎						3
魏企	18												○		1
石評	19										◎				1
涂泰	22								○						1
石頂	23					○		○							2
石智	25	○								○					2

林誇	27											○			1
鄭仝	31				○		○								2
魏林梅	32		○			○									2
陳添	33			○（2）				○							2
魏博	33						○								1
魏勇	34				○	○		○		○（2）				○（0.5）	5
魏攀	34	○		○（0.5）	○（0.5）	○	○								5
魏晩	34			○（0.5）											1
鄭昏	37				◎		○							○	3
呉鉄	38							○						○（0.5）	2
陳運	38								○						1
凃留	40							○				○			2
黄順海	40	○				○							○	◎	4
呉荣柱	40		○			○									2
呉添	41							○	○				○		3
呉喜	41	○											○		2
呉興	42	○						○							2
呉送	42					○							○		2
呉流	43		◎（0.5）									○			2
呉爐	44	◎	○（0.5）						○						3
陳長	小赤崁郷21													○（0.5）	1
鄭斤	大赤崁郷21		○												1
藍築	大赤崁郷65													○	1
邱秋	大赤崁郷103													○	1
三太子爺	大赤崁郷122													○	1

注）◎は漁業権免許申請の代表者を表す。

（　）の数字は持分数（株数）を表す。数字のないものはすべて1とする。

「台湾総督府文書15年保存公文類纂」大正4年第47巻 殖産（水産）の石滬漁業権免許申請書類より作成。

も慣行漁場として継承されてきた。表8 - 12は鳥嶼の石滬の所有関係を示したものである。鳥嶼の居住者としては、復命書に記載されている戸数に近い四三人が共同所有者に名を連ねていた。そのほか、大滬と西汕仔滬の共同所有者のなかには、大赤崁郷と鎮海澚小赤崁郷の住民が含まれていた。

（4）通梁澚

通梁郷

通梁郷は白沙島の西端に位置する集落である。石滬は台湾海峡側と澎湖湾側に分布し、その数は二一基におよんだ。各石滬の所有状況を示したものが表8 - 13である。これらのうちの高頂滬、海墘滬、過溝、槺坪、船頭滬の五基は、顒人一人のみによって漁業権免許が申請されており、いずれも個人所有の石滬である。これらは澎湖湾の紅眠床と呼ばれる地先の南部および東南部に位置している。高頂滬、海墘滬、過溝、槺坪は顒人の祖先が築造したもの、船頭滬は顒人の祖先が共同で築造したものである。

石滬の所有には六二人が関わった。このうち一基のみに関わるものが三四人（個人所有とみなすことができる上記の五人を含む）、二基に関わるものが一九人、三基に関わるものが八人、四基に関わるものが一人であった。各石滬の共同所有者数は三人から一一人の幅がある。仮に共同で所有される石滬がいずれも輪番で利用されるとすると、月間に二〇日以上の出漁が可能なものは、二基の代表者を務め三基に関わっている、八番戸に居住する洪鎮および八五番戸の鄭柔、四基に関わる七九番戸の鄭窓のみであった。

以下で特徴的な所有形態の石滬についてみておこう。

大礁南腰は三人によって所有されていた。約一〇〇年前に顒人らの祖先が共同で築造し、その後、慣行漁場として代々継承されてきた。顒人は鄭窓を代表者とし、鄭帝と鄭柔が加わっている。持分はそれぞれ三分の一ずつであった。鄭帝には鄭北という弟がおり、三分の〇・五の持分を有し、鄭帝も同様に三分の〇・五を所有していた。しかし、鄭北は当時、台南地方に出稼ぎに出ていたため、申請書の個人名に押印ができなかった。一九一三年に出稼地に向けて出発する時に一切の家事上のことを鄭帝に委任してこの地を離れた。したがって、この石滬は、表面上は三人による共同所有となっていた。

連礁船仔垵滬は、一一人の共同所有である。願人のうち鄭自を除く他の一〇名に鄭柱という者を含めた合計一一人の祖先が共同して開拓したが、四〇年前、鄭柱の持分が鄭自によって買収された。

坪仔頂は林要件、林有、林望麟、林吟討、林程の五兄弟に鄭拖を加えた六人が築造し、輪番で利用してきた。漁業権免許を申請した時の願人はいずれもこれら六人の子である。

竪風は五〇年前、張通と郭発の二人が築造し、慣行漁場として輪番で利用してきた。この二人が約四〇年前に死亡したため、張通の持分は子の張抱と林連の兄弟、郭発の持分は子の郭珠と陳泥の兄弟にそれぞれ継承された。

■大倉郷

大倉郷は澎湖湾中央部に位置する大倉嶼にある集落である。島周辺に石滬が六基存在した（表8-14）。いずれも願人の祖先がこの島へ移住した当時に築造したものである。口碑によれば二〇〇年以上前に築かれたという。慣行の内容は六基とも同様であった。所有に関わる一九人のうちの一七人が陳姓である。各石滬の所有者数は、七人による所有が三基、五人による所有が二基、三人による所有が一基であった。いずれの石滬においても所有者数と株数は一致している。一基または二基の石滬に関わる者が一九人中一五人である。平等に輪番利用がなされているとするならば、五基に関わる二番戸の陳料を除けば、月間の出漁日数は四、五日間から二週間までである。石滬漁業はこのように副業的な利用にとどまっていたとみることができる。

連礁船仔垵滬	連礁下滬	坪仔頂	竪風	坪尾	船頭滬	船仔屈門	下底	南腰	菓林潭	関係する
11人(30株)	11名(30株)	6人(6株)	4人(4株)	4名(4株)	1人	4人(4株)	6人(9株)	4人(6株)	4人(8株)	石滬の数
										1
										2
										2
										1
								◎(3)	◎(4)	3
								○(1)	○(2)	3
								○(1)		1
								○(1)		2
									○(1)	2
○(1.5)	○(1.5)									2
○(2.5)	○(2.5)									3
										1
										1
										1
										1
○(2.5)	○(2.5)									2
										1
										1
○(2.5)	○(2.5)									2
			○							1
									○(1)	1
○(3)	○(3)									2
			○							1
										1
○(1)	○(1)									3
○(2.5)	○(2.5)									2
										2
										2
										2
○(2)	○(2)									3
										2
										4
										1
										3
										2
										1
		○								1
				○(1.5)						2
							◎(4)			1
◎(2.5)	◎(2.5)	○								3
				○(0.5)						1
				◎(1.5)						1
										1
○(5)	○(5)			○(0.5)						3
		○					○(1)			2
		○								1
		○					○(1)			2
			○							1
		◎								1
							○(1)			1
						◎				1
			◎							1
						○	○(1)			2
										1
						○				1
					◎					1
										1
○(5)	○(5)									2
										1
										1
						○				1
							○(1)			1

表8-13　通梁郷における石滬の所有

所有者	番戸	海興	虎目	大礁北腰	大礁南腰	南郊	高頂滬	海墘滬	過溝	槿坪	牛角水	發西
		10人(12株)	6人(6株)	4人(4株)	3人(3株)	9人(9株)	1人	1人	1人	1人	5人(5株)	4人(4株)
鄭庇	1					○						
葉井	2		○			○						
鄭語	4		○	○								
鄭築	5					○						
洪鎮	8	○（3）										
洪府	8	○										
陳騰	9											
洪水	16	○										
洪葉	20	◎										
鄭長齋	29											
鄭道	32	○										
鄭智	32	○										
鄭餘	35											○
鄭足	36											◎
鄭閔損	37											○
鄭自	40											
鄭縛	41											○
鄭吾	48	○										
鄭攏	50											
陳泥	51											
鄭育寅	53											
鄭湄	56											
郭珠	59											
陳芝	60										○	
陳芸	62										◎	
戴張	63											
鄭糧	68	○	○									
陳任	70		◎			○						
鄭岱	75		○			◎						
鄭舛	75					○						
鄭帝	76			◎	○							
鄭窓	79		○	○	◎						○	
鄭典	84					○						
鄭柔	85			○	○	○						
洪允	90					○					○	
陳宿	93	○										
鄭傑	100											
鄭錦	103	○										
鄭鶚	105											
鄭用修	108											
戴自謙	114											
鄭訓	123											
陳秋	124										○	
鄭庭	124											
林德	127											
林盆	130											
林欣	131											
林連	134											
林登	135											
張瓜	139											
張壬	142											
張抱	143											
張向	144											
陳智	149								◎			
陳亨	151											
陳富	153											
陳讀	154									◎		
鄭良	154											
陳呈	153							◎				
陳越	157						◎					
陳貢	158											
林辦	161											

注）◎は漁業権免許申請の代表者を表す。

（　）の数字は持分数（株数）を表す。数字のないものはすべて１とする。

「台湾総督府文書十五年保存公文類纂」大正四年第四十七巻 殖産（水産）の石滬漁業権免許申請書類より作成。

表8-14　大倉郷における石滬の所有

所有者	番戸	船垵	線仔下	破滬	北坪	倒埕	門口	関係する石滬の数
		5人(5株)	7人(7株)	7人(7株)	5人(5株)	7人(7株)	3人(3株)	
陳　料	2		○	○	○	○	○	5
鄭　品	3	○						1
陳　純	4		○	○				2
陳　科	4				○	○		2
陳　廉	5	○	○				○	3
陳　羌	5	○						1
陳　念	5	○						1
陳　権	6		○			○		2
陳　南	6			○	○			2
陳　来	7						○	1
陳　登	9				◎			1
陳　清	10	◎						1
陳　文	11		○					1
陳　成	11			○				1
呂　㯼	11					○		1
陳　龍	12		○	◎		○		3
陳　石	13		◎			◎		2
陳　排	13			○				1
陳　賜	14			○	○	○		3

注）◎は漁業権免許申請の代表者を表す。

「台湾総督府文書十五年保存公文類纂」大正四年第四十七巻 殖産（水産）の石滬漁業権免許申請書類より作成．

（5）吉貝澚

吉貝郷

澎湖列島の北辺にある吉貝嶼は白沙島の北方五・五キロメートルに位置する面積約三・一平方キロメートルの離島である。玄武岩からなる低平な島で、島内の最高点は一六メートルにすぎない。島の周囲にはサンゴ礁が発達している。北側に位置する目斗嶼や過嶼の周辺には水深五メートル以浅の礁原（礁棚）が広がり、石滬の構築に特に適している。古閑（一九一八c）は大正期の吉貝嶼の状況を、「周囲は硓𥑮礁拡大し目斗嶼との間は辻嶼及其他の干出礁あり石滬無数に併列し最干潮時には徒歩交通することを得」と記している。

集落は、島の中央部南側にある。秋から春にかけて吹く北東季節風を避ける位置である。一九一六（大正五）年の戸数と人口は、前掲表8‐1に示したように、二六〇戸、男六八三人、女七〇七人、計一三九〇人であった。耕地面積は〇・〇四平方キロメートルである。耕地が狭小であることはもちろん、水源の不足、強い季節風などの理由によって農業はさかんでない。しかし、漁業、とりわけ石滬に関していえば、冬の北東季節風が魚群を海岸に接岸させることになるため大量の漁獲が見込める。とくに丁香（キビナゴ）がよく獲れた。漁業による収益は澎湖列島北部地域では首位を占めていた。農業者数は専業九二人、兼業四七六人、漁業者数は専業三〇人、兼業四〇二人であり、出稼者の少ない、経済的には比較的豊かな主漁副農村であったと考えられる。

吉貝嶼の漁獲量は、一九一七年度の統計によると約六六トン余りとなっていた。一九一六年末からは石滬による丁香の漁獲が一日六トンを超えることも少なくなかった。また、七月、八月頃には、目斗嶼付近の石滬で一貫目（三・七五キログラム）内外のソウダガツオが毎日四、五尾は漁獲されたという。さらに、一九一五年、暴風によって漂着したイギリスの輸送船を島民が救助したことから、島には二千円の特別収入が与えられた。このうちから

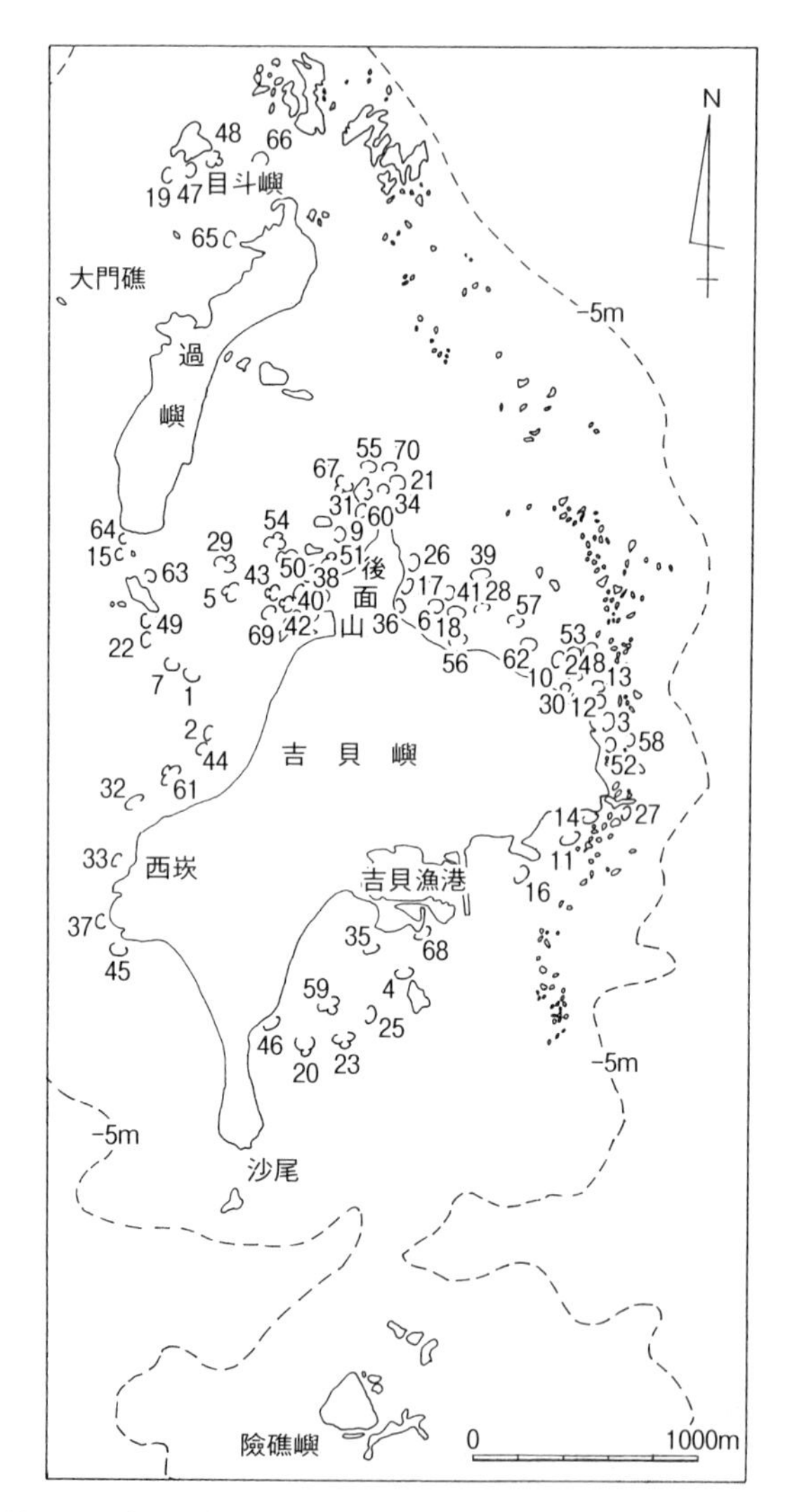

図8-3　吉貝嶼周辺の石滬

注)「台湾総督府文書十五年保存公文類纂」大正四年第四十七巻 殖産（水産）の石滬漁業権免許申請書類に描かれた漁場見取図より作成した。漁場の位置関係は、見取図の精度上、正確とはいえない。

1．船仔頭　2．紅泥仔　3．磁兮　4．山汕仔延　5．碗仔滬　6．坪仔北　7．新瀨南　8．礁坪仔　9．外坪仔滬　10. 深滬　11. 權頂漏仔　12. 糞破滬仔　13. 大砕�滬　14. 新頂滬仔　15. 外崁頭　16. 門口滬仔　17. 西角大滬　18. 坪仔頂　19. 西坪口　20. 糞尾門　21. 權白沙滬　22. 旧瀨南　23. 潔仔滬　24. 四札仔滬　25. 半流南　26. 引仔脚　27. 磅滬　28. 坪仔後　29. 三潔滬　30. 下硓砧滬　31. 過瀨滬　32. 粗石　33. 龍尾礑仔　34. 砧矸滬仔　35. 青碕礁　36. 西角滬仔　37. 崁東　38. 散仔南　39. 沙礑滬　40. 權開礁滬　41. 中滬仔　42. 西湾　43. 下開礁滬　44. 荷礁滬仔　45. 船頭　46. 糞尾礁　47. 旧滬　48. 新滬　49. 礑滬仔　50. 權硼仔尾　51. 散仔北　52. 炉湾仔　53. 外硋礶　54. 門仔滬　55. 東硼仔　56. 大坪頭滬　57. 騎腰仔滬　58. 上下礁碑仔　59. 硋礶滬　60. 白沙仔　61. 下硼仔尾　62. 大坪覆　63. 內崁頭　64. 下西尾　65. 門前滬仔　66. 磘頭滬仔　67. 鶏母礁前　68. 碢仔堀　69. 散仔尾滬　70. 瀨仔滬

一千数百円を投じて一九一七年、郷民が共同利用する石滬が築造された（古閑 一九一八c）。このような石滬の新たな築造からも石滬は良好な漁獲を期待できる漁法であったと推察される。一九一八年度は漁獲高が大きく減少し、一九一七年度のそれと比較すると大差がついたが、それでも吉貝嶼は白沙島周辺における唯一の好漁村であった[7]。

石滬は吉貝嶼周辺に七〇基あった。図8-3は漁業権資料の付図をもとに、石滬が構築されたおおよその位置を定めたものである。本図からも明らかなように、石滬は礁棚が発達している島の北部に集中している。これは、このあたりが大漁を期待できる北東季節風を受けやすい位置にあたることとも関係しているであろう。なお、有滬房滬一三基のうちの八基が後面山地先に集中している。半円形石堤から有滬房滬への切り替えはこの地先から始まったと考えられる。

表8-15は持分（株）数別の石滬数を示したものである。これによると、持分（株）数が最も少ない石滬は外硋礁の一株、これに対して最も多いものは礁坪仔の三三株（ただし、所有者数は二七人、うち六人がそれぞれ二株を所有）である。四株から七株までの石滬が三二基をしめる。

表8-15　吉貝郷における持分（株）数別の石滬の数

持分（株）数	石滬数
1	1
2	2
3	2
4	8
5	9
6	7
7	8
8	5
9	4
10	4
11	4
12	2
13	1
14	4
15	1
16	2
17	1
18	1
19	0
20	3
33	1
計	70

「台湾総督府文書十五年保存公文類纂」大正四年第四十七巻 殖産（水産）の石滬漁業権免許申請書類より作成。

漁業権資料の復命書を分析した結果、合計一九〇人が石滬に共同所有者として名を連ねていることが判明した。これら一九〇人がそれぞれ何基の石滬の持分を有するかについてまとめたものが表8-16である。本表から明らかなように、一基の石滬に持分を有する者が最も多く、人数は全体の三分の一以上にあたる六九人におよんだ。最高は一五基に対して持分を有した。九基〜一五基に対して持分を有する者は、合計一〇人いることも明らかとなった。

漁村的色彩の濃い吉貝嶼において島内居住者は、石滬にどのように関与していたのであろうか。次節では吉貝嶼における石滬と宗教施設の維持管理の関係、所有者が有する持分数と漁場利用との関係を考えてみよう。

表8-16　吉貝郷における石滬の持分（株）数別の所有者数

持株数	人数（人）	比率（%）
1	69	36.3
2	34	17.9
3	27	14.2
4	18	9.5
5	10	5.3
6	6	3.2
7	9	4.7
8	7	3.7
9	1	0.5
10	3	1.6
11	1	0.5
12	2	1.1
13	0	0
14	2	1.1
15	1	0.5
計	190	100

「台湾総督府文書十五年保存」公文類纂大正四年第四十七巻 殖産（水産）の石滬漁業権免許申請書類より作成。

五　吉貝嶼における石滬の利用

(1) 石滬と宗教施設の維持管理の関係

吉貝嶼には宗教施設の維持・管理費を捻出するために構築された石滬がみとめられた。碗仔滬、礁坪仔、西坪口、旧滬、下西尾の五基である。

碗仔滬は一一人の共同所有であった。約二〇〇年前（一七〇〇年代初頭）、願人の祖先が共同で廟宇油代および線香代を寄付する目的で築造した。管理している廟名は明らかでない。寄付金額は一定しなかったが、所有者たちが毎年の経費の全額を支出した。石滬の持分を他人には譲渡できなかった。

礁坪仔も廟宇修繕費に充てる目的で、二八人の所有者によって築造された。築造年は不明である。廟名も明らかでない。復命書の説明文は、吉貝郷には、廟の維持・運営を目的としているものが四基あるとしている。しかし、精査した結果、前述したように漁業権資料には五基認められた。説明は誤りであろう。漁獲物は願書に記載された各自の持分に応じて分配された。廟宇修繕費が必要な場合には、所有者の持分の割合に応じて支出した。持分を他人には譲渡できなかった。

一四人が所有する西坪口は、一〇〇余年前（一八〇〇年代初頭か）に廟宇修繕費を寄付するという目的で築造された。この石滬では、年間の漁獲総額から二四円を関帝廟へ寄付した。つぎに残額を一六等分し、一分を観音廟、別の一分を帝君廟へ寄付し、残りは所有者一四人に均等に分配された。

西坪口の所有者は、他に旧滬と新滬という二基の石滬も所有していた。このうち旧滬は、西坪口と同様に一〇〇余年前、廟宇修繕費を寄付する目的で築造された。西坪口と同じように漁獲金額を配分した。

下西尾は一八人が所有する石滬である。これは願人の祖先が吉貝郷に移住した当時、関帝廟の建設資金を蓄える目的で築造されたものである。まず、漁獲高の二〇分の四を引き去り、これを廟に寄付した。残額は願人の持分に応じて分配する慣行となっていた。なお、下西尾の所有者らは、他に門前滬仔、礐頭滬仔の二基を共同所有していた。

（2）持分数と漁場利用

吉貝嶼では、石滬によって好漁を期待できたことは前述した通りである。そのためには、各所有者が日数的に安定した操業を繰りかえす必要がある。所有者各人は、はたして月間に何日くらい操業していたのであろうか。

石滬の利用は一般に所有者が毎日交替で使用する輪番制が取り入れられていた。そこで、石滬に関わる一九〇人が各石滬の持分との関係で、月間に何日の操業が可能かをさらに検討した。表8 - 17は月間操業日数別の所有者の人数である。これは、各所有者が関わっている石滬の持分数を確認し、その持分数から輪番で操業が与えられた場合の月間操業日数を算出したのち、それらの日数を合計した数値をまとめたものである。

一基の持分だけを所有している者が関係する石滬は合計三七基あった。これらの石滬は、廟の運営に関わって構築された礁坪仔（三三株）を除くと、いずれも四株から一八株で運営されるものであった。したがってこれらの石滬が輪番制によって利用されていたとすると、所有者各人の月間操業日数は、最低で一ないしは二日、最高でも七ないし八日にとどまる。石滬がたとえ好漁を期待できる漁法とはいえ、このような月間操業日数では石滬の漁獲だけで生活を維持することは困難であったと思われる。したがって多くの者が石滬と他の漁業とを併営していたのではないだろうか。

二〜四基に関係する者は七九人を数えた。このうち七七人が一五日以下の操業日数であった。

月間の操業日数が三一日以上の者は、合計一三人であった。六基に関わる所有者から初めてみられた。特に操業日数が多い者は、八基に関わる陳三（六一日。ただし、外碊礶滬は個人所有のため、これの月間操業日数を三〇日とした）、一四基に関わる柯水鏡（五七日）、陳尚（五六日）などであった。

毎日の出漁が可能な場合のみが、専業者といえると仮定すると、専業者は、石滬の持分を所有する者全体のわずか八・五パーセントにすぎないことになる。

筆者は一九九五年に吉貝嶼においておこなった石滬の利用に関する調査の際、通常、個人が複数の石滬の持分を有すること、しかも、各自が権利を有する石滬の株数はほとんど一定していないことを確認した。そしてこの状況は、石滬の利用の重複というリスクを少なくすることに役だっているのではないかと考えた。すなわち、各石滬の

表8-17　月間操業日数別の所有者数

A：1基に関わる所有者

日	(人)
1	—
2	—
3	—
4	3
5	6
6	7
7	8
8	15
9	5
10	5
11	2
12	4
13	1
14	1
15	1
16	3
17	2
18	1
33	5
計	69

B：2基～4基に関わる所有者

日	2基(人)	3基(人)	4基(人)
1	—	—	—
2	1	—	—
3	1	—	—
4	1	—	—
5	6	5	—
6	4	5	—
7	5	1	—
8	3	3	1
9	3	4	3
10	4	4	3
11	2	1	1
12	2	1	1
13	—	—	4
14	1	1	2
15	1	1	2
16	—	—	—
17	—	1	—
26	—	—	1
計	34	27	18

C：5基～8基に関わる所有者

日	5基(人)	6基(人)	7基(人)	8基(人)
14	2	2	—	1
15	—	—	—	1
16	—	—	1	—
17	3	—	3	—
18	—	—	1	—
19	—	—	—	—
20	—	1	2	2
21	2	1	—	—
22	1	—	—	—
25	—	—	1	—
30	2	—	—	—
31	—	—	—	—
32	—	1	—	—
33	—	1	—	—
34	—	—	—	—
35	—	—	—	1
36	—	—	1	—
37	—	—	—	—
38	—	—	—	1
61	—	—	—	1
計	10	6	9	7

D：9基～15基に関わる所有者

	人数	月間操業日数
9基	1	43日
10基	3	22日、27日、37日
11基	1	47日
12基	2	29日、36日
13基	なし	
14基	2	56日、57日
15基	1	42日

「台湾総督府文書十五年保存公文類纂」大正四年第四十七巻 殖産（水産）の石滬漁業権免許申請書類より作成。

年間の利用日は旧暦の八月一日にくじによって決定される。利用日は固定され、天候の不順によって利用日を順延させるようなことは一切ない。仮に、ある所有者が同じ株数の石滬複数基の持分を有していたとしよう。くじ引きによって同じくじ順を引いてしまった場合、これらの石滬に対する一年間の利用日は全く同じになってしまう。一回の操業で複数の石滬を利用することは基本的には不可能なので、この所有者は自らが入漁する石滬以外の石滬での操業を他人に依頼しなければならない。するとそこでとれた魚は依頼者と被依頼者の間で分配することになってしまうのである。他方、持分を有する各石滬の株数が一定でなければ、たとえ同じくじ順をひいてしまったとしても、複数の石滬で利用日が重なる場合は少なくなる。このようにくじ順の重複を回避するために、株数の異なる石滬が造られてきたと考えたのである。

ただし、石滬の株数によっては、好漁期すなわち大量の魚群の陥穽が見込める北東季節風が強い時期、また、これも好漁を期待できる新月前後にあたる大潮時分の夜の潮にくじ順が巡ってこないなど、良いくじ順と悪いくじ順が発生することがある。しかし、これも長期的に見れば、所有者それぞれにとって漁獲量の平等性が確保できるように機能しているとも考えた。

これらのことは大正初期の石滬利用にあてはまるのであろうか。分析をすすめるための情報を集めることはできないが、三〇日以上の月間操業日数を有する所有者が、利用する石滬での漁業活動を誰とどのようにして分配するのか、一日に複数の石滬利用が発生した場合、親族が所有者に代わって出漁することが可能であったのか、そして石滬に関わる一九〇人のうち誰が親族関係にあるのかなど、諸点を明らかにしなければこれ以上の議論はできない。また、これまでそれぞれの石滬の漁獲量を考慮せずに分析を進めてきたが、漁獲量については立地場所ごとに多寡が存在するはずである。これらを考慮した石滬の利用についても今後分析しなければならないのである。

おわりに

ここまで澎湖列島北部白沙島およびその周辺の各郷をとりあげ、漁業権免許申請書類の記載内容を拠り所にしながら、一九一〇年代の石滬の利用形態と所有形態について考察をすすめてきた。漁場の利用形態や漁具の所有形態を、文書資料を中心として分析することには自ずから限界があった。こうした分析を補強するもののひとつが、時代を違えるものの、現地調査で得た石滬利用に関する知見であろう。これらをもとに過去を正確に導き出すことができたか心もとないが、これまで明らかになった諸点と今後の研究課題を掲げておく。

石滬の所有形態には二つの対照的な特徴が見出された。ひとつは瓦硐澚後藔郷や鎮海澚小赤崁郷でみられたような、各所有者が関わる石滬の数がほぼ一基に保たれており、いわば郷全体で石滬利用が平等になされているといえるもの、もうひとつは吉貝郷に見られるような、一人がかなり多くの石滬に持分を有しているような形態である。このような石滬への依存度の違いは、基本的には第七章でも問題にしたように、集落が農業を主たる生業としたか否かという点に帰結するであろう。吉貝郷は農地がきわめて少なく漁業に依存せざるを得なかった島嶼に立地していたのである。所有者ごとに関与する石滬数に違い（持分の多寡）がある理由については、当時、吉貝で経営されていた漁業種類を分析することによって解明できる可能性がある。

石滬の共同所有形態には、大きく分けて地縁的なつながりによるものと宗族あるいは親族を中心としたものの二タイプがあった。また、宗教施設を維持する費用を集める目的で構築され、その後共同所有されてきた石滬もみられた。一九九五年に筆者が現地調査した折には、実際に使用されていた石滬のなかに、これら二タイプの所有形態がみられ、澎湖本島の五徳には宗教施設の維持管理費を得る目的で利用されている石滬群もあった。現地調査で得た知見をふまえ、いわば「現代をして過去を語る」可能性をさらに探ることも今後の研究課題となろう。

漁業地理学では一九八〇年代から生態学的視点による漁場利用形態の研究がおこなわれてきたが、そうした研究では共時的な分析に重点がおかれ、通時的な分析を軽視してきたという指摘がなされてきた（山内 二〇〇四）。筆者がこれまでおこなってきた石滬に関する研究においても、たとえば聞き取りによって導き出された輪番利用や持分（株）の所有のシステムが、季節性、月周期的な潮位変化などといかに関連して個人の漁獲量の差異を形成するのか、といったいわば共時的な分析が試みられた。その後、文書資料、地誌類、漁業調査報告書、その他の既成資料を用いて、石滬漁業を通史的にとらえた。本章は、一九一〇年代における漁業実態を分析するとともに、これまでの筆者の共時的な研究によって得た知識をこの分析に加えることを試みたものでもあった。また一九〇〇年代初頭の資料分析と一九九〇年代に実施した石滬利用の生態学的調査研究との往還性がはたして成立するのかについても討論するための資料整理の意味も含んでいた。

結果として、現地調査に基づく知見は、それより約八〇年前の石滬の形態を分析する作業には有効であった。吉貝嶼の石滬利用について月間の利用日数を算出し、漁業者の生産形態を考察したり、くじ引きに即して利用形態を分析したりする研究方法も現地調査で得た考え方に基づいていた。しかし、漁業権免許申請書類の分析は、石滬所有者間の親族関係の究明や漁獲量の把握など、新たな研究課題を提示する結果となった。現地調査から文書資料の分析を経て、再び現地調査によって明らかにすべき諸点が析出されたといえる。

注

（1）『認識台湾（地理篇）』（国立編訳館編 二〇〇〇）は、学生に「台［台湾］、澎［澎湖］、金［金門］、馬［馬祖］の郷土地理環境」（［ ］内は筆者注）を強く認識させるものであり、「愛郷愛土的情懐」を養おうとする意図で編まれている。

（2）鮸は鮸魚ともいうニベ科のニベやコイチ、魣はウミタナゴ科のウミタナゴやオキタナゴをいう。

（3）記載されている日付は、澳・郷によって異なっている。各澳・郷の日付は以下の通りである。瓦硐澳瓦硐郷・後寮郷：二四日（ただし後寮の一件のみ三一日）、瓦硐澳中墩郷・港尾郷：二五日、鎮海澳鎮海郷・岐頭郷：二五日（ただし鎮海郷員貝のものには年月日の記載なし）、鎮海澳小赤崁郷：二七日、赤崁澳大赤崁郷：二七日、通梁澳通梁郷：二四日、通梁澳大倉郷：三一日、吉貝澳吉貝郷：二七日。

（4）同じような漁具は種類が多かった。たとえば手楫、蔗布楫（蔗布は、イチビと呼ばれるアオイ科の一年生草本の茎からとった繊維で織られた布）などが石滬の補助漁具として使用されていた（古閑 一九一七b、一九一七h）。

（5）細い糸を合糸して撚りをかけた片撚り糸を二本合糸したもの。諸撚（もろよ）り糸とも呼ばれる。

（6）顔（一九九二）は、吉貝嶼の補助漁具として、小型の囲網、さで網（推仔）、たも網（杓仔）、やす（叉子）などをあげている。陳憲明と筆者は、一九九五年三月に実施した澎湖本島馬公市五徳の調査において、石滬の補助漁具として、さで網（楫仔網）、たも網（網杓）、やす（魚叉）、手鉤（螺鉤）を確認した（陳 一九九五）。

（7）吉貝嶼における当時の漁獲量についての情報はほとんどないが、たとえば、漁業権申請資料より二〇年近く後になる一九三〇（昭和五）年の澎湖庁水産課の調査（澎湖庁水産課編 一九三二）によると、石滬漁業の従事者数を四〇名、兼業者を六〇名としている。石滬は六〇組（基）あった。漁獲量によってこれらを上・中・下に三分類すると、漁獲金額八〇〇円、漁獲量八〇〇〇斤（約四・八トン：漁獲物はソウダガツオ、アイゴ、イカ、その他）の上ノ組が六組、漁獲金額六〇〇円、漁獲量六〇〇〇斤（約三・六トン：漁獲物はイカ、ソウダガツオ、アイゴ、その他）の中ノ組が二〇組、漁獲金額一五〇円、漁獲量一五〇〇斤（約〇・九トン：漁獲物はイカ、ダツ、その他）の下ノ組が三四組であった（第六章表6-1参照）。石滬漁業は吉貝嶼の漁業の中枢をなしていたものの、他の地域の石滬と同じく年々漁獲量が減少していた。約六〇年前と比較すると、当時の漁獲量はわずか二、三割に減少していたのである。

第Ⅲ部　新たな石干見研究に向けて

フランス、レ島（2009年8月）

第九章　大西洋沿岸域における石干見研究の現在

はじめに

海面におけるもっとも原初的な漁は、沿岸の浅海部でおこなわれたであろう。なかでも一定の区画を人工物で遮断する漁具は、魚を恒常的かつ大量に獲得する可能性を有していた。特に潮汐作用が顕著な場所は、潮の動きに応じて接岸する魚群を獲るにはもっとも適当であったと考えられる。日本ではこのような漁具を総称して陥穽漁具と呼んできた。魞(えり)や簗、漁柵などがこれに含まれるが、陥穽漁具の分類はきわめて多様である。たとえば、明治期の漁業法施行規則にある漁業の名称とその分類を例にとると、このような漁具として、定置漁業のなかの「魞簗類漁業」に含まれる魞（別名簀網、簀囲、簀巻、ぐれ）や羽瀬、八重簀、八重ひび、笹干見、石干見、簗（別名落簀、縄簗、打切簗など）、魚堰などが該当する。同じような漁具は各地に分布し、地域ごとに名称が異なるのみならず、材質や漁獲対象も異なる。こうした多様性ゆえ、魞、簗、漁柵などを分類することもきわめて難しいといわなければならない。

以上のような定置漁具は、世界各地に見られることはいうまでもない。漁具と漁業技術に関する研究で著名なv. Brandt（1984）によれば、これらの漁具はpermanent and temporary barriersにあたる。すなわち固定型および可動型の漁柵類である。このような漁具は古代から現代にいたるまで利用されている。沿岸の感潮域とともに水位が変化する淡水域でも、魚群を滞留させたり漁具のなかに落としこませたりしながら、大量の魚を安定的に漁獲してきたのである。また、v. Brandtは漁柵を四分類、すなわち、①潮位差を利用した堰と陥穽具としての石壁（stone walls as tidal weirs and traps）、②漁柵（fish fences）、③簗（gratings in flowing waters）、④捕魚部を有する定置漁具、魞（watched catching chambers）に分けて説明している。漁具の材料としては、伝統的な漁具の材料には木材、竹材、水生植物、石などが使われ、現代的な漁具にはプラスチック、金属、化学繊維などが使われる。

Connaway（2007）は、アメリカ合衆国ミシシッピ州のfishweirの調査から北アメリカ全体、さらには世界の定置漁具へと研究範囲を広げてきた[1]。weirは、堰やダムを意味するが、fishweirを日本語に訳すと、上述した魞簗類が適当である。weirに近い用語としてtrapがある。weirとtrapが同じ漁具を指す場合もあるが、weirは障害物となる漁具、trapは魚を導き落としこむ機能を有する漁具といった区別をする場合もある。Connawayは、weirの多様な定義づけについても議論を展開している。それによると、fishweirとweirの同義語として、柴を編んで造られた漁具（cruive）や簗あるいは堰（fish trap, dam, garth）、障害物（stop）など、五二種類の漁具名称が掲げられている。これらfishweirの材料は灌木、木製の杭、石などであるが、Connawayは、fish trapやweirは、通常は石を積んで構築された漁具を意味するとも述べている。

筆者は、これまで、多様な定置漁具を一括して議論することは困難であると考えてきた。そこで、石を主たる材料として構築された石干見のみを選び出し、これについての分布論的展開や生態学的な利用形態の理解、漁業史的な把握などを続けてきた。石干見だけを取り上げて議論する研究は古くから存在し、物質文化論的な研究や漁撈文化と漁業権に注目した民俗学的研究・文化人類学的研究、分布論に注目した地理学的研究などが蓄積されてきたことは本書で繰り返し述べてきた通りである。筆者もこのようないわば「石干見研究の伝統」に合わせて調査研究を続けてきたわけである。

石干見は潮の変化を利用したきわめてシンプルな漁法である。それだけに人類が海の生物を得るために獲得した、きわめて古い漁具・漁法といえるかもしれない。石干見の英語訳としては、西村朝日太郎がstone tidal weirと訳している（Nishimura 1975）。stone weir（石壁）やtidal weir（潮受け）は英語圏の論文で頻繁に見られるが、stone tidal weirはほとんど見かけない。西村の名訳といえるのではないだろうか。

ところで近年、石干見を水中考古学の重要な研究対象ととらえる立場が世界各地でみられるようになった。また、アメリカ合衆国、カナダ、オーストラリア、南アフリカ共和国などでは多文化共生の考え方に基づいて、石干見を先住民が有した貴重な文化ととらえ、これらを文化遺産として保護している。

日本においても石干見が水中考古学の研究対象として重要であることが指摘されている。岩淵（二〇一二）は、水中考古学の最新の動向を紹介し、渚の貝塚などを除けば、潮間帯にある水中文化遺産について関心を抱く日本人の研究者は皆無であったこと、前述した西村だけが石干見の重要性に着目した研究者であったこと、しかしながら西村自身は石干見が水中文化遺産であるという認識はもっていなかったこと、近年の石干見に関する研究書（田和編二〇〇七）には石干見を水中文化遺産ととらえる見方が紹介されていないことを指摘している。

ユネスコでは石干見を水中文化遺産としてどのように保護・保全していくべきかが積極的に議論され始めている。この背景には二〇〇九年に発効した水中文化遺産保護条約がある。石干見は、この条約が提唱する「文化的、歴史的、考古学的性格を有する人間の存在のすべての痕跡で、その一部または全部が定期的または継続的に少なくとも一〇〇年間水中にあったものが水中文化遺産である」という定義に合致するからである（岩淵 二〇一三）。石干見をめぐる近年の動向から、これまでの歴史的研究、文化誌的研究に加え、考古学的研究およびそれによって明らかになったこの漁具を文化遺産として考える立場が現われていることが明白である。そこで、本章では、石干見の分布と考古学的研究について概観したうえで、南アフリカ共和国、イギリス、フランスにおける近年の石干見に関する研究成果について考察する。フランスに関しては筆者がビスケー湾沿いの小島で実施した調査の事例も報告する。

なお、以下では混乱を避けるため、fish trap や fish weir を必要に応じて定置漁具と総称し、このうち石積みによる定置漁具を石干見と記述することにする。

一　石干見の分布と考古学

（1）世界における石干見の分布再考

ここでは論を展開する必要上、改めて石干見の分布について考えておきたい。

石干見の世界的な分布については、これまで調査報告や研究論文において必ずしも正確に記述されることはなかった。管見の限りでは藪内芳彦が世界地図にその分布域を示したもの（石毛ほか 一九七七：藪内 一九七八b）が唯一の成果といってもよい。藪内は、イギリスの海洋人類学者ジェームズ・ホーネルの漁撈に関する文化人類学的研究（Hornell 1950）をうけて、石干見の世界的な分布圏を設定した。藪内が示した分布域は、西南日本、朝鮮半島南西部、台湾、中国中部の東アジア地域をはじめ、フィリピン諸島を中心とする東南アジア地域、ミクロネシア、メラネシア、ポリネシアの広大な南太平洋地域、さらには飛び地のようにして存在するインド洋上のモーリシャスとフランス西部のビスケー湾であった。

筆者は、藪内の石干見分布図を基礎資料として、その後の文献調査で明らかとなった分布域を加えていった。付加した地域は、東南アジアでは東インドネシアのカリマンタン島東部からスラウェシ島南部、マルク諸島、オーストラリア西南部オールバニー近郊の海岸部、インド西海岸のサンゴ礁島、アフリカのギニア湾岸、ヨーロッパではイギリス、スペインの南部大西洋岸、ポルトガルの海岸部、フランス西部、北アメリカ北西海岸一帯やカナダの中部北極圏、などである。分布域を特定するために依拠した資料は、文化人類学、民族学の諸研究、各地の民族誌（HRAF：Human Relation Area Fileを含む）などである。分布に関する時代設定はきわめて難しいが、おおよそ近現代を中心に分布図を描いた。

（2）欧米における考古学的定置漁具に関する考古学的研究

定置漁具（fish trap）の研究は、近年まで遅々として進んでいなかった。多様な記録資料をどのように処理すればよいか、大量の異なる種類のデータをいかに扱えばよいか、構築年代の明らかでない構造物をいかに論じればよいか、など問題点が数多く存在したからである（Langouet and Daire 2009）。

フランスでは、先史時代および歴史時代初期にいかなる水産物が採取されたかについて、考古学的記述ではほとんど言及されてこなかった。漁具・漁法は近年になってやっと調査対象になったにすぎない（Langouet and Daire 2009）。たとえば、オーストラリアでも、インド洋沿岸部にあるエスチュアリーや干潟での定置漁具に関する本格的な調査は、一九九〇年代後半までほとんどおこなわれてはいなかった（Dortch 1997）。石干見が多く分布している北東部クインズランド州においても調査は思いのほか乏しかった。しかしこうした漁具の分布域が、その後の資料収集によって、徐々に精緻化する傾向にある（Rowland and Ulm 2011）。特に近年の考古学において石干見の情報がかなり明確化されてきた。イギリス、フランス、オランダ、デンマークなどヨーロッパ諸国をはじめカナダ、オーストラリア、南アフリカ共和国などで考古学的調査が進められている。石干見が研究対象のひとつとなった考古学の分野は、海事考古学（maritime archaeology，nautical archaeology）や湿地帯の考古学（wetland archaeology）、エスチュアリーの考古学（archaeology of estuary）、感潮域の考古学（foreshore archaeology, intertidal archaeology）、などと呼ばれる。特に感潮域において干潮時、歩行しながら調査する水中考古学（underwater archaeology on foot）では、定置漁具の遺構は、かつて海岸部に設けられた要塞や港湾の構築遺物と同様に重要な研究対象とされている（Paddenberg and Hession 2008）。以下では、感潮域（潮間帯）における定置漁具研究の高まりの背景について考えてみよう。

ひとつの大きな関心は、漁具の年代学的な把握にある。日本においても西村が石干見を人間が獲得した最も古い漁具のひとつと考え、その太古性に鑑みてこれを「生きている漁具の化石」と呼んだが（西村一九六九、一九七九、一九八〇）、年代学的把握はこうした状況に科学的根拠を与える研究である。ヨーロッパでは、定置漁具ははたして完新世のいつ頃から存在したのか。地形的変化（海進）に関する考察を進めるうえでも、木造による定置漁具の遺構は重要なメルクマールとなる。たとえば杭跡に対して、放射性炭素年代測定(radiocarbon-dated records）や年輪年代学による資料分析の可能性が存在するからである。石干見に限定して考えると、石の構築物であるがゆえに木製漁具に比べて一般に残存しやすい。しかし、木製漁具の杭を固定するために用いられた石材というようなかたちで木材とともに残っていなければ、考古学的な分析手法を用いて年代測定をするのは難しい。もっとも、石に貝類が固着しているならば年代が同定される可能性がある。

二つめとして、このような定置漁具が、たとえばオーストラリアではアボリジニーやトレス海峡諸島民、太平洋諸島民の漁撈文化（Bowen 1998: Clarke 2002: Lane 2009: Rowland and Ulm 2011）、北アメリカの西海岸では北西インディアンが獲得し、維持してきた漁撈文化（Heiltsuk Traditional Fish Trap Study 2000）というように先住民の漁撈文化として注目されていることがある。南アフリカ共和国でも同様である。このような遺物の存在を確認し、その構造について記録する作業が世界各地で始まっているのである。

さらに、定置漁具に対してこれを文化遺産（cultural heritage）として位置づける考え方が定着するようになったことがあげられる。関係資料の蓄積、さまざまなデータベースの構築が始まっている。[2] このような定置漁具の基礎調査が格段に進歩した背景には、空中写真やコンピューターマップの利用が拡大したことも挙げておかねばならない。ただし、空中写真では、木製の定置漁具より石の遺構の方が確認しやすい。これは石干見の分布域に偏りを生じさせてしまう危険性をも有している。木材や木製漁具の部分のみが消滅し、基底部に使われた石材のみが残存したケースなども、結果的に石干見の存在を誇大視させ、分布の偏りを生ぜしめる可能性がある。他方において、たとえば、オーストラリアでは、アボリジニーが構築したとされる石干見が、古い空中写真から判読できなかったが、新しい空中写真からは判読できたといった事例がある。先住民ではなく後の移住者によって構築された石干見である可能性の方が高いということであろう（Randolph 2004）。このような誤りを訂正できる可能性も格段に増している。

二　大西洋地域の石干見

大西洋の石干見は、前述したようにイギリス、フランス、ポルトガル、スペインなどのヨーロッパ諸国、アフリカのギニア湾岸、南アフリカ共和国、北アメリカの東海岸に広く分布している。以下では、このうちから南アフリカ共和国、イギリス、フランスをとりあげ、各国の近年の石干見研究をみてゆくことにしよう。

（1）南アフリカ共和国

南アフリカ共和国（以下、南アフリカと略記する）の石干見は、地元では vywers あるいは viskraal と呼ばれている。近年になって構築されたものもあるが、先住民や植民地時代の入植者によって築かれたものもある。Kemp *et al.*（2009）によると、南海岸と西海岸に総計六八基が存在したとする記録が残っているものの、現在、実際に漁業が続けられているものはわずか二基にすぎないという。

最初に石干見に言及した論文は、南アフリカの考古学の父（創始者）の一人といわれる A. Goodwin による一九四六年のものである。Goodwin（1946）は、ケープタウンの北西から東側一帯の沿岸部に分布する石干見の起源を探ることと、それらの構築年代を特定することは、ヨーロッパ人が流入する以前の先住者の生活にかかわる考古学的課題のひとつであるとした。vywers はダム状の漁具や漁柵を意味する。Goodwin はこれを tidal fish-trap と訳している。石干見漁法は植民地時代初期のヨーロッパ人旅行者による記述の中には認められなかった。先住民であるブッシュマンに関わる研究から若干の推論が可能となったにすぎなかった。したがって、漁法の起源について考察し、発生年代を推論することはきわめて困難であった。

Goodwin（1946）は、確実な研究方法として、石干見に隣接して残る貝塚の発掘によって年代を特定したり、同じく隣接して存在する生活跡がみられる洞窟の年代を特定したりする方法を提示している。彼はこの方法によって確証のあるデータを得ていたと報告している。南アフリカの石器時代中期には海退が生じた。たとえば、海岸から離れた石器時代後半の仮小屋と考えられる遺跡から、魚骨が増大する時期が認められた。その前段階にあたる時期には主として貝類と甲殻類が食料とされていた。これらのことから魚類の漁獲量の増加は一種の文化変容であり、かつての居住者が大量かつ定期的に魚を獲得する方法を見出したと考えたわけである。しかも、同じ時代の遺跡からは沈子や釣針の発掘はない。そこに石干見の構築と存在が大きく関わったと推論したのである。

Goodwinは論文の後半で石干見が残る五か所でのフィールドサーベイについても報告している。立地環境の考察、敷設場所のタイプ分け、当時漁獲された魚種、実際の利用状況などについて記述がみられ、文化誌的な研究にも資する分析がなされている。

Goodwinによる研究以降、約三〇年間にわたって石干見の詳細な情報は提示されないままであった（Gribble 2005, 2006）。三〇年を経てAvery（1975）の論文が発表された。海面水準の変化に関する研究および石干見の利用形態と生産力に関する聞き取り調査がともに進行する中で、石干見の成立年代について考古学的見地から考証することと、沿岸域での生活に対する石干見の役割について究明することなどが議論された（Hine *et al.* 2010）。Averyは、ケープタウンの南部から東にかけての約二九〇キロメートルにおよぶ海岸線に一四基の石干見を確認している。海岸線は、①約一二〇キロメートルにわたる長い砂浜、②海岸洞窟（二三か所）や貝塚（一九七か所）が存在する約一七〇キロメートルにわたる急傾斜の海食棚、そして③海食棚の間にある石干見の構築に適する場所、の三つに分類することができた。

Averyは石干見の構築についても議論している。構築に適した場所は、傾斜の小さい海岸で潮間帯が広がり、石材が豊富な場所である。海岸にもそれぞれ特徴があり、①岩盤の上に砂が薄くたまっている海岸、②平坦な海岸、③岩盤の走向に沿って崩壊してできた自然の水路がある海岸、が存在する。沖合側には礁原や砂州が広がっている。こうした地形が波のエネルギーを弱め、石干見を波による崩壊から守る役割を果たす。石灰岩を利用すると、石積みがしっかりと固着し、石積みの隙間から海水が自由に出入りもした。石干見の構築条件としては、以下の四つの要素が必要であった。すなわち、①潮の条件、②昼と夜、③風、④エサになるものの存在、である。最初の石干見の構築時期は、海面水準が現在のような状態に安定した二〇〇〇年前から三〇〇〇年前とした。

石干見の内側の壁面は垂直的に、外側は波の影響を和らげるために傾斜をつけて積まれた。上面は水平にした。わずかでも高低差があったり隙間ができたりすると、退潮時、そこに生じる流れによって魚が逃げてしまうからである。石積みは年月を経過すると、石に固着する海洋生物によって自然にセメントで固定されたようになってゆくという。

現存している石干見は放置されたままとなっている。しかし、崩壊したり一部のみが残存したりするだけのものも含め、石干見は海と人間との関係を伝える考古学的遺産である（Gribble 2005, 2006: Hine *et al.* 2010）。南アフリカでは海事文化遺産としても認識され、南アフリカ遺産資源局が分布調査を開始している。とはいえ、維持管理されないままでは有形の構造自体は失われ、伝統的な構築技術もともに失われる。たとえば、釣り人が餌として使用するゴカイやイソメなどの海洋生物を獲得するために石干見の石を起こしてそのまま放置することや、港湾の建設のために石を持ち去ることによって生じる破壊がある。海洋ツーリズム、エコツーリズムの発展とともに沿岸部へ足をのばすツーリストも増加している。彼らが石干見の重要性に気づかず、このような文化遺産を無視していることも否定できない（Gribble 2005, 2006）。現在も操業を続けている漁業者の知識がなければ文化遺産としての石干見は消滅してゆく。しかし漁業者に何らかの補償なくしては維持管理もたちゆかない（Kemp *et al.* 2009）。南アフリカにおける石干見の保全と遺産化には以上のようないくつもの課題がある。

（2）イギリス

イギリスでは、近年、沿岸部の遺産や歴史的な海の景観が注目されている。沿岸域の考古学的調査が進められ、遺跡のデータベース化も進んでいる。その結果、先史時代から中世以後まで存在した定置漁具について数多くの情報と分析結果が得られるようになった（O' Sullivan 2003）。しかしながら、沿岸部およびエスチュアリーに存在した漁具がイギリスで考古学者の研究対象のひとつになったのは、ごく最近のことにすぎない（Gilman 1998）。北アイルランドにおいても海洋考古学的研究はかなり新しい動きである（Williams and McErlean 2002）。

定置漁具の材料には主として木材と石材とがある。木製の漁具では、柵に使われた杭が遺物として発見されるほか、このような杭を固定するために用いられたと考えられる礎石のように組まれた複数の石がセットで発見されることがある。石干見も発見されている。石干見を構築するためには大量の石材を必要とするので、分布域は岩石海岸か転石の混じる海岸に限られた。

石干見はイングランド、ウェールズ、スコットランド、アイルランドのいずれの海岸でも見られた（Bannerman and Jones 1999: Chadwick and Catchpole 2010: Jenkins 1974: O'Sullivan 2001, 2003: O' Sullivan and Lyttleton 2001: Paddenberg and Hession 2008: Went 1946: Williams and McErlean 2002）。多くはU字形かV字形、レ点形に構築された。いずれも退潮時に魚群を捕獲する形態である。突端部が開口しており、そこに筌ないしはかご状の補助漁具が敷設される形式のものもあった。潮位差を勘案して構築されたが、大潮時と小潮時のいずれの時にも用いられるものと、そうでないものとがあった。

北アイルランドにあるストラングラフ入江の東・北沿岸のグレイアベイ湾およびチャペル島には木製の定置漁具と石干見が集中していた。杭を固定するために石を置く形態もみられた。木材の放射性炭素年代測定によると、杭は一八世紀から一九世紀の間に構築されたものとされている。他方、石干見の構築年代はわからない。

ウェールズのサマセット沿岸部では、石干見の考古学的調査はすでに一九八〇年代から実施されていた。その後、二〇〇〇年代になってイングリッシュ・ヘリテージが資金提供する沿岸域緊急調査が実施され、これによって、セバーン川のエスチュアリーのなかに石干見が集中していた地点が明らかとなった。セバーン川の石干見の状況をChadwick and Catchpole（2010）の報告から見ておこう。

石干見はほとんどがV字形かU字形を呈しており、中には漁獲効率をよくするために石積みを連ねW字形に構築されたものもあった。退潮時に魚を捕獲した。石積みの幅は一・五から一〇メートル、高さは一・五メートル以上におよぶ。石は海岸の岩石と転石が用いられるが、石の大きさは各地区で利用できるものに応じてさまざまである。石干見には水門が設けられたものも見られ、そこは外側に牛角状に突出していた。この部分にかごや袋網を敷設し、退潮時に沖合へと向かう魚群を捕獲した。石積みは、内側は垂直になるように積み上げ、外側は波による崩壊を最小限にするために、ゆるく傾斜をつけて積まれた。潮位との関係でいうと二つのタイプがあった。ひとつは小潮の平均的な干潮時の潮位以下に水門を構築するタイプで、これは大潮時にしか漁獲できない。もうひとつは小潮時でも大潮時でも利用できるタイプである。潮位差を勘案して構築されたことから、沿岸部からの距離は当然異なるし、それに応じて漁具の大きさも異なっていた。石干見の崩壊の要因としては潮によるものが最も大きい。中世に起源をもつ石干見もあろうが、日常的な修繕に加えて、新たに構築されるようなものも混ざり、構築時期の確定はきわめて難しい問題である。

考古学的遺物にとっては自然的な崩壊（Williams and McErlean 2002）や潮汐作用による崩壊とともに、人間による種々の活動と開発、すなわち浚渫工事や沖合での鉱石の採掘、マリーナの建設、キャンピングカー用の駐車場建設、海岸でのレクリエーション、釣り餌を獲得するための海岸の掘り起し、漁業活動などが脅威となる（Gilman 1998）。人々が考古学的遺物を軽視してしまうことも脅威といえる。国や地方自治体は近年になってやっと海岸やエスチュアリーなどの自然環境の脆弱さに気づき、それらを長期にわたって管理し保全する計画をたて、そのなかに考古学的調査を組み入れ始めた。イングリッシュ・ヘリテージが資金提供することによっておこなわれる各地の海岸域や湿地の調査は、このような考古学的遺物の危機的状況を反映したものである。

（3）フランス

フランスでは、漁柵や魚を獲るための堰を *les écluses à poissons* と呼ぶ。このうち石を積んで構築した漁具（以下では石干見と訳しておく）は、大西洋側ビスケー湾に浮かぶオレロン島とレ島（シャラント＝マリティーム県）、ノアールムティエ島（ヴァンデ県）からブルターニュ半島にかけて存在する。このあたりには海食崖や砂浜海岸、エスチュアリー、湿地帯などの地形が見られる。潮汐作用は顕著である。人間はこのような地域に古くから生活してきた。広大な潮間帯は考古学者や環境学者のために残された大きな研究域と言い換えることもできる。

海の景観に関心を示す考古学者は、定置漁具に対して科学的な関心をもってはいたが、以下のような問題点を有していたことから研究は立ち遅れていた。すなわち、①記録の多様性にいかに対処すればよいか、②大量の異質なデータをいかに扱えばよいか、③構築年代が明らかでない構築物をいかに扱うか、の三点である。そこで、考古学や歴史学、民族学などのさまざまなデータを前にして、学際的な調査・研究グループの立ち上げが必要となった。たとえばブルターニュ半島では二〇〇六年以降、ブルターニュ定置漁具（Maritime Fish-traps of Brittany）プロジェクトが以上のような間隙を埋めつつある。同プロジェクトは生業経済および海洋資源の開発のすべての面を含めて、沿岸に住まう人間集団とそれをとりまく環境との関係をよりよく理解することを意図している。

他方において、レ島では、管見によれば、考古学的調査研究に先立って石干見の文化史的研究が蓄積されてきた（Boucard 1984）し、オレロン島でも一般向けの石干見概説書（Association pour la sauvegarde des ecluses d' Oleron *et al.* 1992）のほか、最近になって包括的な専門書（Bordereaux *et al.* 2009）も発刊されていることを指摘しておきたい。

以下では、ブルターニュの考古学的研究（Langouet and Daire 2009）を紹介し、次に二〇一五年三月のオレロン島調査で得た石干見に関する情報について報告する。

■ブルターニュの石干見

ブルターニュ半島は、海岸線の総延長が一七七〇キロメートルにおよぶフランス最大の半島である。潮汐の変化が顕著で、潮位差は北部海岸で七・八から一四・四メートル、南部沿岸では六・六メートルに達する。そのため広大な潮間帯が形成される。このような潮間帯に長きにわたって敷設されてきた定置漁具は、人間が海洋資源を食料の一部として求め始めて以来、最も重要かつ効果的な漁具であった。木製および石でできた定置漁具が河川沿いあるいはエスチュアリーの潮間帯に敷設されてきた。形態はさまざまである。そのことは敷設された地点の環境条件や海水の力による制約だけはでなく、漁獲対象は何か、さらにはいかなる材料を漁具として使用できるかということとも関係している。

現在、定置漁具について総合的な調査研究がおこなわれている。利用できるデータとしては、漁具の所有と利用をめぐる中近世の宗教関係の資史料、一八世紀の公文書などの情報源、一七〇〇年代の古地図、地名研究の成果（ブルターニュの古代語とウェールズ語との関係性）などがあるという。近年は空中写真も有効に活用されている。これらに干潮時のフィールドサーベイが加わり、実際に漁具の残存状況や位置確定、潮位との関係性の考察、木製の杭のサンプリングによる構築年代の推定などがおこなわれている。

二〇〇七年から二〇〇八年にかけての総合的調査によって、五七〇基におよぶ定置漁具のデータベースが完成している。このうちの八〇パーセントが石干見、二〇パーセントが木製漁具である。しかしこの偏りは、漁具材料としての石と木の保存状況に相違があるためと考えられている。たとえば、木材（杭）が石材とともに使用されたが、木材だけが消滅した事例が考えられるし、潮間帯の残存物を特定するために空中写真を用いた場合、スケールの点から、石は木材以上に判別しやすいことがある。特に海藻が付着している石材は判別しやすいという。フィールド調査がこのような偏りを修正することになろう。

オレロン島の石干見

オレロン島はフランス西部、ビスケー湾に浮かぶ島である。フランス本土側とはペルテュイ・ダンティオシュ水道を隔てて沖合側五〜一五キロメートルに位置する（図9-1）。面積は一七四平方キロメートルである。行政上はシャラント＝マリティーム県に属する。本土側との間にはオレロン島橋が一九六六年に架橋している。島は北西から南東へ向く紡錘形を呈しており、北西から南東への軸の最大長は約三〇キロメートル、最大幅は約一〇キロメートルである。潮位差は最大六メートル以上に達する。

水道に面した東側の沿岸部には本土側の諸河川から排出される泥土が堆積した広大な砂泥干潟が広がる。また陸側には湿地帯が形成されている。東海岸側の北部は一部には砂浜がみられるものの、ほとんどが岩石海岸である。ここでは海食崖が発達し、高低差は最北西端のシャシロン岬では一〇〜一一メートルの急崖となっている。海岸に広がる波食棚は沖合に向かって一キロメートル以上の幅をもつ。海食崖と波食棚は西海岸の中部まで見られる。石は砂岩であり、波食棚には砂岩堆積物とともにビーチロック状の石もみられる。また、このような石の表面には石灰質の膠結も認められる。石干見が構築されたのは波食棚上である。広く低平な岩棚は石干見を設けるには良好な環境条件であり、大量の石材の入手も容易であった。

石干見の存在は、古くは一五世紀の記録に残っている。一七二七年の記録には島内に総数一〇二基が存在し、一八五四年には一七九基、ピーク時の一八七〇年には二二三基を数えた。その後、減少傾向に転じ、一九〇八年には一五六基、一九五九年には八四基となった（Bordereaux, *et al.* 2009）。一九九二年の資料には一四基とあるが（Association pour la sauvegarde des ecluses d'Oleron *et al.* 1992）、その後三基が復元され、現在は表9-1のように一七基が現存している。図9-2はこれらの位置を示している。現存する石干見のなかには石積みが崩れたのちにも修繕がなされず、漁具としての機能を失っているものも含まれる。ほとんどの石干見が馬蹄形あるいはその変

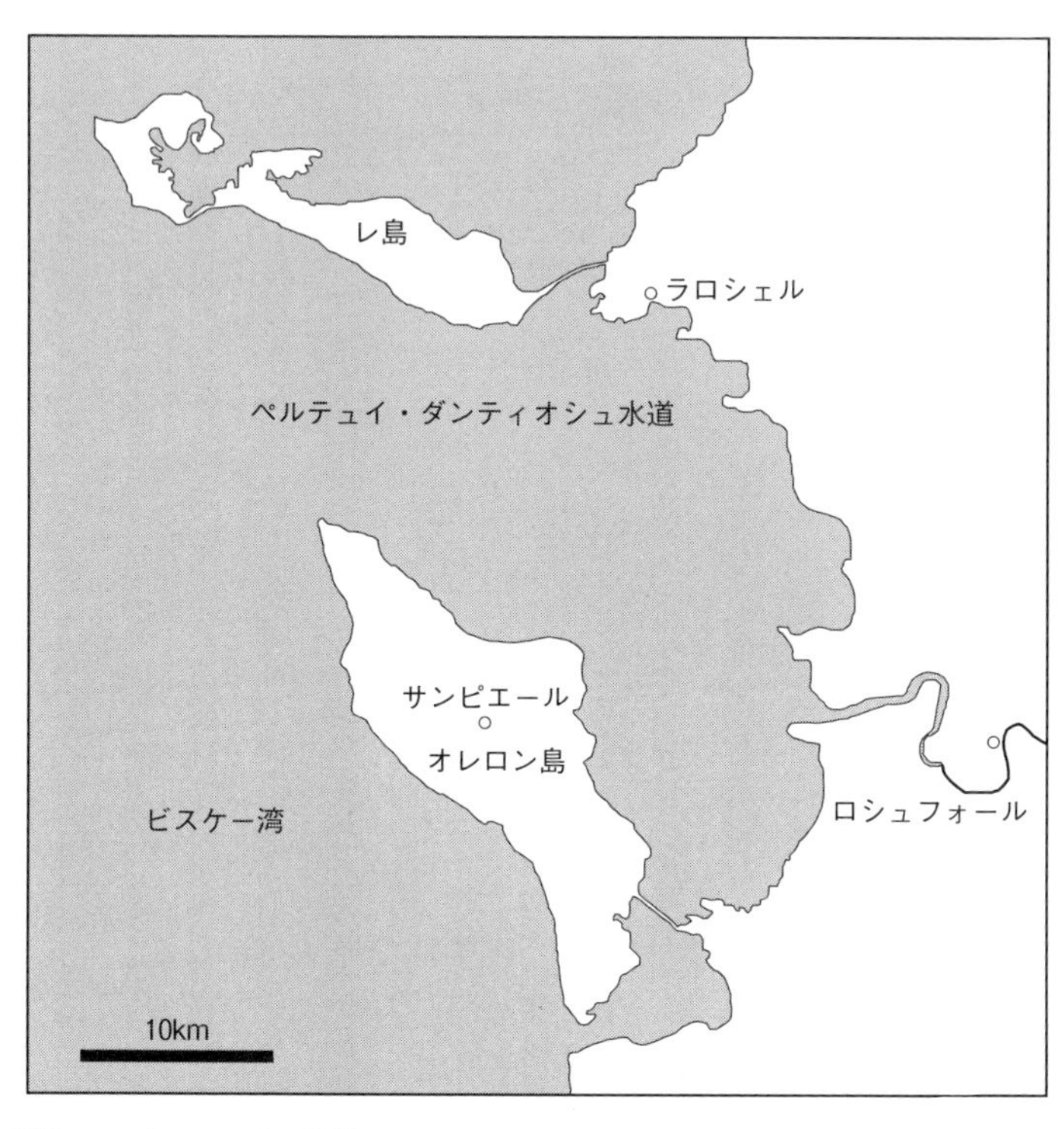

図9-1　オレロン島の位置

形である。一基だけが角形であった。面積は最小のものが一三〇アール、最大のものは九九〇アールに達する（写真9-1）。

島内では一九八七年に石干見の共同所有者（かつての所有者の系統にあたる家の者）九〇人が中心となって石干見保全協会が立ち上げられた。これら所有者が石干見を保全しながら漁具としての利用も続けている。それぞれの石干見は八～一二人ほどで利用されている。一年間、各人がローテーションする形式によって魚取りをする権利を有しているという。

石干見は法律によっても保護・保全されている。オレロン島の人口は二万人程度にすぎないが、夏の観光シーズンになると一八万人以上の観光客が訪れる（ベラット 二〇一二）。観光客のなかには海岸で楽しむ人びとも多いが、彼らは石干

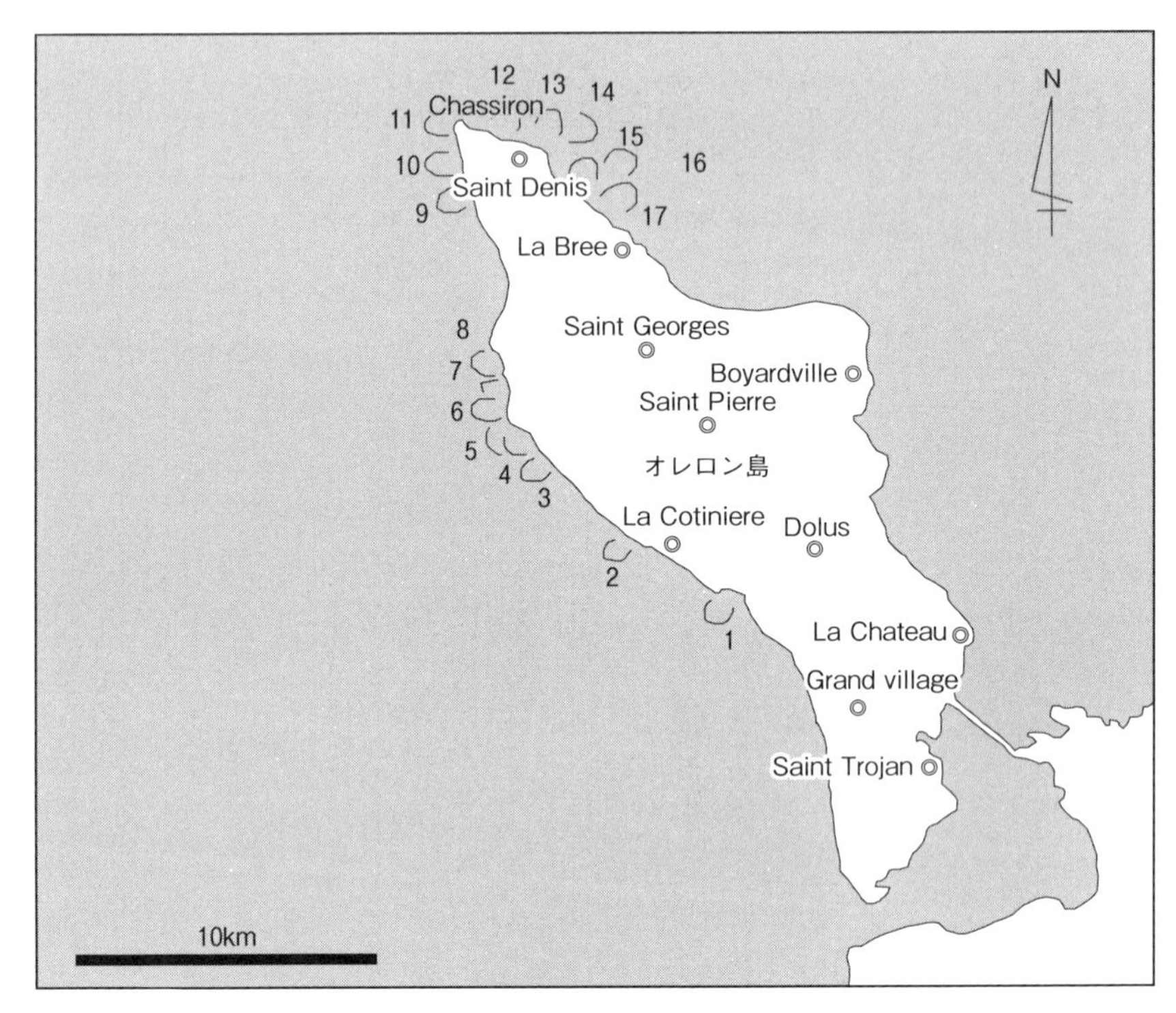

図9-2　オレロン島における石干見の分布（2015年）
注）各石干見は模式的に描いたもので、正確な形と大きさを示してはいない。図中の番号は表9-1の番号に対応している。
Association pour a sauvegarde des écluses d' Oléron *et al.*（1992）および聞き取りにより作成。

写真9-1　オレロン島の石干見
2015年3月撮影。

表9-1　現存するオレロン島に現存する石干見（2015年）

番号	石干見名	自治体名	村名	場所名	面積(a)	備考
1	Les Vincentes	Dolus	Passe de l'Écuissiere	Rocher de Rouchoux	151	
2	Les Ecluses Neuves	Saint Pierre	La Chefmalière	Passe des Bicles	290	
3	Les Neuves Ecluses	Saint Pierre	L' ileau	Rocher Noir	480	
4	La Malbalie	Saint Pierre	L' ileau	Rocher Noir	—	1999年復元
5	Le Delit	Saint Georges W.	Les Sables Vigniers	Pointe de Chardonnière	—	
6	Laure Bregaud	Saint Georges W.	Les Sables Vigniers	Pointe de Chardonnière	300	
7	Les Chardomingo	Saint Georges W.	Les Sables Vigniers	Pointe de Chardonnière	—	捕魚部調査
8	Le Chardonnet ou Basses	Saint Georges W.	Les Sables Vigniers	Pointe de Chardonnière	165	角形
9	La Jalousie du Fon d truplat	Saint Georges W.	Domino	Rocher de Sablan	130	
10	Madame Naud	Saint Dennis W.	La Gautrie	Coupe de la Combe	333	捕魚部調査
11	Les Vieilles Longes	Saint Dennis W.	Chassiron	Pointe de Chassiron	410	
12	Les Jeunes Pointes	Saint Dennis W.	Chassiron	Pointe de Chassiron	445	
13	Le Grand Sabia	Saint Dennis E.	La Morelière	—	510	
14	Le Coursat	Saint Dennis E.	Saint Dennis	Le perré d'Antiochat	567	
15	Le Boyard	Saint Dennis E.	Le Moulin de Saubregeon	Le port	453	
16	La Balise ou Le Denis	Saint Dennis E.	Le Moulin de Saubregeon	Le port	587	
17	Les Petaudelles	Saint Dennis E.	Le Moulin de Saubregeon	Le port	990	

—：不明
Association pour la sauvegarde des écluses d'Oleron *et. al.*（1992）
Bordereaux *et al.*（2009）および聞き取りにより作成。

写真９-２　捕魚部内の小区画
2015年3月撮影。

写真９-３　排水口
2015年3月撮影。

見にあまり注意を払わないという。そこで、観光客に対して石干見が重要な海洋遺産として保護対象（Sauvegarde du patrimoine maritime）であること、そして壊れやすい構築物であることを伝えるとともに、彼らが石を勝手にさわったり動かしたりすることや、先端の捕魚部で魚を捕獲することを禁じている。以上のような行為に対して注意を喚起するための看板が各石干見に設けられている。これは政令二〇〇〇-二七二号（二〇〇〇年三月二二日発布）に基づくもので、石干見から観光客を排除するものではないが、捕魚部周辺二五メートルの範囲では貝類・甲殻類の捕獲を禁止し、石積みの上からの釣りの禁止、網の敷設の禁止が明記されている。

二〇一五年三月の現地調査では、一七基のうちの二基（サンドゥンにあるMadame Naud およびサンジョージズにある Les Chardomingo）について捕魚部を調査することができた。石積みの高さは約一メートルから最高一・八〜二メートルであり、幅は基底部で一・五〜三メートル以上ある。石は平板状のものと丸石とが使用されている。石積みの各所には、平石を重ねたように積んだくさび状の部分を設け、石積み全体を補強している。カキなどの貝類も石に数多く固着し、石積みを補強する役目を果たしている。石干見の内部は魚を取りやすいように石を積んで囲ったいくつかの小区画（pêcherie）に分かれている（写真９-２）。石積みの高さは三〇〜五〇センチメートル程度である。退潮時に石干見の外へ直接排水するための暗渠が設けられているところもある。また、小区画と小区画の間

写真９-５　魚籠 *gourbeille*
2015年3月撮影。

写真９-４　魚鉤 *espiot ou espadote*
2015年3月撮影。

写真９-６　魚鉤の持ち手を逆さまにして魚をとらえる漁業者
2015年3月撮影。

に段差を造ったり、小区画に接して排水路が切られていたりする場合もある。排水口には鉄製の柵が設けられている（写真９-３）。排水口の外側の石積みは、イギリスの石干見にも見られたように、牛角状に突出している。これは消波の役割を果たすとともに、かつては退潮時、ここに袋網や筌が敷設された。

漁業活動は現在でも伝統的な補助漁具を用いておこなわれている。基本的な漁具は、魚鉤（地方語で *espiot ou espadote*）と魚籠（*gourbeille*）である（写真９-４・９-５）。魚鉤は長さ約八〇センチメートルの鉄製で、先端部の鉤状の部分で魚をひっかけたり、石を返したりする。水中を泳ぐ大型魚を捕らえるときには持ち手を返し、叩き棒のようにして使用する（写真９-６）。魚籠は籐を編んで作ったものや化学繊維の網で作ったものが用いられていた。このほか、たも網（*hav' eneau*）ややす（fougne ā congre）、岩に付着した貝類を起こす小型の鎌（pé-jhambe ou péche-jhambe）を携えることがある。漁業活動は大量の漁獲を狙うものではなく、いわゆる「おかずとり」的、すなわち自家消費用の魚を捕獲することが中心であった。

おわりに

本章では、石干見が分布する大西洋の沿岸地域を取り上げ、現在、この漁具に関して各地でどのような研究がなされているか、さらにこの漁具がどのように扱われているのかについて検討した。

筆者はこれまで、人類学、民俗学、民族誌的研究および地理学的研究などの業績を中心に据えて石干見研究を回顧し、そこから新たな研究の方向性を展望してきた。その全体像は、あえていうならば「石干見の文化誌的研究」ということができよう。しかし、本章で見てきたように、南アフリカ共和国、イギリス、フランスのいずれにおいても石干見が沿岸部における水中考古学的研究の対象として新たに注目されていることが明らかであった。また、現存する石干見だけではなく埋蔵文化財として包蔵されている石干見にも調査が向けられ、これらに対して、先人が構築した貴重な漁具であり文化遺産として高い評価が与えられていることも明らかとなった。

石干見は、文化遺産として保全され、活用についても模索されている。研究はすでに個人の域を超え、文化財保護を進める団体との共同調査や政府の大型の資金を得たプロジェクト型の調査へと変化している。翻って、日本に目を向けた時、石干見は水中考古学の研究対象となっているであろうか。残念ながらまだそのような位置にはない。また、石干見が現存するか、あるいはかつて存在した諸地域では石干見を保全する市民レベルの団体が育ちつつあるものの、研究方法に対する新たな方向性は見出されていない。たとえば、有明海や南西諸島は石干見の埋蔵文化財包蔵地域であるが、いずれの地域においても石干見の総合的な調査はおこなわれてはいない。考古学的遺物としての石干見、文化遺産としての石干見をいかに考えるべきか、日本における今後の研究体制を確立するうえでも、大西洋諸地域の石干見をめぐる研究、さらにはアメリカ、カナダ、オーストラリアなどにおける石干見研究の最前線を十分に把握する必要がある。

注

（1）Connaway（2007）の書誌情報に対して、オーストラリアの書誌情報については大まかな記述に終わっているという指摘（Rowland and Ulm 2011）もある。また、日本の石干見に関する情報は西村が英文で執筆した文献にとどまっているし、台湾、韓国など東アジアの状況に関する書誌情報はほとんどない。東アジアの石干見研究の成果が英語で発表されていないことにもよるであろう。

（2）たとえば、オーストラリアの the Queensland Department of Environment and Resource Management Indigenous Cultural Heritage Database (ICHD)、イギリスの Historic Environmental Records (HER): Wessex Archaeology などをあげることができる。

第十章　石干見の文化誌
——さらなる可能性を求めて

はじめに

筆者が、石干見を台湾本島西海岸において初めて調査した一九八九年からすでに三〇年近くが経過した。この間、自身でいくつかの調査研究を進め、その一部は台湾、韓国、日本の研究者とともに石干見研究の一書（田和編二〇〇七）として刊行した。「東アジアの石干見研究」に関する若干の課題も提示することができた。石干見の分布域の問題をとらえなおすこと、東アジアのみならずとくに南太平洋地域の海洋文化とのつながりが石干見研究において重要になること、依然として明らかになっていない中国における石干見漁業について理解を深める必要があることも指摘した。さらに石干見の多様な構築技術について分析し、その技術に関する地域固有の知識についても考察すること、世界中で石干見の保存や再生が始まりつつあった状況をふまえ、それらに関係する課題について考察する必要があることも述べた。

しかし、石干見をめぐる研究の方法論に確固たる立場があるわけではない。近年では、これを文化遺産としてとらえる新たな視点が示されており、石干見の文化遺産化が研究課題のひとつになってきている。第二章で議論した「石干見研究の問題群」は、田和編（二〇〇七）以降の研究蓄積のなかでみられた諸課題を展望したものである。それらのいくつかについてはその後も研究を進めてきたものの、課題によってはほとんど手つかずのものもある。ここでは現時点で筆者が残してきた課題および調査の可能性を、具体的事例を盛り込みながらあらためて提示することで終章にかえたい。以下に取り上げるのは、①「石干見の地域文化誌」の構築、②石干見を再生・活用する活動の考察、③石干見漁業活動の生態学的理解、の三点である。

一　石干見の地域文化誌の構築——過去の記録の検証と新たなデータの蓄積

各地の伝統的な石干見漁に関する記録の蓄積は、本書のいくつもの章で振り返ったように、漁具・漁法自体が衰退し放棄された一九六〇年代あたりで一応の終焉を迎えたといってもよい。その時期からすでに五〇年以上を経過した今日、新たなデータの積み上げはきわめて難しい。しかし、いまだ埋もれたままとなっている文書資料等を見つけだしたり、石干見を記憶する人々から情報を収集したりしながら、過去の記録に補足することが必要である。すなわち特定の年代までおこなわれた石干見漁撈を焦点に据えながら「石干見の地域文化誌」を記述する作業が今後も続けられなければならないと考える。本節ではこのことをふまえ、日本において石干見の記録が最も多く残されている島原半島沿岸地域に注目し、現在の長崎県雲仙市守山地区を事例として取り上げ、この地域の石干見（スクイ）に関する既往の記録に、いかなる記述や資料を新たに加えることができるのか検討してみたい。そのことが、今後、各地における石干見の記録を残す作業に役立てられると考えるからである。

（1）雲仙市守山のスクイ――一九七〇年当時の姿

長崎県島原半島のスクイについては、長崎県教育委員会が一九七一（昭和四六）年度におこなった有明海沿岸地域民俗資料緊急調査の報告書『有明海沿岸地区の民俗』（長崎県教育委員会文化課編 一九七二）にくわしい[1]。とくに南高来郡吾妻町（現在は雲仙市）の守山（旧守山村）のスクイについて、原（一九七二）が詳細な記録を残している。長くなるが、この記録の概要をまとめてみよう。

原の調査当時、守山でスクイを保有していたのは「一二人および組」であった。しかしほとんど使用されず石積みは崩れていた。石積みをブルドーザーで押し壊してノリ養殖漁場にしてしまった人もいた。「一二人および組」は、①村山岩七、②清水熊七、③清水豪、④秋山邦義、⑤前田杉男、⑥村上・内田両者と何人か共同でやっていた、⑦福元喜益（義父のものを譲り受けた）、⑧藤里直次、⑨吉元家美、⑩吉元台治（当時は南高来郡吾妻町牛口の漁業組合が所有）、⑪尾崎直人（ブルドーザーで押してスクイはすでになかった）、⑫前田常三郎（四、五人共同でやっていたが、当時すでになかった）であった。これらのうちスクイを実際に使用していたのは藤里直次[2]一人であった。

スクイは古くは個人所有で、各家はスクイ漁で生計を立てていた。かつてはスクイをどこに構築しても、また拡張してもかまわなかったという。ただしスクイには税金（県税）が課され、一年間の取れ高に応じて税額が決定した。自家消費分は課税の対象とはならず、漁獲物を販売して得た収益に対してのみ課税された。一九五〇（昭和二五）年の新漁業法施行［昭和二四年法律二六七号：筆者注］に伴って漁業権の大きな変更があった。スクイの漁業権は定置漁業権から共同漁業権に移行し、漁業協同組合が免許を与える体制となった。すなわちスクイ漁をおこなう場合には、漁協から漁業権を借り受けることになった。この手続きには行使料が必要であった。料金は各漁協で決めていたが、スクイには一等級から三等級まで三段階の等級がつけられ、これによって徴収金額にも差が生じたという。

前述した「一二人および組」のスクイのうち藤里家のスクイは、直次より五代ほどまえの「ジンドウ爺」が築いたといわれている。直次がスクイの手伝いをするようになったのは一七、八歳の頃からであった。[3] 一九三九（昭和一四）年、四〇（昭和一五）年頃には魚がスクイによく入り、一回の漁で何千斤も漁獲したこともあった。このような時には隣近所の人二〇人くらいを「雇い子」にしてスクイに行った。漁獲物はボラ類、スズキ、エビ類が多かった。梅雨期にはエビやイカなどがよく入った。

直次は戦前まではスクイ漁と農業によって生計を立てていたが、原の調査当時にはすでに隠居の身であった。直次は先祖からの言い伝えとして「上田三反とスクイとは換えきらん」という言葉があったこと、またたとえ田畑をすべて売ったとしてもスクイは残さなければならないと教えられたことを述べている。

スクイの構造についてみておこう。スクイの中はスクインナカ（スキンナカ）、石積みの両端はテサキ、海水がうまく引いてゆくように工夫された排水口はオロモト（補助のものを加えて二か所あった）、スクイの外側にあたる部分はスクイソトと呼ばれた。所有者は浜に思い思いの字名をつけたという。そこにはスクイの基点のしるしとなる大石などがあり、藤里家の基点は「細田のドンク石」と呼ばれた。石は勾配を取りながら、ミダレダン（乱れ段）にはめ継いでいった。スクイの長さは二三七間（四三〇メートル）以上、高さは、満潮時に海水が最上面（カラマ）を三尺（九〇センチメートル）ほど越せばよかった。かつての石積みの高さは、原の調査当時のものよりも低かった。低いと退潮時、海水が沖へと早く流れ出し、魚がスクインナカで遊ぶ時間が短くなり漁獲量は多くならなかった。そこで二尺（六〇センチメートル）ほど高く積んだところ、漁獲量は倍近くになった。

直次がまだ幼少であった頃には石の積み方が悪く、年に六、七回は崩れた。普請は干潮時の時間帯に限られるため、多くの人を雇って短時間で補修しなければならなかった。人手が少なく、労賃も高くついたので、人を集めること自体が困難であったという。このような状況によって、壊れてもそのまま放置されるスクイが生じた。

一九五七（昭和三二）年の諫早大水害の折にはほとんどのスクイが壊れた。藤里家のスクイも壊れたが、その後放置されることはなかった。一日当たりの石積みの労賃は、一九三五（昭和一〇）年頃で三一、三銭であった。通常の普請では二〇〜三〇人、大きな工事の際には一〇〇人ほどが集まったという。

石積みは、台風時、北風が吹くと最も壊れやすかった。ハエ（南風）やニシ（西風）の時にはどんなに強風が吹いても崩れることはなかったという。新たに補修されたスクイは風速二〇メートルくらいの大風が吹いても崩れなかった。

オロモトの大きさは一定していないが、高さ三尺（九〇センチメートル）程度であった。小さすぎると海水の引きが悪いし、大きすぎると、台風が襲来した時などには強い波の力でここにしつらえられたオロダケ（竹簀）が壊れてしまった。オロモトの部分は底石（ネギリ石とも呼ぶ）と両側の立石、蓋石によって構成される。立石にはマルゴロ石と呼ばれる石を使い、しっかりと固定した。底石は土台石として二張ほどは地中に埋めるようにして三段は積んだ。

スクイのなかには、海水が引いたのちに取り残された魚が集まるように、くぼ地を造った。これをイオスクイと呼んだ。イオスクイに泥や砂がたまると常にかきだしておいた。イオスクイの周囲には古くなったオロダケを刺して並べた。これをアカトリといった。小石を積んだアカトリもいくつも造った。スクイの中にある大きな岩もアカトリになった。これらは魚を呼び込むために重要な役割を果したという。魚はテタブ（手網）を用いてすくい取った。また、スクイの近くの岸寄りに石を組んで小さな水面をこしらえた。これはイオアライと呼ばれるもので、獲れた魚をここで洗った。

海水が引きはじめると、小魚が石積みの隙間に首を突っ込んでいることがある。これをメーイオ（迷魚）と呼んだ。かつてはメーイオを獲りに子供たちがスクイにやってきた。ほこ（やす）を持って魚突きに来る者もいた。

引き潮が激しく、日射の厳しい時には魚はスクイの中にはあまり入らないが、天気が急変するような時には魚の入りがよかった。引き潮時ににわか雨があると、「魚が止まる」といって喜んだという。

スクインナカに餌を撒くと、魚がよくつくといわれていた。シクチ（メナダ）やボラはガタ（泥）を食った。また、かつては干潮時に農業者がガタを取りにやってきた。ガタは農地のよい肥料になったからである。ガタを利用してアゲマキ（アゲマキガイ）を養殖すればよく成長したという。

原は、以上の記述のほか、年間に漁獲される魚種、石積みの時に使用する道具類、スクイで使用する補助漁具類についても詳細な記録を残している。

（2）明治期および昭和前期の文書資料からみる守山のスクイ

前項で見たスクイに関する民俗学的な記録に、さらにどのような新たな情報を加えることができるであろうか。ここでは、ひとつの試みとして、残された文書資料を年次を追いながら分析してみたい。

守山には明治期にすでにスクイが存在した。スクイ漁場の使用に関しては県から免許が与えられた。この免許貸渡の状況を、第二章でも示した長崎県勧業課編「漁場採藻区画貸渡根帳　明治十六年更正　南高来郡」、長崎県農商課編「漁業採藻場区画根帳　明治二十七年四月更正」（以上、長崎歴史文化博物館蔵）および長崎県庶務課編「昭和四年調査　第三種定置漁場魞簗其他　第十一　共十七冊」（長崎県立長崎図書館蔵）から考察することが可能である。

表10 - 1は「漁場採藻区画貸渡根帳　明治十六年更正　南高来郡」の中から守山にあったスクイ漁場を取り出したものである。この貸渡根帳に欠落部分がなかったとすると、六基の免許が一八八九（明治二二）年五月三日に与えられたことがわかる。なお、稼人宮崎柳吉のスクイ（識別番号A - 4）が一八九三（明治二六）年三月に返上されているという記載があることから、この貸渡根帳は「明治十六年更正」ではなく、一八九三（明治二六）年三月以降、

表10-1　明治時代中期における守山のスクイ

識別番号	稼人氏名	免許年月日	貸渡年限	間数		坪数	場所	備考
				竪	横			
A-1	清水善四郎	1889（M22）年5月3日	1894（M27）年3月	50	50	2500	蔵ノ本	
A-2	村山清蔵	〃	〃	37.5	60	2250	町下	村山清治衛より譲り受け
A-3	秋山銀左衛	〃	〃	37.5	60	2250	河原毛田	
A-4	宮崎柳吉	〃	〃	67.5	18	1215	浜ノ田	1893（M26）年3月返上
A-5	前田枚太郎	〃	〃	15.1	40	604	田内川	柴田文太郎より譲り受け
A-6	最上仙兵衛	〃	〃	55	55	3025	浜ノ田	

長崎県勧業課編「漁場採藻区画貸渡根帳　明治十六年更正 南高来郡」より作成。

免許貸渡年限の一八九四（明治二七）年三月までに修正が施されたものと考えられる。

同表から村山清蔵のスクイ（A‐2）は村山清治衛より、前田枚太郎のスクイ（A‐5）は柴田文太郎よりそれぞれ譲り受けていることがわかる。両者の譲り受けが、一八八九年の免許申請に際してなされたとするならば、これら二基のスクイは、この年以前から存在していたことになる。漁場の場所は、大字にあたる古城名（ふるしろみょう）の小字河原毛田、町下、平江名の田内川、浜ノ田（吾妻町編　一九八三）などの地先である。スクイの区画は竪・横の間数で示されており、これらの数値を乗じて坪数としている。最少は六〇四坪、最大は三〇二五坪の広さがあった。

「漁業採藻場区画根帳　明治二十七年四月更正」には守山のスクイ漁場に該当する文書が一二件存在した（表10‐2）。免許はいずれも一八九四（明治二七）年四月に認可され、向こう五年間すなわち同年四月から一八九九（明治三二）年三月までの貸渡期限が記されている。さらに、指令番号（免許番号）、免許年月日、貸渡年限にはいずれも朱線が施され、新たな指令番号とともに一八九九年の免許年月日、一八九九年四月から一九〇四（明治三七）年三月までの貸渡年月日が朱書きで書き加えられている。以上のことから一回の免許更新時期をはさんだ一〇年間にわたる免許認可の状況を明らかにすることができる。なおこの間に一二件の

表10-2　明治時代後期における守山のスクイ

識別番号	指令番号(1)	稼人氏名	免許年月日	貸渡年限	間数		坪数	場所	備考
					竪	横			
B-1	2493（1487）	清水善四郎	1899（M32）年4月	1899（M32）年4月～1904（M37）年3月	50	50	2500	蔵ノ本	1894（M27）より継続
B-2	2494（1488）	村山清蔵	1899（M32）年9月19日	〃	37	60	2250	町下	〃
B-3	2492（1489）	秋山銀左衛	〃	〃	37.5	60	2250	河原毛田	〃
B-4	2489（1490）	前田杦太郎	〃	〃	15.1	40	604	田内川	〃
B-5	2491（1491）	内田永三郎	〃	〃	42	80	3360	畑田	〃
B-6	2487（1492）	野田作平	〃	〃	25	120	3000	浜辺	1895（M28）年3月、村山多喜治より譲り受け(3)
B-7	2495（1493）	田渕好太郎(2)	〃	〃	21	103	2163	浜辺	1894（M27）年9月、谷崎倉松より譲り受け
B-8	2485（1668）	竹添虎三郎	〃	〃	20	80	1600	浜辺	1894（M27）より継続
B-9	2488（1494）	坂井甚太郎	〃	〃	17.5	90	1575	畑田	1895（M28）年2月、吉本作治より譲り受け
B-10	2486（1495）	藤里幸治	〃	〃	30	94	2820	畑田	1894（M27）より継続
B-11	2484（1496）	小川友作	〃	〃	20	120	2400	谷	1895（M28）年1月、満島喜代市より譲り受け
B-12	2490（1497）	最上チヨ	〃	〃	55	55	3025	浜ノ田	1894（M27）より継続

注：
（1）指令番号のうち（　）内は、1894年免許申請時のもの。
（2）田渕好太郎は古部村在住者である。
（3）村山多喜治は1894（明治27）年8月2日に前の稼人松本鶴松より譲り受けた。
長崎県農商課編「漁業採藻場区画貸渡根帳 明治二十七年四月更正」より作成。

うちの四件で、稼人の変更があった。この場合には、譲り受けた年月日が朱書きで、また新しい稼人が墨書きで文書に書き加えられている。

表10‐1に掲げた六基のうちA‐4を除く五基は、どのように免許更新がなされ、継続して利用されてきたのか、表10‐2と対比しながらみてゆこう。清水善四郎（A‐1）、村山清蔵（A‐2）、秋山銀左衛（A‐3）、前田杁太郎（A‐5）の4基の稼人は、一八九九年の免許更新時にも名を連ねていた。最上仙兵衛（A‐6）は、一八九四年の免許更新時に権利を最上チヨ（B‐12）に譲ったものと考えて誤りはないであろう。A‐6とB‐12が同じ小字の地先に存在すること、またスクイの竪横の間数、坪数が同一であることがその証左である。以上のことから判断すると、一八九四年の免許更新時に、それまでに免許を有していた上記五基のスクイに新たに七基が加わり、計一二基のスクイに免許が与えられたとみることができる。この中には、後述する藤里幸治（B‐10）の名前も認められる。

前述の原（一九七二）には、「スクイ資料」として藤里家のスクイに関わる漁業免許証やスクイ譲渡契約書等合計九件の文書が掲載されている。このなかに藤里幸治に許可された一八九九年の免許証が含まれている。それは以下の通りである。

長崎県指令第二四八六号

南高来郡守山村

本年三月三十日願守山村字畑田スクイ漁場継続営業ノ件許可ス

明治三十二年九月十九日

長崎県知事　　服部一三　㊞

この文書に「スクイ漁場継続営業」とあることから、藤里幸治は前回の免許も許可されていることが確認できる。このほか「スクイ資料」から一九〇二（明治三五）年の定置漁業免許期間指定申請（漁業の種類および名称は石干見）や一九一四（大正三）年の定置漁業免許願（漁業の種類および名称は、魞簗類漁業石干見）、一九二四（大正一三）年の定置漁業権存続期間更新申請がいずれも藤里幸治名で提出されている。

表10-3は、「昭和四年調査　第三種定置漁場　第十一　共十七冊」に掲載された守山のスクイに関する文書をまとめたものである。この文書は「第三種漁場魞簗其他　第三種定置漁場状況調査表」の綴りであり、文書中には、漁業種類、免許番号、権利者名、免許の認可年月日、漁場位置とともに、昭和元年、昭和二年、昭和三年、三か年平均の漁獲高を記載する欄および昭和二年度、三年度、四年度の県税納付額を記載する欄が設けられている。さらに備考欄に「昭和二年以前」と「昭和三年」の項目が設けられており、そこには調査にあたった係官が権利者および権利者の周辺の者から聞き取った関係事項が書き加えられている（第四章参照）。前掲表10-2に示したスクイ免許の貸渡年限終了から二〇年後にあたる一九二四（大正一三）年の免許認可以降の記録である。一九二九（昭和四）年の調査であることから、五年の免許期間を終え、長崎県が次期の免許更新に向けて実施した事前調査であったと考えられる。この時、一二人の権利者がいた。

スクイの免許が明治期から大正、昭和期へと、いかに継承されてきたか推論してみよう。表10-2にある一二人の稼人のうち、表10-3の権利者に名前が見いだされるものは、清水善四郎、藤里幸治、内田永三郎の三人である。このうち清水善四郎は、一九二六（大正一五）年四月に死亡しており、一九二四年に取得した免許漁場は、相続人となる孫の後見人である清水熊七が経営していた。次に表10-2にある稼人と表10-3にある権利者とが同姓であり、しかも漁場が位置する小字名が同一のものに対して、同じスクイにおいて免許が継承されてきたと考えると、

表10-3　昭和初期における守山のスクイ

識別番号	免許番号	権利者	免許年月日	漁場位置	漁獲高（円）	県税（円）	漁獲物売却先	備考
C-1	3247	吉本米蔵	1924（T13）年4月10日	東浜	80	5	浦川卯一郎	1929（S4）年、高崎ミヨが売却。
C-2	36	前田恒三郎	1924（T13）年4月8日	浜辺	35	3	〃	
C-3	3251	尾崎稲蔵	1924（T13）年4月10日	〃	55	3	〃	1927（S2）年、23円で村山松雄へ貸付。1928（S3）年は自ら漁業。
C-4	32	野田才蔵	1924（T13）年4月8日	〃	147	8	〃	C-11とともに本村中で優良。
C-5	33	吉本作治	〃	畑田	80	5	〃	
C-6	3245	藤里幸治	1924（T13）年4月10日	〃	77	5	〃	
C-7	3254	内田永三郎	〃	田内川	87	5	—	1928（S3）年6月より5か年間、玄米3俵で同村の浦川勝三郎へ賃貸。
C-8	3252	内田太三郎	〃	浜ノ田	72	4	—	10人の共有、毎日2人1組で交代利用。漁獲高4斤までは当番者。
C-9	3248	前田枤次郎	〃	田内川	40	3	—	漁獲物は自家用の残りを小売。
C-10	180	秋山万三郎	〃	河原毛田	67	4	—	〃
C-11	3250	清水善四郎	〃	町下	107	5	—	権利者は1926（大正15）年死亡。相続人である孫の清水豪の後見人清水熊七が経営中。
C-12	3249	清水熊七	〃	〃	130	7	—	漁獲物はC-11より僅少と申告。近傍の漁場主からの聞き取りにより金額は相当。

注）
漁獲物売却先の「—」は、特に記載がなかったことを表す。
長崎県庶務課編「昭和四年調査 第三種定置漁場魞簗其他 第十一 共十七冊」より作成。

これに該当するものとして、秋山銀左衛のスクイ（B-3）を引き継いだ秋山万三郎（C-10）、前田枚太郎のスクイ（B-4）を引き継いだ前田枚次郎（C-9）、野田作平のスクイ（B-6）を引き継いだ野田才蔵（C-4）の三件を見出すことができた。

ところで、一八九九（明治三二）年に免許を得たB-9の坂井甚太郎は、一八九五（明治二八）年二月に吉本作治より権利を譲り受けた。吉本はその後、スクイを経営したか否かは定かではないが、一九二四（大正一三）年の免許認可には名を連ねている。

以上のようにして認可されたスクイの免許には、免許番号が与えられている。この番号には、四桁のものと二桁ないしは三桁のものの二種類があることがわかる。これについて四桁の番号は引き続いて更新された免許、二桁ないしは三桁の番号は新規に与えられた免許の可能性があるが、これは貸渡年限中に生じた稼人・権利者の交替（譲渡契約）とともに改めて考察しなければならない。

なお、スクイは基本的には権利者および権利者の親族が使用するが、なかにはC-3やC-7のように他人に貸付け、それに見合う年間の賃料を現金または農産物で得る権利者もいた。このほか、C-8のように一〇人が共有しており、二人が一組となり毎日交替で利用（一日に二回の干潮時があるので二回の利用）していたスクイもあった。一回の漁獲高が四斤（二・四キログラム）までの時には全量が利用した二人のものとなった。四斤以上におよんだ場合には超過分は一〇人の共有とする、という内約が設けられていたことは第四章で示した通りである。当時守山村の村長を務めていた村山弥藤治[4]も共有者の一人であった。

（3）藤里家のスクイ——聞き取りによる補足

一九七一年に守山にてスクイの調査を実施した原（一九七二）は、確認した一二基のスクイのうち、当時利用されていたただひとつのスクイの権利者であった藤里直次から多くの情報を得ている。

藤里家のスクイは、「漁場採藻区画貸渡根帳　明治十六年更正　南高来郡」によれば、少なくとも一八九四（明治二七）にはすでに漁場使用の免許を得ていた。当時の稼人（権利者）は藤里幸治であった。幸治の長男が直次（一八九七年頃の生まれ）である。原（一九七二）には、一九四五（昭和二〇）年六月に長崎県南高来郡西郷村にあった南高北部漁業会と藤里幸治、直次の間に取り交されたスクイの賃貸借契約書の内容が掲載されている。それによると、一九四四（昭和一九）年三月二〇日付けで免許更新申請中の守山村畑田地先にある免許番号三二四五号の「定置漁業石干見」［免許番号は、一九二四年に認可された藤里幸治を権利者とするスクイと同じである：筆者注］を更新免許と同時に、まず無償で南高北部漁業会に譲渡する。その後、同漁業会がこの漁業権を藤里直次に貸付けることで、権利者が藤里幸治から直次へと切り替えられたのである。

原の調査時から五〇年近くを経過した現在においても、補足できる情報がまだ存在するのではないだろうか。筆者はこのような考えに基づいて、二〇一四年七月に、藤里家のスクイをかつて利用した経験がある藤里幸善氏（一九五三年生）に聞き取りをする機会を得た。以下では、幸善氏を通してみたスクイ漁の情報について考えてみることにしよう。

藤里幸善氏は、筆者の聞き取りに際して冒頭で、藤里家のスクイの話（原（一九七二）の再録）が『吾妻町史』（同町編　一九八三）に掲載されていることを語った。氏の語りは、そこに記載された事項を理解したうえでの内容であったことをまず、記しておきたい。

藤里直次には子供がなく末弟の幸男（一九一二年生）が直次の子として跡を継いだ。幸善は幸男の子である。幸善は二二歳まで祖父にあたる直次とともにスクイ（幸善はスキと呼ぶ）に出かけたという。

藤里家のスクイは現在では使用されていないが、基点になるドンク石は現存している。積み上げる石には、マルゴロ石（丸い形の転石）と切り石とがあった。直次は切り石を使って、上面が平らになるように仕上げた。そのためスクイの上を軽トラックが走れるほどであったという。切り石を使って積まれたのは、藤里家のスクイだけであった。切り石は大きな石に矢穴をあけ、そこに楔を入れて割ったものである。直次は満潮時に石積みの水平部分を見て、どこが低まっているかを見極め、すぐにその部分の修繕にもあたった。スクイがゆるむ（崩れる）と魚をスクイの中に留まらせる効果が薄れるので、日々の管理は重要であった。スクイのそばに自ら三脚を据えて、レールを施し、石を積んだ。

スクイ内の海水が十分には引かないカラマの時以外は漁に出た。夜漁の時にはカンテラを持参した。ヤスミ（ボラの一種）やボラ、コトシゴ（ボラの当歳魚）を車一台分漁獲したこともあった。エビ類は体長一〇～一五センチメートルのものが獲れた。夜漁でエビが大量に入って家で獲りきれないときには、近隣の人に声をかけて獲りに行ってもらった。魚やエビを獲らずにスクイ内にそのまま残しておくと、死んでしまい、腐敗が進み臭気がひどくなるので、むしろ他人に獲ってもらった方が後片付けにもなった。腐敗した魚を残しておくとこれらがスクイ内に滞留するため、潮が満ちてきても魚がスクイに近寄らなかったという。

石積みの間に挟まった魚をメウオと呼んだ。これも漁獲した。メウオが獲れたのは「中太りの石」を積んでいたからである。すなわち石積みの内側は大きな石で頑丈に積み、外側の石は隙間を多くして積み上げた。これは下げ潮流時に石が崩れにくくするための工法であった。

スクイの中の一ヶ所にはカゴマセを設けていた。これは直径二～三メートルの円形の穴を掘ってそこに柴を組んだウナギを獲るための漁具で、一種のウナギグラである。干潮時には海水が穴の中に残り、そこにとどまったウナギを獲った。

村の子供たちは夏にはスクイの石積みの上を歩いて沖側でゴウナ（ヤドカリ）をエサにハゼやウナギ釣をした。

石積みが安定していたので、歩いても怪我することはほとんどなかった。

漁獲物は、自家消費用以外は販売した。潟（泥）まみれの魚は、イオアライで泥を落としたのちに選別した。魚をほしい人が水揚げを待っていたという。予約注文もあった。たとえば新築家屋の棟上げ式のように、近隣の住民が集まる機会があると、まとまった量の刺身が必要となった。そのような場合にスクイの魚が重宝がられたのである。藤里家には販売によって日銭が入った。直次の妻が鮮魚商いを担っていた。幸善自身も、山裾の集落へ魚行商に出向くことがあった。魚を注文しておいてもすぐに取りに来ることができない人のために、また夜に獲った魚が傷まないように、外気よりも冷涼な井戸の中に吊り下げて保管しておいた。

直次の時代にはスクイ漁でもうけた収益で、農林業を拡大することができた。水田を八反、山を五反、繁殖牛を二頭手に入れた。山には植林し、材木も得た。

二　石干見を再生・活用する地域の記録

石干見に関心をもち、それを復元したり活用しようとする市民の団体が、日本のみならず世界各地で活動している。石干見を貴重な文化遺産としてとらえる「地域の人々」が確実に増えてきていることを、筆者自身も台湾やフランス、韓国での現地調査を通じて目の当たりにしてきた。このような地域の団体と協力しながら、石干見についてさまざまな視点から発言したり、団体の諸活動を記録したり、ひいては自らの立ち位置を考えたりする作業は、第二章の「おわりに」でもふれたように、石干見研究者の側に与えられた新しい課題であろう。そこで以下では、長崎県島原市において、かつて地先にあった石干見（スクイ）を復元し、沿岸域の整備を続けながらこのスクイを活用している市民団体「みんなでスクイを造ろう会」を事例にして、地域団体の立ち上げから近年の活動にいたるまでを考えてみたい。

(1)「みんなでスクイを造ろう会」の設立

スクイは、「みんなでスクイを造ろう会」の初代会長を務めた中山春男によると、かつて人気のある海水浴場でもあったという。この言葉を証明するようなスクイ内で海水浴を楽しむ写真が、国見町教育委員会編(二〇〇〇)に残されている。これは、一九三九(昭和一四)年に南高来郡旧多比良村(現在は雲仙市)のスクイで撮影されたものである(写真10‐1)。第二次世界大戦後、学校にプールが設けられていなかった時代、地元の子供たちは夏になると待ちかねたようにスクイに集まって遊んだという。

写真10‐1　スクイ内での海水浴(1939年)
国見町教育委員会編(2000)による。南高来郡旧多比良村(現在は雲仙市)のスクイで撮影されたものである。

昭和四〇年代後半から小学校を対象にプールが徐々に建設されはじめ、他方、スクイ自体も利用されず荒れるにまかされ、スクイのこのような機能も急速に低下した。

スクイによる伝統的漁法を記憶していた中山(二〇一四)は、歴史的な価値があるスクイ跡を文化遺産として保全する必要があると説いた。また、スクイ自体を復元することで、これを将来的に市民のレクリエーションの場として活用できるのではないかと考えた。

スクイに対する市民の関心も高かった。長浜海岸の新田町地先には島原市内で唯一スクイの跡が残っていたが、このスクイ跡の保全と再生に関する問題が、二〇〇四(平成一六)年に島原市議会でも取り上げられている。二〇〇六(平成一八)年三月にはスクイ跡は市の所有物として保存、再生、活用の道が模索されることになった。

長浜海岸のスクイは長年放置されていたので、崩壊が目立っていた。そこで市は、二〇〇六年六月、五〇〇万円を投入して補修工事に着工し、八月には往時の姿を蘇らせた。しかし、その直後に襲った二度の台風によって石積みは再び崩壊してしまったという。その後、二〇〇八（平成二〇）年には、有志数名が市役所に集まり、農林水産課職員を交えてスクイの今後の在り方について議論した。その結果、スクイの維持管理を市民の手に委ねるのがよいとの結論に達し、今後、これを市民のボランティア活動として進めていくことが確認された。この時、立ち上げられたのが「みんなでスクイを造ろう会」であった。一一条からなる会則の第一条には本会の目的として「島原半島に唯一現存しており、島原市新田町地先に残る古式漁法「スクイ（石干見）」の保全を通じて、子供たちや市民・観光客に活用の場を提供する」ことがうたわれている。そのなかでスクイの保全・補修活動、スクイを通じて子供たちの自然体験や学習に寄与すること、生物調査、清掃活動などが計画・実行され、会員の相互の交流と親睦が図られ、現在に至っている（中山 二〇一四）。二〇一七年度末の会員数は個人会員八〇名、団体会員一〇名である。

長浜海岸では高潮被害を抑制するための護岸改修工事が実施されることになったが、同会は工事に際して、「親水式機能を備えた安全・安心な護岸改修の要望書」を長崎県島原振興局長に提出した。県当局はこれを受けて、スクイをステージに見立て、階段状の観客席を設けた護岸とすることを決定した。護岸は二〇一〇（平成二二）年に計画通り竣工している。この護岸施設によって、市民が集まるイベントの開催などもスムーズに進めることができるようになった。そのひとつとして二〇一一年より開始されたのが「スクイまつり」である（写真1‐3参照）。

（2）スクイまつりの開催

スクイ周辺の海岸清掃活動が、「みんなでスクイを造ろう会」の呼びかけによって、基本的には春と秋の年二回おこなわれている。このうち春におこなわれるものが「スクイまつり」である。これは大潮の日を選んで実施され

表10-4　スクイまつり

	名　　称	開催日	参加者数
第1回	スクイまつり	2011. 5. 15	70
第2回	〃	2012. 5. 6	250
第3回	〃	2013. 5. 11	450
第4回	〃	2014. 4. 29	400
第5回	海フェスタ熊本開催記念、スクイまつり	2015. 8. 1	450
第6回	スクイまつり	2016. 5. 7	550
第7回	熊本地震被災者支援スクイまつり	2017. 7. 22	600
第8回	スクイまつり	2018. 4. 28	500

「みんなでスクイを造ろう会」からの聞き取りによる。

る市民参加型のイベントである。まずスクイ内外の清掃と堤防の背後地の除草をおこなったのち、干潮時刻に合わせてスクイ内での魚とり大会が催されている。魚は、スクイに自然に入り込んだものではなく、地元の島原漁業協同組合から提供され、大会直前に放たれる。

このまつりには家族連れも多く参加する。参加者は、開催当初は一〇〇人以下であったが、回を追うごとに増え、近年では五〇〇から六〇〇人が集うようになってきている（表10 - 4）。二〇一八年四月には第八回を迎えた。

筆者は二〇一四年四月二九日に開催された第四回スクイまつりに際して、「みんなでスクイを造ろう会」の許可を得て、「スクイまつりとスクイの利用」に関するアンケートを実施した。それによると、アンケートに応じた二八人（男：一八人、女：一〇人）のうち、一人で参加したのは一例にすぎなかった。複数で参加した人々のうち家族とともに参加したもの二一例（全体の七五パーセント）、友人とともに参加したもの四例（一四・三パーセント）、不明二例であった。不明である二人を除く二六人の回答者に関わる参加人数の合計は一〇七人となった。このなかに幼児が二二人、小学生が三八人含まれていた。スクイまつりへの参加理由に関する質問に対しては、表10 - 5にあるように、「海という自然環境にふれることができる」「魚を獲ることが楽しい」「子供にとってよきふれあいの場、学びの場となる」などが主たる理由となっており、とくにスクイが子供に対して楽しい海遊びの場を提供していることがわかった。「みんなでスクイを造ろう会」はスクイまつりの開催に際して広報活動にも力を入れているが、参加者は、島原市の広報（一〇例）、子供が通う学校（一〇例）、「みんなでスクイを造ろう会」のホームページ（五例）などから情報を得ていた。口コミによって知った例も六例あった。また二八人中一一人は以前に催されたスクイまつりにも参加した経験があった。

九月には、スクイおよびその周辺の清掃とともに主として石積みの修築、周辺の環境美化に取り組んでいる。こちらも回を重ねるごとに参加者が増している。「みんなでスクイを造ろう会」による一連の活動が市民の間に認知されるとともに、スクイが自然保護や環境教育を思考する場として活かされつつあることを物語っている。

表10-5　スクイまつりへの期待

参加理由	人
海という自然にふれることができる	17
自然環境の保護や保全に関心がある	9
魚を獲ることが楽しい	18
スクイという漁法に関心がある	7
伝統漁法の保存と活用に関心がある	5
子供のよきふれあいの場、学びの場となる	18

注）参加者へのアンケートによる。
アンケート総数は28である。表中の人数は延べ人数である。

（3）活動に対する評価

小規模な運動体であった「みんなでスクイを造ろう会」は、スクイまつりのみならず観月会や句会などさまざまな事業を実施するにつれて活動の広がりを見せ、現在では同会に対する市民の認知度が高まっている。このような活動が評価され、二〇一三（平成二五）年一月には長崎県地域文化章を受章した。これは、「文化に香る心豊かな郷土を創るため、県内各地において地道な文化活動を続け、地域文化の向上と発展に貢献している個人及び団体に対し、地域文化章を贈り、その活動と業績を顕彰する」というものである。さらに同年六月には海岸の保全や利用、環境整備等、海岸を利用した取り組みで顕著な功労があったとして、社団法人全国海岸協会から海岸功労者表彰を受賞している（中山二〇一四）。

石干見に関する調査研究活動も活発で、石干見サミットには二〇一三年三月に開催された第四回の「九州〜奄美〜沖縄・海垣サミット in 奄美」に参加し、これを引き継いで第五回「九州・沖縄スクイサミット in 島原」を二〇一五年一〇月に島原市にて開催した（楠 二〇一七）。二〇一七年七月には、会の有志が台湾澎湖列島を視察した。西嶼の小池角にある滬目と呼ばれる滬房（捕魚部）のある石滬を見学し、馬公市内にある澎湖生活博物館において、国立澎湖科技大学の李明儒氏および澎湖県政府文化局の曽慧香氏と台湾の石滬および島原のスクイの保存活動や活用方法について意見を交換した。また、二〇一八年七月には韓国済州島にある石干見を視察し、済州市梨湖洞でおこなわれている石干見に関係するイベントの主催団体とも交流した。

三　石干見漁の生態

石干見漁を通じて人間と環境との関係を考察しようとする場合、マクロな視点からもミクロな視点からもアプローチが可能である。いくつかの事例をあげてみよう。

前者の場合には、たとえば裾礁やラグーン（礁池）が発達する沖縄などをフィールドとして、沿岸部からのサンゴ礁の発達状況と石干見の分布域との関係性を理解したり、構築のために調達される石材の分布域を考察したりする研究が考えられる。潮位差と石積み技術との関係性の追究や開口型の石干見において開口部で使用される小型の袋網や筌類などさまざまな補助漁具との複合を通文化的にとらえることも、広域的な調査研究となろう。ミクロな視点からのアプローチの場合には、石干見を有する特定地域を調査対象として、石干見が生計維持にいかに関わってきたかを考察したり、漁業活動の時間的な利用形態や漁獲量、漁獲物の分配などを明らかにすることが考えられる。以下では、二〇〇七年三月に訪れたミクロネシア連邦ヤップ州のヤップ島トールー（Toruw）村の石干見漁を

写真10-2
ミクロネシア連邦ヤップ島トールー村にある矢形の石干見（アッチ）
2007年3月撮影。

事例として、ミクロな視点による石干見漁の生態学的な調査・研究の可能性を探ってみよう。

ヤップ島は、北緯九度、東経一三八度に位置する。細い水路によって分かたれた四つの島から構成される。面積は約一〇〇平方キロメートルである。島全体が広大な裾礁で囲まれている。

島ではアッチ（*aech*）と呼ばれる石干見が古くから重要な漁具・漁法のひとつであった。アッチには①矢形（arrow shaped）、②V字形（V-shaped）、③ジグザグ形（zig-zag）があり、さらに構築場所の状況に応じてこれらの基本形にさまざまなバリエーションがあった（Muller 1917: Hunter-Anderson 1981: 早川 二〇〇四）。Falanruw and Falanruw（2003）は、島の周囲にかつて七五二基のアッチが存在したことを確認している。化繊漁網の利用が普及・拡大したため、アッチは今日ではほとんど使われなくなった。大部分は崩壊したものの、数基は現在も利用されている。これらは通常、家族ごとに所有されている。漁獲物は村人に分配するしきたりがある。

島の北東部に位置するトールー村には二〇〇七年三月現在、一一家族、約六〇人が居住する。食料の獲得形態は基本的には自給型である。主食はタロイモで集落の周辺にはこの栽培地が広がる。その他、ヤムイモ、パンの実、ココナツ、バナナ、パパイヤなども栽培されている(5)。副食と

写真１０-３
アッチの捕魚部の構造
2007年3月撮影。

なる魚類は、アッチや潜水漁によって獲得されている。アッチは現在三基あり、いずれも魚を導くための長いシャフト部分の石積み（*yangir*）と捕魚部（*lib* および *flagoch*）を有する矢形である（写真10‐2）。かつて礁原の沖合側にはジグザグ形のアッチがいくつも並んでいたが、これらは人口減少とともに次第に使用されなくなり、すべて崩壊した。

主たる漁獲対象は、イワシ、シマアジ（*ngol*）、フエダイ（*wul*）、アイゴ（*duruy*）、ヒメジ（*monguch*）などである。五月から七月頃にはよく潮が引き、昼漁がおこなわれる。一二月から四月頃にかけては貿易風の強い時期で、この頃は夜間に潮がよく引くので夜漁が中心である。三基のうちの一基を兄弟とともに所有するフランシス・ラマン氏によれば、毎日、干潮時にアッチを見回り、捕魚部（写真10‐3）に入った魚を得るという。魚を回収しないまま放っておくと、これらが高水温によって死亡したのち腐敗が進むことから他の魚が寄りつかず、漁獲量が低下するとのことであった。漁獲量が多い時には村内の他家へ分け与える。漁獲物を天日乾燥、塩干し、燻製など加工して保存することもできるが、ほとんどは鮮魚のまま利用している。市場に出すことはない。

以上のような状況をみる時、アッチの利用に関する活動リズム（日周期性、月周期性、季節性）や生計維持活動（時間利用や食物利用）にアッチ漁が占める割合、漁獲物の配分方法などを理解することが求められる。

また、アッチの利用には潮汐・潮流現象、魚類の行動、資源利用の季節性などに関するさまざまな「ローカルな知識」が蓄積されているであろう。それらを明らかにすることも大いに期待されるのである。

このような石干見漁をめぐる一連の調査研究がなされ、ひいては沿岸域の生活文化と石干見との関係性を理解するにあたっては、この漁が現在もおこなわれている台湾の澎湖列島、インドネシアやフィリピンなど東南アジアの一部の地域、オーストラリアを含む南太平洋諸地域がフィールドとして適当であろう。潮汐の日周期的変化および月周期的変化にともなう石干見の利用形態を明らかにするためには、現地にて相応の調査期間をとる必要がある。それが叶わない場合には、使用者に漁業活動時間、漁獲魚種、漁獲量、販売量などに関する漁業日誌の記入を依頼するなど、工夫も必要となってくる。また日本国内でのこれまでの調査によれば、石干見漁を続けていた漁業者が漁獲日誌を記していたこともあった。こうした過去の貴重な記述データから石干見利用の生態を究明する可能性も、今後模索しなければならない。

おわりに

石干見の研究については、本章の冒頭でも記したように、研究手法や研究の立場、研究対象などが確立しているわけではない。関係する研究分野は、人文地理学、文化人類学、民俗学、海洋学（漁具・漁法論を含む）、考古学、歴史学、社会学、観光学など多岐にわたっている。しかしながら、石干見が分布する地域は限定しており、また地域によっては漁具としてもそれほど多く存在しているわけではない。こうしたことをふまえつつ、今後の研究課題を提示した。

本章で討論した石干見研究の課題と展望は、時間的・空間的研究の複合体のなかに定位できるであろう。筆者は、

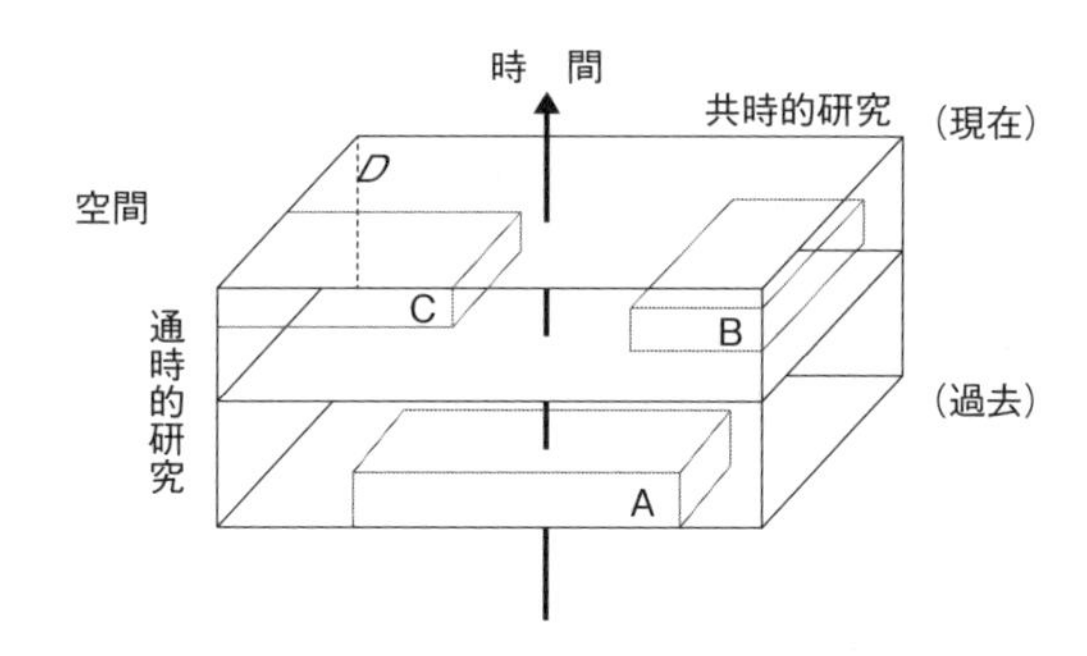

図10-1　今後の石干見研究の時間的・空間的把握
田和（2015）に加筆。

以前に「漁場利用の比較研究の枠組み」として図10－1のような研究の時・空間を提示したことがあるが（田和 二〇一五）、本章で取り上げた諸課題もおおよそこの枠組みの中で考えることができる。

「石干見の地域文化誌の構築」は、石干見が利用されていたある一定の時期と地域に限定しながら、当時の記録を掘り起こす作業である。図中のAやBの研究スタイルがこれに該当する。地域調査では、既往文献の渉猟だけにとどまらず、文書史（資）料を見出すことに力を注がなければならない。日本の場合、石干見が利用されていた時期は昭和三〇年代から四〇年代までがほとんどである。したがって、当時の状況を記憶する人々が限られてくることに常に留意しながら聞き取り調査を続けたい。

「石干見を再生・活用する地域の記録」は、地域文化誌の構築に引き続く時期に関わる研究といえよう。前掲図中のCにあたる。地域の人々がかつて存在した石干見を確認し、その重要性に気づき、これを復元し、さらにそれに環境教育や観光化など、新たな意味を付与するという、現在各地でみられる地域活性化や地域振興、さらには文化資源化（松田 二〇一八）などとも通じる課題を見出すことができる。それだけに、地域の人々がなぜこのような活動を続けるのかを考察するとともに、地域や地域の人々に対して研究者がいかなるポジションで発言し行動するのかという研究者の側の課題も出現する。これらの課題に対しては十分な結論を出すところまでには至っていない。

また、共時的な研究は図中のＤに示した、いわば現代の最表面にあたる部分である。「石干見漁の生態」は人間‐環境関係を解明しようとする立場である。生態学的な調査方法論についての検討もこの研究に含まれよう。さらに、海はいかに利用されるのか、魚は誰が利用するのかなど、地域や共同体における社会関係を明らかにできる可能性も石干見は有している。

注

（1）主任調査員を務めた日本民俗学会理事・国学院大学講師の井之口章次は、はしがきで「今回の調査においては、漁業関係に重点をおき、とくに潮の干満を利用したスクイなどの素朴な漁法や、干潟に特有の漁法・漁具の調査に力をそそいだ」と述べている（井之口　一九七二）。
（2）報告書の末尾に掲載された話者の一覧には「藤里直次（明治三一年一二月八日生）」とある。報告書の文中では「直次」と「直治」が混同している。本文では「直次」に統一して使用する。
（3）手伝いを始めた時期は、直次の生年月日から判断すると大正時代初期と考えられる。
（4）漁場状況調査表の備考欄には「村上弥藤治」との記載がある。これは「村山弥藤治」の誤りであろう。村山は、一九一三（大正二）年六月から一九一六（大正五）年三月まで、一九二〇（大正九）年七月から一九二二（大正一一）年三月まで、一九二五（大正一四）年四月から一九四七（昭和二二）年三月までの三回、約二七年間にわたって守山村の村長を務めた（吾妻町編　一九八三）。
（5）村内で商業的機能を有する農業生産はベーテルナッツ栽培のみである。

参考文献

吾妻町編（一九八三）『吾妻町史』同町。

有家町郷土誌編纂委員会編（一九八一）『有家町郷土誌』同町。

諫早湾地域振興基金編（一九九四）『諫早湾漁業史――海と漁村の記録』諫早湾地域振興基金。

諫早湾干潟研究会（一九九五）『諫早湾干潟の賢明な利用の実証的研究』同研究会。

石毛直道・小林繁樹・野口武徳・藪内芳彦・大島襄二（一九七七）「海の文化圏」大島襄二編『魚と人と海』日本放送出版協会：一三四―一六九頁。

井田麟鹿（一九一一）『澎湖風土記（全）』秀光舍。

井之口章次（一九七二）「はしがき」長崎県教育委員会文化課編『有明海沿岸地区の民俗――有明海沿岸地域民俗資料緊急調査』長崎県教育委員会：一頁。

岩淵聡文（二〇一二）『文化遺産の眠る海――水中考古学入門』化学同人。

――（二〇一三）「石干見」南西諸島水中文化遺産研究会・鹿児島大学法文学部物質文化論研究室編『水中文化遺産データベース作成と水中考古学の推進――海の文化遺産総合調査報告書・南西諸島編』アジア水中考古学研究所：九七―九九頁。

大島襄二編（一九七七）『魚と人と海』日本放送出版協会。

大浜農村生活誌編さん委員会編（一九八二）『大浜農村生活誌』同委員会。

小川　博（一九八〇）「早稲田大学海洋民族学センター記事」『史観』一〇三、早稲田大学史学会：三四―四七頁。

――（一九八四）『海の民俗誌』名著出版。

沖縄県農林水産行政史編集委員会編（一九八三）『沖縄県農林水産行政史　第一七巻（水産業資料編Ⅰ）』農村統計協会。

小野重朗（一九七三）「奄美大島のカキ（石干見）」鹿児島県文化財保護課編『鹿児島県文化財調査報告書』二〇、鹿児島県：

二一―四〇頁。

――（一九八八）「出水地方の民俗（その六） 出水・阿久根のスキ（石干見）」『北薩民俗』八：一四―一七頁。

鹿島市史編纂委員会（一九七四）『鹿島市史』同市。

加藤聖文（二〇〇三）「台湾総督府文書の目録記述論」檜山幸夫編『台湾総督府文書の資料的研究――日本近代公文書学研究序説』ゆまに書房：五六一―六〇五頁。

鏑木余三男（一八九六）「台湾澎湖列島水産の概況」『大日本水産会報』一六六：四七―七四頁。

上村真仁（二〇〇七）「石垣島白保「垣」再生――住民主体のサンゴ礁保全に向けて」沖縄大学地域研究所『地域研究』三：一七五―一八八頁。

――（二〇一七）「石垣島白保と日本石干見サミット」田和正孝編『石干見のある風景』関西学院大学出版会：二一一―二二三頁。

岸上鎌吉（一九〇五）『水産原論』成美堂書店。

――（一九〇九）『増訂水産原論』成美堂書店。

喜舎場永珣（一九三四）「八重山における旧来の漁業」島二（喜舎場永珣（一九七七）『八重山民俗誌 上巻・民俗篇』沖縄タイムス社：五〇―七八頁）。

記念事業実行委員会・編集委員会編（一九九八）『設立四〇周年記念誌 大浜アカハチ会』大浜アカハチ会。

楠 大典（二〇一七）「第五回九州・沖縄スクイサミット in 島原 報告」田和正孝編『石干見のある風景』関西学院大学出版会：三五―四一頁。

国見町編（一九八四）『国見町郷土誌』同町。

国見町教育委員会編（二〇〇〇）『ふるさと夢紀行 写真で巡るふるさと国見町の歴史』同委員会。

栗原 純（二〇〇二）「『台湾総督府公文類纂』にみる台湾籍民と旅券問題」『東京女子大学比較文化研究所紀要』六三：一九―四〇頁。

河野通明（二〇一一）「検索手段としての民具の一般名――農具の歴史を踏まえて」神奈川大学国際常民文化研究機構編『国際シンポジウム報告書 Ⅱ “モノ”語り――民具・物質文化からみる人類文化』神奈川大学国際常民文化研究機構・神奈川大学日本常民文化研究所：七―一八頁。

古閑義康（一九一七a）「澎湖庁漁村調査（一）」『台湾水産雑誌』一三：三五―五一頁。

――（一九一七b）「澎湖庁漁村調査（二）」『台湾水産雑誌』一四：四六―六六頁。

――（一九一七c）「澎湖庁漁村調査（三）」『台湾水産雑誌』一五：八四―一一八頁。

――（一九一七d）「澎湖庁漁村調査（四）」『台湾水産雑誌』一六：五六―八六頁。

――（一九一七e）「澎湖庁漁村調査（五）」『台湾水産雑誌』一七：二二―五四頁。

――（一九一七f）「澎湖庁漁村調査（六）」『台湾水産雑誌』一八：三八―五五頁。

――（一九一七g）「澎湖庁漁村調査（七）」『台湾水産雑誌』一九：三九―五〇頁。

――（一九一七h）「澎湖庁漁村調査（八）」『台湾水産雑誌』二〇：二三―四二頁。

――（一九一七i）「澎湖庁漁村調査（九）」『台湾水産雑誌』二一：三五―五六頁。

――（一九一七j）「澎湖庁漁村調査（一〇）」『台湾水産雑誌』二四：三九―五七頁。

――（一九一八a）「澎湖庁漁村調査（一一）」『台湾水産雑誌』二五：二二―四八頁。

――（一九一八b）「澎湖庁漁村調査（一二）」『台湾水産雑誌』二六：二三―四九頁。

――（一九一八c）「澎湖庁漁村調査（一三）」『台湾水産雑誌』二七：三一―五三頁。

――（一九一八d）「澎湖庁漁村調査（一四）」『台湾水産雑誌』二八：四〇―六一頁。

――（一九一八e）「澎湖庁漁村調査（一五）」『台湾水産雑誌』二九：三六―六二頁。

佐賀県教育庁社会教育課（一九六二）『有明海の漁撈習俗（佐賀県文化財調査報告書 第一一集）』佐賀県教育委員会。

佐賀県漁業調整委員会史編纂委員会編（一九九八）『佐賀県漁業調整委員会史』同県。

佐々木徹彦・小川竹一（一九九〇）「奄美大島における部落の地先海の利用慣行についてのノート」『沖縄大学地域研究所年報』（一九九〇年度）一：七九―一一七頁。

佐渡山正吉（二〇〇〇）「イノーの民俗」『宮古研究』八：一〇―二一頁。

七浦学校同窓会編（一九九二）『ふるさと七浦誌』鹿島市七浦公民館。

柴田恵司（二〇〇〇）『潟スキーと潟漁――有明海から東南アジアまで』東南アジア漁船研究会。

島袋源七（一九五〇）「沖縄の民俗と信仰」『民族学研究』一五・二：五〇―六二頁。

――（一九七一）「沖縄古代の生活――狩猟・漁撈・農耕」谷川健一編『村落共同体』木耳社：九一―一八二頁。

下　啓助（一九〇九ａ）「台湾視察談」『大日本水産会報』三二六：四―一〇頁。

――（一九〇九ｂ）「台湾視察談（承前）」『大日本水産会報』三二七：四―一一頁。

水産庁漁場保全課（二〇〇二）『自然との共存を考えた漁業に向けて――伝統漁法に学ぶ』同庁。

杉山靖憲（一九二五）『澎湖を古今に渉りて』台日社台南支局。

台湾総督府編（一九一六～一九四四）『台湾事情』（創刊～昭和一九年版）同総督府。

台湾総督府殖産局編（一九二四）『台湾産業概要』同局。

高来町編（一九八七）『高来町郷土誌』同町。

高島信（一八九六）「台湾水産業」『大日本水産会報』一七二：一八―二六頁。

高橋陽子（二〇〇六）「「石ひび」の再生とともに海とのつながりも復活」現代農業二〇〇六年八月増刊『山・川・海の「遊び仕事」』：二二二―二三一頁。

竹島真理（二〇〇六）「楽しいからこそ続けた干潟の海の石干見漁」現代農業二〇〇六年八月増刊『山・川・海の「遊び仕事」』：二〇八―二一一頁。

武田　淳（一九九四）「イノー（礁池）の採捕経済――サンゴ礁海域における伝統漁法の多様性」九学会連合地域文化の均質化編集委員会編『地域文化の均質化』平凡社：五一―六八頁。

竹富町教育委員会編（一九九八）『竹富町の文化財』同委員会。

谷川健一編（一九七一）『村落共同体』木耳社。

ＷＷＦサンゴ礁保護研究センター「しらほサンゴ村」・白保魚湧く海保全協議会編（二〇一二）『二〇一〇世界海垣サミット in 白保――里海（ＳＡＴＯＵＭＩ）づくりを目指して』ＷＷＦジャパン。

多辺田政弘（一九八六）「イノーの経済と入会漁業――新石垣空港問題への一視角」『公害研究』一六・一：三三―四〇頁。

――（一九九〇）『コモンズの経済学』学陽書房。

――（一九九五）「海の自給畑・石干見――農民にとっての海」中村尚司・鶴見良行編『コモンズの海』学陽書房：七一―一四三頁。

田和正孝（一九九〇）「台湾北西部における沿岸漁場の利用――その予察的報告」『西日本漁業経済論集』三一：八七―九八頁。

――（一九九七）「澎湖列島の石干見漁業――伝統的地域漁業の生態」浮田典良編『地域文化を生きる』大明堂：一―一七頁。

――（一九九八）「石干見漁業に関する覚え書き――台湾における石滬の利用と所有」秋道智彌・田和正孝『海人たちの自然誌――アジア・太平洋における海の資源利用』関西学院大学出版会：一五三―一八二頁。

――（二〇〇二）「石干見研究ノート――伝統漁法の比較生態」『国立民族学博物館研究報告』二七‐一：一八九―二二九頁。

――（二〇〇三）「澎湖列島における石滬の漁業史的位置づけと新たな意味の付与」『関西学院史学』三〇：一―三七頁。

――（二〇〇六）「たかが石垣されど石垣――伝統漁とサカナ」『地理』五一‐一、古今書院：八八―九一頁。

――（二〇〇七a）「はじめに――東アジアの石干見文化」田和正孝編『石干見』法政大学出版局：iii―vi頁。

――（二〇〇七b）「伝統漁石干見の過去と現在」小長谷有紀・中里亜夫・藤田佳久編『林野・草原・水域』朝倉書店：一九四―二〇七頁。

――（二〇〇八）『東アジアにおける伝統漁法石干見の保存と活用に関する漁業文化地理学的研究』（平成一七年度～平成一九年度科学研究費補助金（基盤研究（C））研究成果報告書。

――（二〇一〇）「伝統漁法石干見の保存と活用――新たな研究へ向けて」神奈川大学国際常民文化研究機構編『国際シンポジウム報告書Ⅰ　海民・海域史からみた人類文化』神奈川大学国際常民文化研究機構・神奈川大学日本常民文化研究所：一五七―一六五頁。

――（二〇一五）「一‐一　漁場利用の比較研究」神奈川大学国際常民文化研究機構編『神奈川大学国際常民文化研究機構　年報五』同機構：二四〇―二四六頁。

田和正孝編（二〇〇七）『石干見』法政大学出版局。

辻井善弥（一九七七）『磯漁の話――一つの漁撈文化史』北斗書房。

寺下生（一九二一）「淡水港の漁業的価値」『台湾水産雑誌』六二：二八頁。

富樫卯三郎（一九九一）「熊本県宇土半島周辺のスキ――原始的漁法・漁場の残存」『民俗文化』三：一三三―一三九頁。

――（一九九二）「宇土半島のスキを訪ねて」『宇土市史研究』一三：一三―一九頁。

渡名喜村編（一九八三）『渡名喜村史 下巻』同村。

長崎県編（一八九六）『漁業誌 全』同県。

長崎県教育委員会文化課編（一九七二）『有明海沿岸地区の民俗――有明海沿岸地域民俗資料緊急調査』同県教育委員会。

長崎県水産試験場監修（二〇〇二）『長崎県の漁具・漁法』同試験場。

長崎県南高来郡役所編（一八九三a）『長崎県南高来郡町村要覧 上編』同役所。

――編（一八九三b）『長崎県南高来郡町村要覧 下編』同役所。

中田祝夫編（一九七〇）『玉塵抄（一）』（国立国会図書館原本所蔵）勉誠社。

仲間井左六（二〇〇〇）『伊良部町漁業史』伊良部町漁業協同組合。

中山春男（二〇一四）「スクイ（石干見）に思いを馳せて」田和正孝編『石干見に集う――伝統漁法を守る人びと』関西学院大学出版会：六五―七九頁。

並里区誌編纂委員会編（一九九八）『並里区誌 戦前編』同区事務所。

西日本新聞社都市圏情報部編（一九九九）『海幸彦たちの四季――九州の伝統漁』同新聞社。

西村朝日太郎（一九六九）「漁具の生ける化石、石干見の法的諸関係」『比較法学』五‐一・二、早稲田大学比較法研究所：七三―一一六頁。

――（一九七七）「野生の思考と海洋文化」『日本及日本人』一月号：一―一一頁。

――（一九七九）「生きている漁具の化石――沖縄県宮古群島におけるkakiの研究」『民族学研究』四四‐三：二二三―二五九頁。

――（一九八七）「喜舎場永珣と海洋民族学」『八重山文化論叢』喜舎場永珣生誕百年記念事業期成会：一―五一頁。

――（一九八〇）「生きていた漁具の化石――台湾、澎湖島を訪ねる」『民族学研究』四五‐一：五一―五二頁。

日本海洋漁業協議会編（一九五二）『台湾の漁業 附台湾の水産統計』同協議会。

日本学士院・日本科学史刊行会編（一九五九）『明治前日本漁業技術史』日本学術振興会。

入学正敏（一九七五）「簎（ヒビ）」『宇佐の文化』六：六頁。

農商務省水産局編（一九一〇）『日本水産捕採誌 下』水産書院。

農商務省農務局編（一八九一）『水産調査予察報告 第一巻 第五冊』同省。

橋村 修（二〇〇九）『漁場利用の社会史』人文書院。

早川正一（二〇〇四）「ヤップ島のRang村における石魞（いしえり）の人類学的研究」『アカデミア 人文・社会科学編』七八、南山大学：二〇七―二四三頁。

原　泰根（一九七二）「生産・生業（南高来郡吾妻町牛口）」長崎県教育委員会文化課編『有明海沿岸地区の民俗――有明海沿岸地域民俗資料緊急調査』長崎県教育委員会：五六―七〇頁。

檜山幸夫（二〇〇三）「序章」檜山幸夫編『台湾総督府文書の資料的研究――日本近代公文書学研究序説』ゆまに書房：一―一二頁。

福岡県水産試験場編（一九一七）『福岡県漁村調査報告　漁業基本調査第一報』同試験場。

――（一九二七）『福岡県漁具調査報告　豊前海之部　漁具基本調査第三報』同試験場。

福岡県庁庶務課別室資料編纂所編（一九四九）「農務誌漁業誌」『福岡県史料叢書 第九集』同編纂所：一―一〇頁。

文化庁文化財部記念物課監修（二〇〇五）『日本の文化的景観――農林水産業に関連する文化的景観の保護に関する調査研究報告書』同成社。

布津町編（一九九八）『布津町郷土誌』同町。

平凡社編（一九三五）『大辞典 第二巻』平凡社（『大辞典 上巻』一九七四（復刻版）所収）。

ベラット、M（二〇一二）「フランス・オレロン島」WWFサンゴ礁保護研究センター「しらほサンゴ村」・白保魚湧く海保全協議会編『二〇一〇世界海垣サミット in 白保――里海（SATOUMI）づくりを目指して』WWFジャパン：四〇―五〇頁。

澎湖庁編（一九二九）『澎湖事情』台湾日日新報社。

――（一九三二）『澎湖事情』山科商店印刷部。

――（一九三六）『澎湖事情』山科商店印刷部。

澎湖庁水産課編（一九三二）『澎湖庁水基本調査報告書』同庁。

松田　陽（二〇一八）「文化資源学の観点から見た水中遺跡」佐藤信編『水中遺跡の歴史学』山川出版社：二一五―二二五頁。

松山光秀（二〇〇四）『徳之島の民俗 二　コーラルの海のめぐみ』未来社。

三井田恒博（二〇〇六）『近代福岡県漁業史　一八七八―一九五〇』海鳥社。

水野紀一（一九八〇）「奄美大島の石干見漁撈」『史観』一〇三、早稲田大学史学会：一―一七頁。

――（二〇〇二）「南西諸島の石干見漁撈」『早稲田大学高等学院研究年誌』四六：一三―二六頁。

――（二〇〇七）「奄美諸島および五島列島の石干見漁撈」田和正孝編『石干見』法政大学出版局：一一五―一五〇頁。

水野正連（一八八六）「佐賀、長崎、福岡三県下沿岸漁業概況（承前）」『大日本水産会報告』五四：二一三―三二頁。

瑞穂町編（一九八八）『瑞穂町誌』同町。

宮下　彰（一九七〇）『海苔の歴史』全国海苔問屋協同組合連合会［復刻版は宮下彰（二〇〇四）『海苔の歴史 上巻・下巻』海路書院］。

三輪大介（二〇一四）「魚垣の文化」田和正孝編『石干見に集う――伝統漁法を守る人びと』関西学院大学出版会：三七―五二頁。

安室　知（二〇〇八）「重層する海と里」安室　知・小島孝夫・野地恒有『日本の民俗Ⅰ　海と里』吉川弘文館：一―一八頁。

――（二〇一二）『日本民俗生業論』慶友社。

柳　哲雄（二〇〇六）『里海論』恒生社厚生閣。

柳田國男・倉田一郎（一九三八）『分類漁村語彙』民間伝承の会。

矢野敬生・中村敬・山崎正矩（二〇〇二）「沖縄八重山群島・小浜島の石干見」『人間科学研究』一五 - 一、早稲田大学人間科学学術院：四七―八三頁。

矢野敬生・中村敬（二〇〇七）「沖縄・小浜島の石干見」田和正孝編『石干見』法政大学出版局：五五―一一四頁。

藪内芳彦（一九七八a）「泥橇と石干見」藪内編『漁撈文化人類学の基本的文献資料とその補説的研究』風間書房：三五六―三六二頁。

――（一九七八b）「漁撈文化圏設定試論」藪内編『漁撈文化人類学の基本的文献資料とその補説的研究』風間書房：六七五―七〇五頁。

山内昌和（二〇〇四）「漁業地域研究の新しいアプローチに向けて」『人文地理』五六 - 四：二一―四四頁。

山口和雄（一九五七）『日本漁業史』東京大学出版会。

吉田敬市（一九四八）「漁業と自然環境――有明海の石干見とアンコウ網漁業」『人文地理』創刊号：三一―四〇頁。

与論町誌編集委員会編（一九八八）『与論町誌』同委員会。

若林正丈（二〇〇一）『台湾――変容し躊躇するアイデンティティ』筑摩書房。

（台湾語文献）
陳　文達編（一七二〇）『台湾県志』（一九八三年 中国方志叢書 台湾地区 第八号『台湾県志（二）』、成文出版社）。
陳　憲明（一九九二）「一個珊瑚礁漁村的生態――澎湖鳥嶼的研究」『地理研究報告』（国立台湾師範大学地理研究所）一八：一〇九―一五八頁。

――（一九九五）「澎南地区五徳里廟産的石滬與巡滬的公約」『硓砧石』一：四―一〇頁。
――（一九九六a）「西嶼緝馬湾的石滬漁業與其社会文化」『硓砧石』二：二―一四頁。
――（一九九六b）「澎湖群島石滬之研究」『地理研究報告』（国立台湾師範大学地理研究所）二五：一一七―一四〇頁。
陳 正哲（二〇〇六）「澎湖土生土長之砌石技術研究――原生建築系列研究（二）」紀 麗美編『澎湖研究第五屆学術研討会論文輯』澎湖県文化局：五九―七三頁。
国立編訳館編（二〇〇〇）『国民中学 認識台湾（地理篇）』同館。
洪 國雄（一九九九）『澎湖的石滬』澎湖県立文化中心。
――（二〇〇六）「推展石滬文化観光的作為」紀 麗美編『澎湖研究第五屆学術研討会論文輯』澎湖県文化局：一四七―一六〇頁。
紀 麗美編（二〇〇六）『澎湖研究第五屆学術研討会論文輯』（澎湖県文化資産叢書一四八）、澎湖県文化局。
江 政人・廖 冠茵・楊 沛青（二〇一七）「苗栗県後龍石滬漁業資源調査」張 美惠編『澎湖研究第一六屆国際学術研討会論文輯』（澎湖県文化資産叢書二七〇）、澎湖県政府文化局：六四―七二頁。
李 明儒（二〇〇九）『漁滬文化的起源與分佈』（澎湖県文化資産叢書一六九）、澎湖県政府文化局。
李 明儒・陳 宗惠・林 芮廷（二〇一七）「従総督府档案探索台湾西海岸石滬数量的変化」張 美惠編『澎湖研究第一六屆国際学術研討会論文輯』（澎湖県文化資産叢書二七〇）、澎湖県政府文化局：一一一―一三七頁。
李 明儒・李 宗霖（二〇〇七）「澎湖石滬二〇〇六年滬口普査之研究」『硓砧石』四六：八三―一二五頁。
李 明儒・詹 雅惠（二〇〇六）「澎湖石滬数位典蔵之研究」『硓砧石』四四：二―一九頁。
李 仁富（二〇一七a）「新屋石滬的歴史背景」張 美惠編『澎湖研究第一六屆国際学術研討会論文輯』（澎湖県文化資産叢書二七〇）、澎湖県政府文化局：一六―二六頁。
――（二〇一七b）「石滬漁業文化與社区営造――以新屋石滬為例」張 美惠編『澎湖研究第一六屆国際学術研討会論文輯』（澎湖県文化資産叢書二七〇）、澎湖県政府文化局：一〇五―一一〇頁。
林 希超（一九五九）『今日台湾漁業』中国漁業新聞週刊社。
梁 家祜・李 明儒（二〇〇七）「石滬発展休閒漁業之研究――以澎湖吉貝為例」『硓砧石』四八：一四―四一頁。
盧 建銘（二〇〇六）「吉貝石滬群文化地景的永続経営策略」紀 麗美編『澎湖研究第五屆学術研討会論文輯』澎湖県文化局：

四九—五五頁。
台湾銀行経済研究室編（一九五七）『台湾漁業史』（台湾研究叢刊第四二種）、台湾銀行。
澎湖県文献委員会編（一九七二）『澎湖県志 巻五・巻六 物産誌 上・下巻』同委員会。
王 國禧・陳 正哲（二〇〇六）「澎湖石滬之築造開拓年代初探」紀 麗美編『澎湖研究第五屆学術研討会論文輯』澎湖県文化局：一一二—一二五頁。
呉 如娟・陳 至柔（二〇一七）「従文化資産保存到整合資通訊科技的石滬文化体験服務模式」張 美惠編『澎湖研究第一六屆国際学術研討会論文輯』（澎湖県文化資産叢書二七〇）、澎湖県政府文化局：九〇—一〇四頁。
謝 英従（二〇〇一）「外埔石滬與平埔族、澎湖移民——外埔朱家石滬契書談起」『台湾文献』五二-二：三四一—三五六頁。
顔 秀玲（一九九二）『澎湖群島吉貝村和赤崁村漁撈活動的空間組織』（国立台湾師範大学地理研究所碩士論文）、国立台湾師範大学地理研究所。
——（一九九六）『赤崁和吉貝漁撈活動的空間組織』（澎湖県文化資産叢書二八）、澎湖県立文化中心。
楊 沛青・陳 政隴・江 政人（二〇一七）「苗栗県後龍石滬修復規劃」張 美惠編『澎湖研究第一六屆国際学術研討会論文輯』（澎湖県文化資産叢書二七〇）、澎湖県政府文化局：七三—八九頁。
于 錫亮（二〇〇六）「文化観光的応用——以澎湖石滬祭為例」紀 麗美編『澎湖研究第五屆学術研討会論文輯』澎湖県文化局：一二七—一四六頁。
張 一鳴（一九七四）「台湾之沿岸漁業」台湾銀行経済研究室編『台湾漁業之研究 第一冊』（台湾研究叢刊第一一二種）、台湾銀行：一二五—一三九頁。

（欧文文献）
Association pour la Sauvegarde des Écluses D'Oléron, Debande, B. and Jugieau, G. eds. (1992) *Écluses a poisons de L'ile D'Oléron*. Association pour la Sauvegarde des Écluses D'Oléron.
Avery, G. (1975) Discussion on the Age and Use of Tidal Fish-traps (*visvywers*). *The South African Archaeological Bulletin* 30, pp.105-113.

Bannerman, N. and Jones, C. (1999) Fish-trap Types: a Component of the Maritime Cultural Landscape. *The International Journal of Nautical Archaeology* 28 (1), pp.70-84.

Bordereaux, L., Debande, B., Desse-Berset, N. and Sauzeau, T. (2009) *Les Écluses á Poissons D'Oléron: Mémoire de Pierre.* La Crèche (Geste editions).

Boucard, J. (1984) *Les Écluses a Poissons dans L'île de Ré.* Rupella.

Bowen, G. (1998) Towards a Generic Technique for Dating Stone Fish Traps and Weirs. *Australian Archaeology* 47, pp.39-43.

Chadwick, A. M. and Catchpole, T. (2010) Casting the Net Wide: Mapping and Dating Fish Traps through the Severn Estuary Rapid Coastal Zone Assessment Survey. *Archaeology in the Severn Estuary* 21, pp.47-80.

Connaway, J. M. (2007) *Fishweirs: A World Perspective with Emphasision the Fishweirs of Mississippi* (Mississippi Deparatment of Archives and History Archaeological Report No.33). McNaughton & Gunn.

Clarke, P. (2002) Early Aboriginal Fishing Technology in the Lower Murray, South Australia. *Records of the South Australian Museum* 35 (2), pp.147-167.

Dortch, C. E. (1997) New Perception of the Chronology and Development of Aboriginal Fishing in South-western Australia. *World Archaeology* 29 (4), pp.15-35.

Falanruw, M. C. and Falanruw, L (2003) Stone Fish Weirs of Yap. *SPC Traditional Marine Resource Management and Knowledge Information Bulletin –Special Edition–*, pp.16-18.

Gilman, P. J. (1998) Essex Fish Traps and Fisheries: An Integrated Approach to Survey, Recording, and Management. In K. Bernick ed. *Hidden Dimensions.* UBC Press, pp.273-289.

Goodwin, A. J. H. (1946) Prehistoric Fishing Methods in South Africa. *Antiquity* 79, pp.134-141.

Gribble, J. (2005) The Ocean Baskets: Pre-colonial Fish Traps on the Cape South Coast. *The Digging Stick (The South African Archaeological Society)* 22 (1), pp.1-4.

—— (2006) Pre-Colonial Fish Traps on the South Western Cape Coast, South Africa. In ICOMOS ed. *Underwater Cultural Heritage at Risk: Managing Natural and Human Impacts.*, ICOMOS, pp.29-31.

Hine, P., Sealy, J., Halkett, D. and Hart, T. (2010) Antiquity of Stone-Walled Tidal Fish Traps on the Cape Coast, South Africa. *The South African Archaeological Bulletin* 65 (191), pp.35-44.

Heiltsuk Traditional Fish Trap Study (2000) *Final Report: Fisheries Renewal BC Research Award*. Heiltsuk Cultural Education Center.

Hunter - Anderson, R. L. (1981) Yapese Stone Fish Traps. *Asian Perspectives* 24, pp. 81-90.

Hornell, J. (1950) *Fishing in Many Waters*. Cambridge Univ. Press.

Jenkins, G. (1974) Fish Weir and Traps. *Folk Life* 12, pp.5-9.

Kemp, L. V., Branch, G. M., Attwood, C. A. and Lamberth, S. J. (2009) The 'Fishery' in South Africa's Remaining Coastal Stonewall Fish Traps. *African Journal of Marine Science* 31 (1), pp.55-62.

Lane, S. (2009) *Aboriginal Stone Structures in Southwestern Victoria*. Quality Archaeological Consulting.

Langouet, L. and Daire, M. Y. (2009) Ancient Maritime Fish-Traps of Brittany (France): A Reappraisal of the Relationship between Human and Coastal Environment during the Holocene. *Journal of Maritime Archaeology* 4, pp.131-148.

Melero, J. L. N. (2003) *Los Corrales de Pesquería*. Consejeria de Relaciones Institucionales Junta de Andalucia.

Muller, W. (1917) *Yap*. L. Friederichsen & Co..

Nishimura, A. (1964) Primitive Fishing Methods. In A. Smith ed. *Ryukyuan Culture and Society*, University of Hawaii Press, pp.67-77.

—— (1968) Living Fossil of Oldest Fishing Gear in Japan. *The VIIIth International Congress of Anthropological and Ethnological Science held in Tokyo and Kyoto*.

—— (1971) Ishihibi, the Oldest Fishing Gear its Morphology and Function. In J. Szabadfalvi and Z. Újváry eds. *Studia Ethnographica et Folkloristica in Honorem Béla Gunda*. Debrecen: Kossuth Lajos Tudományegyetem, pp.619-629.

—— (1975) Cultural and Social Change in the Modes of Ownership of Stone Tidal Weirs. In R. W. Casteel and G. Quimby eds. *Maritime Adaptations of the Pacific*. The Hague: Mouton, pp.77-88.

O'Sullivan, A. (2001) Early Historic and Medieval Fishtraps. In A. O'Sullivan ed. *Forgers, Farmers and Fishers in a Coastal*

Landscape: An Intertidal Archaeological Survey of the Shannon Estuary. The Royal Irish Academy, pp.135-191.

—— (2003) Place, Memory and Identity among Estuarine Fishing Communities: Interpreting the Archaeology of Early Medieval Fish Weirs. *World Archaeology* 35 (3), pp.449-468.

O'Sullivan, A. and Lyttleton, J. (2001) Post-medieval and Modern Fishtraps. In A. O'Sullivan ed. *Forgers, Farmers and Fishers in a Coastal Landscape: An Intertidal Archaeological Survey of the Shannon Estuary*. The Royal Irish Academy, pp.193-232.

Paddenberg, D. and Hession, B. (2008) Underwater Archaeology on Foot: A Systematic Rapid Foreshore Survey on the North Kent Coast, England. T*he International Journal of Nautical Archaeology* 37 (1), pp.142-152.

Randolph, P. (2004) Lake Richmond 'Fish Traps'?. *World Archaeology* 36 (4), pp.502-506.

Rowland, M. J. and Ulm, S. (2011) Indigenous Fish Traps and Weirs of Queensland. *Queensland Archaeological Research* 14, pp.1-58.

Tawa, M.（2010）Stone Tidal Weirs of East Asia in Transition. *Jimbun Ronkyu* 60 (11), pp.95-107.

von Brandt, A. (1984) *Fish Catching Methods of the World*. 3rd ed. Fishing News Books.

Went, A. E. J. (1946) Irish Fishing Weirs. *Journal of the Royal Society Antiquaries of Ireland* 76, pp.176-194.

Williams, B. and McErlean, T. (2002) Maritime Archaeology in Northern Ireland. *Antiquity* 76, pp.505-511.

［資料］

Aboriginal Fishing in South-western Australia (Information: Western Australian Museum), 1999. 03.

Introductions to Heritage Assets: River Fisheries and Coastal Fish Weirs. *English Heritage* May 2011.

おわりに

私が石干見を初めて目にしたのは一九八九年八月、台湾本島の苗栗県後龍鎮外埔里の海岸においてであった。石積みの見事さに大きな感動を覚えたことは「はじめに」にも記したとおりである。しかし、この時、私の関心事は、専門とする漁業地理学の視点から「沿岸の漁場利用形態を解明すること」にあった。石干見漁を、プラスチック漁筏を用いた流網漁や船外機付き小型漁船による釣漁などとともに、沿岸漁業を構成するひとつの漁業種類とみなしたにすぎなかった。将来、石干見を研究テーマのひとつに据えるなどとは全くもって考えてはいなかった。

本島北西海岸のいくつもの漁村を案内し、聞き取りの際には通訳をかってでてくださった、当時、国立台湾師範大学の教授でいらした陳憲明先生とはその後も長くお付き合いを続けた。陳先生からは、論文の別刷りが必ず届くようになり、大学院生の碩士論文も合わせて郵送いただいた。それらの中には澎湖列島の石干見（石滬）についてふれたいくつもの論文が含まれていた。澎湖には驚くほど数多くの石干見がある、しかもユニークな形をしている。それらを是非この目で見届けたい。論文の誘惑には勝てず、陳先生に手紙を認めた。澎湖行きは一九九五年三月に実現した。

この時も陳先生の案内で澎湖本島の各地で石干見を見学し、その後、最北の離島、吉貝嶼まで足を延ばすことができた。吉貝嶼は小島にもかかわらず周辺には七〇基以上の石干見が現存していた。島で聞いた石干見の利用形態に関する話は本当に興味深かった。石干見は共同所有であり所有者が平等に利用する、利用にあたっては毎年くじ引きをおこない各自の年間の利用日をあらかじめ固定する、そして引いたくじ順によっては漁獲量に差が生じる可能性があるとのことであった。漁獲の差は、魚の行動に影響を及ぼす自然現象と関係している。すなわち利用日が、大潮が巡ってくる新月の時か満月の頃か、さらに魚群の接岸が活発な北東季節風が吹く頃に大潮の利用日がうまく巡ってくるか否か、によって漁獲量の多寡が生み出されるというのである。吉貝嶼における調査は、石干見漁が、自らがテーマに掲げる沿岸漁場利用形態の研究を進めるにふさわしい漁業として、眼の前に立ち現れた瞬間であったように思う。陳先生のご指導で吉貝嶼に出かけることがなかったならば、私の石干見研究は生まれなかったであろう。

石干見をめぐる人間 - 環境関係について考え始めると、今度はこの漁業の歴史的側面の考察へと関心がひろがった。台湾総督府が残した文書中に収められた石干見の漁業権資料を探すために、南投市中興新村にある国史館台湾文献館にも通った。そこで得た資料を拠り所にして澎湖列島の石干見だけでなく、台湾本島北部の淡水河口域や後龍鎮外埔里の石干見について考察したことは本書で問うた通りである。

台湾での石干見調査開始から遅れること十年余りにして、やっと日本国内の石干見にゆかりのある地域を細々と歩きはじめた。長崎県の島原半島沿岸部、福岡・大分両県の豊前海沿岸、沖縄県八重山列島、宮古列島、佐賀県の肥前鹿島干潟、鹿児島県奄美大島などである。石干見に関わる人々に出会い、多くのことを教わった。実際の漁業活動に誘っていただいたり、獲れたての新鮮なアミエビを食する機会も得た。補助漁具として使用するたも網や袋網について説明を伺い、漁具の寸法を測らせてもらったりもした。二〇〇八年以降には石干見サミットが各地で開催されるようになり、日本にとどまらず石干見を保全する世界中の団体や研究者との出会いを経験し、石干見の文化遺産化という新たな学びにふれることができた。ヤップ島を訪ねたのも、フランス大西洋岸のレ島、オレロン島に足を延ばしたのも、日本各地でのこうした数々の出会いと学びから生まれたものである。

さて、本書の多くの部分は、二〇〇〇年代以降にものした石干見に関係する拙文を加筆・修正のうえ再構成したものである。各章と既往論文との関係は以下の通りである。

第一章
「石干見研究の可能性」(『関西学院史学』三八、二〇一一年)の前半部分
第二章
「石干見研究の可能性」(『関西学院史学』三八、二〇一一年)の後半部分
「石干見研究を還元すること」(『*E-journal* GEO』八 - 一、二〇一三年)
第三章
「石干見の呼称に関する覚え書き」(『人文論究』六一 - 四、関西学院大学人文学会、二〇一二年)
第四章
「伝統漁石干見の過去と現在」(小長谷有紀・中里亜夫・藤田佳久編『林野・草原・水域』、朝倉書店、二〇〇七年)
第五章
「開口型の石干見――その技術と漁業活動」(田和正孝編『石干見のある風景』関西学院大学出版会、二〇一七年)
第六章
「澎湖列島における石滬の漁業史的位置づけと新たな意味の付与」(『関西学院史学』三〇、二〇〇三年)
「近代期の台湾における定置漁具石滬の利用と所有」(神奈川大学国際常民文化研究機構編『国際常民文化研究叢書一――漁場利用の比較研究』同機構、二〇一三年)の第二章
第七章

「近代期の台湾における定置漁具石滬の利用と所有」（神奈川大学国際常民文化研究機構編『国際常民文化研究叢書一――漁場利用の比較研究』同機構、二〇一三年）の第三章・第四章

「一九一〇年代の台湾本島における石滬漁業」（『地理』五五-二、古今書院、二〇一〇年）

第八章

「近代期の台湾における定置漁具石滬の利用と所有」（神奈川大学国際常民文化研究機構編『国際常民文化研究叢書一――漁場利用の比較研究』同機構、二〇一三年）の第五章

「一九一〇年代における澎湖列島北部の石干見漁業――台湾総督府文書石滬漁業権申請書類の分析を通じて」（『人文地理』五八-一、二〇〇六年）

第九章

「石干見のアーケオロジー――大西洋沿岸域における石積み漁法に関する予察的研究」（田中きく代・阿河雄二郎・金澤周作編『海のリテラシー――北大西洋海域の「海民」の世界史』創元社、二〇一六年）

第十章

書き下ろし

各地での石干見の調査研究において、これまで本当に多くの方々にお世話になった。

陳憲明先生には台湾の石干見（石滬）の調査研究に際して終始ご指導いただいた。先生との出会いが私に石干見研究を与えてくださったのである。石干見サミットをレジデント型の研究者としてもけん引された上村真仁氏（筑紫女学園大学）、石干見を水中考古学の視点から分析し、また文化遺産としての位置づけについて数々のアドヴァイスをいただいている岩淵聡文氏（東京海洋大学大学院）、台湾における近年の石干見研究を先導し、いつも最新の

情報をご提供くださる李明儒氏（国立澎湖科技大学）、フランスから世界に向けて石干見の情報を発信くださるマチュー・ヴェラット氏（International Ancient Fishing Weir 事務局）には心よりお礼を申し上げたい。

各地の市民団体の皆様や環境保護団体の皆様にもお礼を申し上げる。大分県宇佐市にある「長洲アーバンデザイン会議」の浜永繁明氏、嶌田久生氏、西尾英治氏、吉武裕子氏、長崎県五島市富江町観光協会の田中亨氏、沖縄県石垣市白保にあるＷＷＦサンゴ礁保護研究センター、白保魚湧く海保全協議会の皆様、鹿児島県奄美市教育委員会の久伸博氏、長崎県島原市にある「みんなでスクイを造ろう会」の故中山春男会長、楠大典氏、内田豊氏はじめ多くの会員の皆様は、いわば「サミット仲間」である。日頃のご支援に深い感謝の意を表したい。

日本で「最後の石干見漁業者」が二家族いらっしゃる。一家族は長崎県諫早市高来町でスクイを管理する中島安伊氏と長男の愿氏ご夫妻、もう一家族は沖縄県宮古島市佐和田浜に残るカツを利用する長浜カツ氏とそのご家族である。ご自宅をお訪ねするたびに親しく接してくださり、楽しい思い出話を聞かせていただいている。皆様にも心より感謝申し上げます。

石干見に対して漁具・漁法だけにとどまらず新たな意味が付与されるなか、これまでのささやかな研究を何とか一書にまとめておきたいと早くから考えてはいたが、実際に動き出したのは二〇一八年を迎えてからであった。四月には大学院時代からご指導いただき、一九九〇年代には二度にわたる科学研究費助成事業による海外学術研究のメンバーに加えてくださった秋道智彌先生（総合地球科学研究所名誉教授）に出版の相談を申し上げた。先生は私のわがままをお聞き届けくださり、すぐさま昭和堂をご紹介くださり、編集部への訪問までお付き合いくださった。日頃の学恩にお礼の言葉もない。

昭和堂編集部の鈴木了市編集部長には、出版事情が決してよくないなか、マニアックともいえる書物の出版を快くお引き受けくださり、また同じく編集部の神戸真理子氏には、拙稿に懇切丁寧にお目通しくださり、誤りをご指摘いただくとともに、数々のアドヴァイスもいただいた。記してお礼申し上げたい。

末筆になるが、本書を二〇一九年三月に関西学院大学文学部文化歴史学科をめでたくご退職になられる八木康幸先生に捧げたい。八木さんは、間もなく五〇周年を迎える地理学地域文化学専修を四〇年以上にわたってけん引してこられた「関学地理学」の屋台骨ともいうべき研究者である。私は、大学院時代はもちろんのこと、同じ専修の教員として迎えていただいてからも公私にわたり終始ご指導を賜った。人生で最高の友人と言わせていただくことができれば幸いである。

筆をおくにあたって、まだ見ぬ石干見を知るために、オーストラリアや南太平洋、南アフリカの沿岸、北アメリカ北西海岸などに出かけたい気持ちがふつふつと沸いてきた。夢のまた夢かもしれない。

田和正孝

この夏の猛暑を振り返りながら、個人研究室にて

二〇一八年九月

葉山　茂著

現代日本漁業誌

——海と共に生きる人々の七十年

秋道智彌著

漁撈の民族誌

——東南アジアからオセアニアへ

白岩孝行著

魚附林の地球環境学

——親潮・オホーツク海を育むアムール川

日本の漁業は、科学・工業技術の発展や政治・経済の変化を背景に、新しい漁業技術・技能や生産組織を編み出し、変わり続けてきた。

本体四八〇〇円＋税

数百点の写真とともに、これまで著者が調査・研究してきた東南アジアからオセアニアの海とその人々を描く、渾身の著作。

本体九〇〇〇円＋税

世界有数の水産資源を誇る親潮・オホーツク海。この豊かさはどこから来るのか？将来も続くのか？

本体二三〇〇円＋税

昭和堂〈価格税抜〉
http://www.showado-kyoto.jp

■著者紹介

田和正孝（たわ　まさたか）

1954年　兵庫県生まれ
1976年　関西学院大学法学部卒業
1981年　関西学院大学大学院文学研究科博士課程後期単位取得退学
現　在　関西学院大学文学部教授　博士（地理学）
　　　　漁業文化地理学専攻

主　著　『変わりゆくパプアニューギニア』丸善出版、1995年（単著）
『漁場利用の生態』九州大学出版会、1997年（単著）
『海人たちの自然誌』関西学院出版会、1998年（共著）
『東南アジアの魚とる人びと』ナカニシヤ出版、2006年（単著）
『石干見』法政大学出版局、2007年（編著）
『石干見に集う――伝統漁法を守る人びと』関西学院大学出版会、2014年（編著）
『石干見のある風景』関西学院大学出版会、2017年（編著）

石干見（いしひび）の文化誌――遺産化する伝統漁法

2019年1月31日　初版第1刷発行

著　者　田和正孝

発行者　杉田啓三

〒607-8494　京都市山科区日ノ岡堤谷町3-1
発行所　株式会社　昭和堂
振替口座　01060-5-9347
TEL（075）502-7500／FAX（075）502-7501

印刷　亜細亜印刷

ISBN978-4-8122-1802-0

人名索引

地名索引

事項索引

▶さ行

▶た行

▶な行

▶は行

▶ま行